土木工程科技创新与发展研究前沿丛书

周期结构弹性波传播特性及其应用

吴巧云 丁 兰 著

中国建筑工业出版社

图书在版编目（CIP）数据

周期结构弹性波传播特性及其应用 / 吴巧云，丁兰
著. — 北京：中国建筑工业出版社，2023.12
（土木工程科技创新与发展研究前沿丛书）
ISBN 978-7-112-29311-7

Ⅰ. ①周… Ⅱ. ①吴… ②丁… Ⅲ. ①建筑结构—结
构力学—弹性波—波传播—研究 Ⅳ. ①TU311

中国国家版本馆 CIP 数据核字（2023）第 208633 号

本书内容包括周期结构弹性波传播调控机制及其在工程减振隔震领域的应用，共有 7 章，第 1 章绪论；第 2 章周期结构中振动波传播理论和方法；第 3 章周期杆结构振动波及其减振应用；第 4 章周期梁结构振动波及其减振应用；第 5 章周期叠层橡胶隔震支座力学特性和振动传递；第 6 章周期盾构隧道力学特性和减振应用；第 7 章周期隔震基础动力特性和隔震效果。

本书可供从事土木、机械、交通、环境等减振隔震领域的科研人员和技术人员参考，也可作为高等院校相关专业研究生的教材和本科生的教学参考书。

责任编辑：赵　莉　吉万旺
责任校对：姜小莲

土木工程科技创新与发展研究前沿丛书
周期结构弹性波传播特性及其应用
吴巧云　丁　兰　著

＊

中国建筑工业出版社出版、发行（北京海淀三里河路 9 号）
各地新华书店、建筑书店经销
北京红光制版公司制版
建工社（河北）印刷有限公司印刷

＊

开本：880 毫米×1230 毫米　1/16　印张：14½　字数：457 千字
2024 年 9 月第一版　　2024 年 9 月第一次印刷
定价：**58.00** 元
ISBN 978-7-112-29311-7
（42006）

前　　言

周期结构是由一些相同的单元，按照同样的方式连接而形成的系统。它可以由同样的单元装配而成，也可以将均匀结构分割成相同的单元。在土木、航空航天、船舶、机械动力等各个工程领域中，多层或高层建筑框架结构、多跨桥梁、加筋梁板类结构、栅格结构等均具有几何空间排列的周期性。结构在动态荷载作用下将会产生振动，当其某一方向的尺寸较大时，局部激励并不能立即引起远离激励源部分的动态响应，即扰动从激励源传播到其他位置需要时间，振动会以波动的形式传播。而波动在周期结构中传播时，将会在界面处发生反射和透射。失谐周期结构中会出现波动局部化现象。多重反射和局部化将会对结构的强度和寿命产生影响。因此，研究周期结构中波动的传播和局部化，可以为重要子结构的减振设计提供理论依据。

结构振动控制一直是理论与工程界关注和着力解决的热点问题之一，其目的是减小从振源输入到结构的振动能量或控制振动能量在结构中的传播。将周期结构弹性波传播调控机理应用到减振隔震领域，厘清周期结构振动的产生机理，对促进振动控制领域的理论和技术发展提供了新思路。目前国内外利用周期结构理论进行减振隔震设计以及研究实际工程减振隔震的书籍较少，经本书作者和团队成员多年的共同努力，成功地将周期结构理论引入到土木工程和交通环境振动等领域，并对浮置板轨道双梁系统、叠层橡胶隔震支座、盾构隧道等周期结构的减振进行了系统研究，取得了良好的效果。同时，本书作者将基于变分原理的有限单元法和传递矩阵法相结合，极大地提高了复杂周期结构的运算效率，丰富了周期结构的研究方法。本书将周期结构这一新兴且极具潜力的研究方向推荐给读者，使之能为更多的减振隔震领域的科研人员、技术人员和学生提供参考。

本书的研究工作得到了国家自然科学基金面上项目（52078395）、青年科学基金项目（51908521）等的资助。在撰写本书的过程中，课题组的朱宏平教授给予了很多有价值的建议，研究生叶智、周文剑、丁彪、李雨熹、徐佩珊在攻读学位期间所取得的丰富成果为本书的撰写提供了素材，研究生杨航、黄志岗、王耀锋等也参与了部分工作，在此表示衷心感谢。此外，感谢同仁、朋友在本书出版过程中给予的热情帮助、支持和指导。

限于作者水平，书中难免存在不妥之处，敬请读者批评指正。

吴巧云

2023 年 7 月于武汉

目　　录

第1章　绪论

1.1　引言 ……………………………………………………………………… 1
1.2　工程减振隔震控制技术 ………………………………………………… 2
　　1.2.1　减振隔震体系原理 ………………………………………………… 2
　　1.2.2　减振隔震结构体系的发展 ………………………………………… 2
1.3　周期结构波动概况 ……………………………………………………… 3
　　1.3.1　周期结构振动频域的描述 ………………………………………… 3
　　1.3.2　周期结构振动波传播的形成机理 ………………………………… 4
　　1.3.3　周期结构波传播的研究成果综述 ………………………………… 5
1.4　声学黑洞概况 …………………………………………………………… 6
　　1.4.1　声学黑洞概念及其特性 …………………………………………… 6
　　1.4.2　声学黑洞研究现状 ………………………………………………… 7
参考文献 ……………………………………………………………………… 7

第2章　周期结构中振动波传播理论和方法

2.1　引言 ……………………………………………………………………… 11
2.2　周期性结构的固体物理学基础 ………………………………………… 11
　　2.2.1　周期性结构弹性波动方程 ………………………………………… 11
　　2.2.2　周期性的描述 ……………………………………………………… 12
　　2.2.3　实空间（正空间）与倒易空间 …………………………………… 12
　　2.2.4　布里渊区 …………………………………………………………… 12
　　2.2.5　Floquet-Bloch 定理 ……………………………………………… 13
2.3　周期性结构衰减特性的表征方法 ……………………………………… 13
　　2.3.1　能带结构图 ………………………………………………………… 13
　　2.3.2　频响曲线 …………………………………………………………… 14
　　2.3.3　时域曲线 …………………………………………………………… 14
2.4　基于传递矩阵法的频散特性 …………………………………………… 14
　　2.4.1　周期结构的运动方程及传递矩阵 ………………………………… 14
　　2.4.2　传播常数 …………………………………………………………… 15
2.5　基于导纳法的频散特性 ………………………………………………… 15
　　2.5.1　周期结构自由简谐波运动 ………………………………………… 15
　　2.5.2　复合单元周期结构自由简谐波运动 ……………………………… 16
2.6　基于有限元法的频散特性 ……………………………………………… 17
　　2.6.1　能带结构图的有限元计算方法 …………………………………… 17
　　2.6.2　频响曲线有限元计算方法 ………………………………………… 18
　　2.6.3　时域曲线有限元计算方法 ………………………………………… 18

参考文献 ⋯⋯⋯⋯⋯⋯⋯⋯⋯⋯⋯⋯⋯⋯⋯⋯⋯⋯⋯⋯⋯⋯⋯⋯⋯⋯⋯⋯⋯⋯ 18

第3章　周期杆结构振动波及其减振应用

3.1 引言 ⋯⋯⋯⋯⋯⋯⋯⋯⋯⋯⋯⋯⋯⋯⋯⋯⋯⋯⋯⋯⋯⋯⋯⋯⋯⋯⋯⋯⋯⋯⋯ 20
3.2 一维传统周期杆带隙特性研究 ⋯⋯⋯⋯⋯⋯⋯⋯⋯⋯⋯⋯⋯⋯⋯⋯⋯⋯⋯ 20
　3.2.1 模型及理论推导 ⋯⋯⋯⋯⋯⋯⋯⋯⋯⋯⋯⋯⋯⋯⋯⋯⋯⋯⋯⋯⋯⋯⋯ 20
　3.2.2 带隙计算分析 ⋯⋯⋯⋯⋯⋯⋯⋯⋯⋯⋯⋯⋯⋯⋯⋯⋯⋯⋯⋯⋯⋯⋯⋯ 22
　3.2.3 带隙特性研究 ⋯⋯⋯⋯⋯⋯⋯⋯⋯⋯⋯⋯⋯⋯⋯⋯⋯⋯⋯⋯⋯⋯⋯⋯ 23
　3.2.4 试验测试 ⋯⋯⋯⋯⋯⋯⋯⋯⋯⋯⋯⋯⋯⋯⋯⋯⋯⋯⋯⋯⋯⋯⋯⋯⋯⋯ 26
3.3 一维周期格栅杆带隙特性研究 ⋯⋯⋯⋯⋯⋯⋯⋯⋯⋯⋯⋯⋯⋯⋯⋯⋯⋯⋯ 28
　3.3.1 模型和带隙计算 ⋯⋯⋯⋯⋯⋯⋯⋯⋯⋯⋯⋯⋯⋯⋯⋯⋯⋯⋯⋯⋯⋯⋯ 28
　3.3.2 带隙特性研究 ⋯⋯⋯⋯⋯⋯⋯⋯⋯⋯⋯⋯⋯⋯⋯⋯⋯⋯⋯⋯⋯⋯⋯⋯ 29
　3.3.3 试验测试 ⋯⋯⋯⋯⋯⋯⋯⋯⋯⋯⋯⋯⋯⋯⋯⋯⋯⋯⋯⋯⋯⋯⋯⋯⋯⋯ 32
　参考文献 ⋯⋯⋯⋯⋯⋯⋯⋯⋯⋯⋯⋯⋯⋯⋯⋯⋯⋯⋯⋯⋯⋯⋯⋯⋯⋯⋯⋯⋯ 34

第4章　周期梁结构振动波及其减振应用

4.1 引言 ⋯⋯⋯⋯⋯⋯⋯⋯⋯⋯⋯⋯⋯⋯⋯⋯⋯⋯⋯⋯⋯⋯⋯⋯⋯⋯⋯⋯⋯⋯⋯ 35
4.2 柔性支承作用的单梁带隙特性分析 ⋯⋯⋯⋯⋯⋯⋯⋯⋯⋯⋯⋯⋯⋯⋯⋯ 36
　4.2.1 柔性支承作用的 Timoshenko 梁模型及理论推导 ⋯⋯⋯⋯⋯⋯⋯⋯ 36
　4.2.2 带隙计算分析 ⋯⋯⋯⋯⋯⋯⋯⋯⋯⋯⋯⋯⋯⋯⋯⋯⋯⋯⋯⋯⋯⋯⋯⋯ 39
　4.2.3 带隙形成机理分析 ⋯⋯⋯⋯⋯⋯⋯⋯⋯⋯⋯⋯⋯⋯⋯⋯⋯⋯⋯⋯⋯⋯ 44
　4.2.4 有限元仿真 ⋯⋯⋯⋯⋯⋯⋯⋯⋯⋯⋯⋯⋯⋯⋯⋯⋯⋯⋯⋯⋯⋯⋯⋯⋯ 45
　4.2.5 试验测试分析 ⋯⋯⋯⋯⋯⋯⋯⋯⋯⋯⋯⋯⋯⋯⋯⋯⋯⋯⋯⋯⋯⋯⋯⋯ 47
4.3 串、并联多振子单梁带隙特性分析 ⋯⋯⋯⋯⋯⋯⋯⋯⋯⋯⋯⋯⋯⋯⋯⋯ 49
　4.3.1 多振子 Timoshenko 梁模型及计算推导 ⋯⋯⋯⋯⋯⋯⋯⋯⋯⋯⋯⋯ 49
　4.3.2 串联双振子带隙计算研究 ⋯⋯⋯⋯⋯⋯⋯⋯⋯⋯⋯⋯⋯⋯⋯⋯⋯⋯⋯ 51
　4.3.3 并联多振子带隙计算研究 ⋯⋯⋯⋯⋯⋯⋯⋯⋯⋯⋯⋯⋯⋯⋯⋯⋯⋯⋯ 54
　4.3.4 试验验证 ⋯⋯⋯⋯⋯⋯⋯⋯⋯⋯⋯⋯⋯⋯⋯⋯⋯⋯⋯⋯⋯⋯⋯⋯⋯⋯ 59
4.4 周期声学黑洞单层梁带隙特性研究 ⋯⋯⋯⋯⋯⋯⋯⋯⋯⋯⋯⋯⋯⋯⋯⋯ 62
　4.4.1 声学黑洞单梁模型 ⋯⋯⋯⋯⋯⋯⋯⋯⋯⋯⋯⋯⋯⋯⋯⋯⋯⋯⋯⋯⋯⋯ 62
　4.4.2 带隙分析 ⋯⋯⋯⋯⋯⋯⋯⋯⋯⋯⋯⋯⋯⋯⋯⋯⋯⋯⋯⋯⋯⋯⋯⋯⋯⋯ 63
　4.4.3 带隙影响规律 ⋯⋯⋯⋯⋯⋯⋯⋯⋯⋯⋯⋯⋯⋯⋯⋯⋯⋯⋯⋯⋯⋯⋯⋯ 66
4.5 多耦合周期压电单梁的简谐波传播及其局部化 ⋯⋯⋯⋯⋯⋯⋯⋯⋯⋯⋯ 69
　4.5.1 周期压电 Timoshenko 梁动态刚度矩阵的建立 ⋯⋯⋯⋯⋯⋯⋯⋯⋯ 69
　4.5.2 结构中波传递矩阵的推导 ⋯⋯⋯⋯⋯⋯⋯⋯⋯⋯⋯⋯⋯⋯⋯⋯⋯⋯⋯ 76
　4.5.3 传播常数 ⋯⋯⋯⋯⋯⋯⋯⋯⋯⋯⋯⋯⋯⋯⋯⋯⋯⋯⋯⋯⋯⋯⋯⋯⋯⋯ 76
　4.5.4 Lyapunov 指数和局部化因子 ⋯⋯⋯⋯⋯⋯⋯⋯⋯⋯⋯⋯⋯⋯⋯⋯⋯ 77
　4.5.5 数值算例与分析讨论 ⋯⋯⋯⋯⋯⋯⋯⋯⋯⋯⋯⋯⋯⋯⋯⋯⋯⋯⋯⋯⋯ 77
4.6 弹性地基上含双自由度周期振子的上下双层梁带隙特性研究 ⋯⋯⋯⋯⋯ 83
　4.6.1 弹性地基上的双层欧拉梁模型 ⋯⋯⋯⋯⋯⋯⋯⋯⋯⋯⋯⋯⋯⋯⋯⋯⋯ 83
　4.6.2 带隙形成机理研究 ⋯⋯⋯⋯⋯⋯⋯⋯⋯⋯⋯⋯⋯⋯⋯⋯⋯⋯⋯⋯⋯⋯ 85
　4.6.3 简化计算公式 ⋯⋯⋯⋯⋯⋯⋯⋯⋯⋯⋯⋯⋯⋯⋯⋯⋯⋯⋯⋯⋯⋯⋯⋯ 89
　4.6.4 带隙影响规律 ⋯⋯⋯⋯⋯⋯⋯⋯⋯⋯⋯⋯⋯⋯⋯⋯⋯⋯⋯⋯⋯⋯⋯⋯ 90

　　　4.6.5　带隙拓宽 ··· 91
　　4.7　含双自由度周期振子的平行并联梁带隙特性研究 ····················· 93
　　　4.7.1　平行并联梁模型 ·· 93
　　　4.7.2　弯曲振动带隙特性 ·· 94
　　　4.7.3　带隙拓宽 ··· 96
　　　4.7.4　带隙影响规律 ·· 100
　　　4.7.5　试验验证 ·· 102
　　4.8　周期声学黑洞平行并联梁的带隙特性 ································· 103
　　　4.8.1　声学黑洞平行并联梁模型 ·· 103
　　　4.8.2　带隙分析 ·· 103
　　　4.8.3　带隙影响规律 ·· 106
　　　4.8.4　带隙转化规律验证 ··· 108
　　参考文献 ··· 109

第5章　周期叠层橡胶隔震支座力学特性和振动传递

　　5.1　引言 ··· 112
　　5.2　基于传递矩阵法的叠层橡胶支座力学特性分析 ····················· 113
　　　5.2.1　叠层橡胶支座理论模型 ·· 113
　　　5.2.2　叠层橡胶支座的力学特性 ·· 116
　　　5.2.3　基础隔震系统的隔震效率 ·· 118
　　5.3　基于导纳法的谐调叠层橡胶支座振动传递特性研究 ··············· 119
　　　5.3.1　有限谐调周期结构中波的传播原理 ······························· 119
　　　5.3.2　基础隔震结构模型 ··· 121
　　　5.3.3　数值计算 ·· 123
　　5.4　叠层橡胶支座的失谐对振动传递特性的影响研究 ················· 127
　　　5.4.1　基于导纳法的失谐周期结构中自由波传播原理 ················· 127
　　　5.4.2　带失谐叠层橡胶隔震支座的建筑结构模型 ····················· 129
　　　5.4.3　数值计算 ·· 130
　　参考文献 ··· 134

第6章　周期盾构隧道力学特性和减振应用

　　6.1　引言 ··· 136
　　6.2　周期盾构隧道结构中的简谐波传播及其局部化 ····················· 137
　　　6.2.1　周期盾构隧道的计算模型及运动方程 ··························· 137
　　　6.2.2　波传递矩阵的推导 ··· 140
　　　6.2.3　数值算例与分析讨论 ·· 141
　　6.3　恒定移动荷载下周期盾构隧道结构的波传播及其局部化 ········· 147
　　　6.3.1　恒定移动荷载下周期盾构隧道计算模型及运动方程 ········· 147
　　　6.3.2　波传递矩阵的推导 ··· 150
　　　6.3.3　移动荷载作用下的传播常数及局部化因子 ····················· 150
　　　6.3.4　数值算例与分析讨论 ·· 151
　　6.4　简谐移动荷载下周期盾构隧道结构的波传播及其局部化 ········· 158
　　　6.4.1　简谐移动荷载下周期盾构隧道计算模型及运动方程 ········· 158

  6.4.2 均质隧道的临界速度、截止频率及瞬态响应 ················· 160

  6.4.3 数值算例与分析讨论 ·· 161

参考文献 ··· 177

第7章 周期隔震基础动力特性和隔震效果

7.1 引言 ··· 179

7.2 一维周期基础的基本原理和频率响应 ···························· 179

  7.2.1 基于传递矩阵法的周期基础基本原理 ····················· 179

  7.2.2 一维周期基础的频率响应矩阵 ··························· 184

  7.2.3 一维周期基础的频率响应近似解析解 ····················· 185

  7.2.4 一维周期基础的上部结构-基础耦合效应 ················· 189

7.3 一维橡胶-混凝土周期基础的带隙 ····························· 191

  7.3.1 一维橡胶-混凝土周期基础的带隙近似解析解 ············· 191

  7.3.2 一维橡胶-混凝土周期基础不同层频点带隙的映射关系 ······· 192

  7.3.3 一维橡胶-混凝土周期基础的第一带隙近似解析解 ··········· 193

7.4 一维橡胶-混凝土周期基础的优化设计 ························· 195

  7.4.1 一维橡胶-混凝土周期基础的优化设计方法提出 ··········· 195

  7.4.2 基于优化设计方法的实例分析 ··························· 198

  7.4.3 材料试验的优化方案研究 ······························ 201

  7.4.4 材料试验的优化方案试验结果 ··························· 204

  7.4.5 基于材料试验的优化设计数值验算 ····················· 206

7.5 具有短柱构型的周期基础结构带隙特性及减振效果 ·············· 206

  7.5.1 具有短柱构型的周期基础结构模型 ····················· 206

  7.5.2 具有短柱构型的周期基础结构带隙计算及参数研究 ········· 207

  7.5.3 具有短柱构型的周期基础结构隔震效果 ················· 214

  7.5.4 具有短柱构型的周期基础结构的振动模态和位移特征 ······· 220

参考文献 ··· 222

绪　　论

1.1　引言

自 20 世纪 60 年代初提出工程结构控制概念以来，结构振动控制理论、方法及其实践越来越受到重视。基于传统建筑结构提出的抗震设计思想以"小震不坏、设防烈度可修、大震不倒"三水准为设防目标，建筑结构依靠结构的变形来吸收并消耗地震能量。在结构遭遇到中、小型地震时，依靠结构吸收并消耗地震能量方法可行。然而，当建筑结构遭遇大地震或特大罕遇地震时，完全依靠结构难以吸收并消耗巨大的地震能量。因此，虽然采用了严格的设计，在遇到超过规范设计要求的大地震或特大地震时仍无法确保结构安全，寻求有别于传统抗震体系的新体系成了众多学者的研究目标。

结构控制是由结构与控制系统共同抵御外界荷载，使之能控制结构的动态反应。目前这种思想主要包括两个方面：一是在建筑物与地基之间设置特殊的装置滤波吸能器，把对建筑物危害较大的地震波成分滤掉，使其不能传递到上部结构，同时隔震层消耗地震能量；二是对结构采用主动或被动隔震器进行动力消震，控制结构的振动反应。

20 世纪 60 年代以来，新西兰、美国、日本、中国等国陆续开始了对隔震橡胶支座和隔震体系的理论和试验研究，主要地震国家也开始采用这个新型的隔震体系。隔震结构具有设计概念明确、施工简单、安全可靠、节省造价等特点。美国 Northridge 大地震和日本神户大地震中地震区隔震建筑记录到的最大加速度反应表明：隔震结构顶层加速度反应峰值仅为非隔震结构的 20%，这是较早实测到的隔震和非隔震结构在强地震作用下的加速度反应对比记录，证实了隔震结构体系是一种较为理想的减轻地震灾害的新型结构体系。目前，在中国已经有很多工程项目采用橡胶隔震支座。随着隔震技术的逐渐成熟，此技术正向高层结构、大跨度桥梁结构推广和应用。

理想周期结构（谐调周期结构）具有不同于一般非周期结构的特殊力学性质，即可表现出频率禁带（带隙）特性。因此，根据实际应用需要，通过合理地设计周期结构的几何参数和材料参数，可以把振动禁带设计在结构所关心的频率范围内，利用该禁带特性可为结构的隔震减振提供一种新思路和途径。在实际工程中，由于材料、几何缺陷和制造误差等原因，实际周期结构总是不可避免地同理想周期结构之间存在一定的偏差，致使周期结构的各个子结构间具有某种程度的不统一性，称之为失谐。失谐可对周期结构的力学特性产生很大的影响，造成波或振动的频率即使处于理想周期结构的频率通带内，失谐也会导致波动在结构界面产生反射，而多重反射的结果可使波或振动限制在结构的某一局部区域，形成局部振荡，即产生弹性波或振动的局部化现象。局部化破坏了周期结构模态的规则性，使问题复杂化；在外激励下，会使结构某些部位的响应幅值过大，产生能量积聚，甚至可能导致结构发生疲劳破坏，从而减少结构的使用寿命。因此，如果忽略失谐的影响，仍然采用理想周期结构模型来分析问题，就可能得出完全错误的结论。

本书旨在系统地研究探讨周期性杆梁、叠层橡胶隔震支座、隧道以及周期性基础的力学特性和隔震减振性能，并建立适合工程应用的分析评价方法。

1.2　工程减振隔震控制技术

工程结构减振隔震控制技术是一门涉及多学科多领域的新技术，它能有效地减轻结构在地震作用下的响应和损失，显著地提高结构的抗震性能和抗灾能力。

1.2.1　减振隔震体系原理

以弯曲变形为主的抗震结构，通过构件的损伤破坏，达到吸收耗散外部输入能量的目的。地震发生时，地面振动引起结构地震响应，基础固结于地面的抗震结构，其地震响应沿结构高度从下到上逐渐增大。传统的抗震设计是通过提高结构的强度、延性，利用结构在大震作用下产生塑性变形来消耗地震能量，通过将塑性率控制在一定的范围内达到大震不倒的目的。

隔震体系是在建筑物上部结构与下部结构之间设置隔震消能装置，以隔离地震能量向上部结构的传输，达到减小结构振动的目的。隔震技术能显著降低结构的自振频率，延长结构周期，并提供适当阻尼使结构的加速度响应大大减弱。同时使结构的位移主要发生在上部结构与下部结构之间的隔震层上，而不由结构本身的塑性变形承担。在地震过程中，隔震结构上部结构本身发生的变形非常小，像刚体一样作轻微平动，从而为结构地震防护提供更好的安全保障。

隔震层的减隔震装置需要实现三种功能：（1）在水平方向支承上部结构的装置，起到延长结构自振周期，提供复位力，达到隔震的效果；（2）上部结构和下部结构之间发生相对位移时的耗能装置，起到减少上部结构振幅的作用和消能的作用；（3）在竖直方向支承上部结构的装置，使上部结构具有正常使用的功能。运用隔震技术的建筑，上部结构与下部结构用隔震层隔开。地震时，隔震层减小地震能量的传递，隔震结构的变形主要集中在隔震层。上部结构只发生整体刚体平移，减小了上部结构的主要构件的变形。由于支座具有较小的水平刚度，结构的自振周期增大，结构地震响应可以减少至 1/4～1/2，从而确保房屋不破坏、不倒塌，提高房屋的使用寿命和确保使用功能。隔震建筑具有设计概念明确、施工简单、安全可靠、节省造价、经久耐用等特点，一般比传统抗震建筑节省造价 7%～11%。

1.2.2　减振隔震结构体系的发展

隔震结构体系的原理是通过设置柔性层，有效地将地震能量隔离或消耗，减小结构地震反应，保护上部结构的安全，基于这一设计思想的建筑物事实上在我国和世界其他国家出现过，部分建筑物经历过多次大地震后仍然保存至今。

我国山西浑源境内的悬空寺，始建于北魏后期（公元 500 年），整个建筑物"悬空支撑"在半山陡壁上，楼面支撑在立柱上能够在一定范围内水平晃动，经历了 3 次大地震而未破坏。

日本学者河合（1891 年），Calantarients（1909 年）等，先后提出了隔震概念，由于设计方法和技术等多方面的不成熟，未能有工程应用实例。

柔性底层建筑在地震发生时会出现严重破坏，这种破坏是阻碍隔震建筑发展的重要因素。20 世纪20 年代和 30 年代在日本引发了刚性结构与柔性结构的争论，由于 1923 年关东大地震的发生使持柔性体系学说的学者也对柔性体系的抗震性能产生了怀疑。1971 年，美国旧金山发生了里氏 6.7 级的强震，地震使按柔性底层概念设计的 Olive View 医院的底层柱严重损毁，使柔性底层设计即隔震概念发展受到了进一步否定。即使在 1995 年发生的神户大地震中，遭受破坏严重的建筑物也多是底层相对较柔的建筑。

柔性概念设计思想同时还受到了刚性结构设计思想的挑战。刚性结构设计思想希望通过增强结构和结构构件的刚度来抵抗和消耗地震能量，此外柔性底层结构强震时发生的巨大破坏也促进了刚性结构思想的发展和应用。然而无限刚性难以实现，以及各个地震国家经济发展的不平衡性，产生了基于同一刚性设计思想下的不同设计方法，具体体现在各个地震国家相关抗震设计规范的制定和执行中。前面提到的美国医院的底层柱严重损坏后，按照刚性结构的概念进行了抗震加固。该建筑在 1994 年发生的 Northridge 地震中，基础位置记录到的输入加速度时程约为 800gal，结构最大加速度反应达到近 2000gal。地震中结构本身未有破坏，但建筑物遭受了天井塌落、配管断裂和室内设备严重损毁等现象，致使震后无法使用，丧失了医院的功能。

上述各种结构体系的地震反应和地震对建筑物造成的巨大破坏，说明单纯采用柔性结构或刚性结构仍难以满足结构、结构构件和结构内设施在强震发生时的安全，迫使研究人员考虑结构体系的转变。

采用现代隔震概念设计的隔震建筑最早应用在 1969 年兴建于南斯拉夫的斯克比小学校，瑞士设计人员针对当时学校建筑物的地震破坏情况提出采用橡胶支座进行隔震维修。该建筑使用了矩形纯橡胶体，水平变形稳定且允许变形大，而竖向刚度则偏小，竖向压缩变形较大且向横向突出。此后，法国设计人员对纯橡胶体进行了改进，在橡胶体内增加了多层钢板，限制了橡胶体受压后的横向变形，提高了橡胶支座的竖向刚度。法国于 1973 年兴建的朗贝斯库学校，以及 1977—1984 年兴建的库鲁阿斯核电站均采用了这种橡胶隔震支座，隔震支座为边长 500mm 的正方形，橡胶层采用 13mm×3 层，中间钢板 2 层。1978 年 Kelly 等提出了叠层橡胶支座的系统理论与设计方法，标志着减隔震技术进入了蓬勃的发展阶段。1984 年法国在南美洲兴建的核电站在采用橡胶隔震支座的同时，还增加了滑板支撑（摩擦系数 0.2）作为耗能装置，这是世界上首次考虑弹性支撑与阻尼器共同工作而设计的隔震建筑。

1983 年，新西兰的惠灵顿威廉克雷顿大楼隔震层采用了矩形橡胶隔震支座中部加铅棒的铅芯橡胶隔震装置，这是铅芯橡胶隔震支座在世界上的首次工程应用。

此后，天然橡胶隔震支座与阻尼器（单体或组合体）作为隔震装置的形式逐渐形成。近年来橡胶隔震支座的发展体现在不断研究开发低弹性模量的天然橡胶和铅芯橡胶隔震支座，通过降低橡胶材料的弹性模量，即降低橡胶支座的水平刚度来延长隔震结构周期，达到进一步减小结构地震反应的目的。橡胶支座的橡胶材料逐渐由最初的高、中硬度橡胶发展到低硬度橡胶。橡胶隔震支座的直径和规格也在不断发展，橡胶支座的直径由最初的 300mm（设计荷载 1000kN）以下发展到直径 1600mm 的隔震支座（设计荷载 20000kN）。

1.3 周期结构波动概况

周期结构在振动禁带内具有良好的隔震效果，具有潜在广阔的应用前景。因此，弹性波在周期结构中传播特性的研究吸引了国内外学者的关注。本节详细阐述了周期结构的波传播研究现状。

1.3.1 周期结构振动频域的描述

周期结构的本质特征是具有频率通带和禁带，即当弹性波或扰动频率处于结构的通带区域内时，若不考虑阻尼的影响，波动或扰动会无限制地传遍整个结构，其幅值和能量不会发生衰减；当弹性波或扰动频率处于结构的禁带区域时，波动幅值和能量不会传遍整个结构，而会发生衰减。图 1-1 给出了多耦合十跨梁结构在左端施加一简谐激振荷载时的变形情况。可以发现当激振频率处于禁带区域时，波动仅局限在振源附近而不能传遍整个周期结构，如图 1-1（a）所示；而当激振频率处于通带区域时，波动可以沿着结构自由地传播而没有发生衰减，如图 1-1（b）所示。显然，周期结构的禁带特性可以有效控制弹性波的传播，并有可能降低由振动引起的结构声辐射，且可以人为地设计结构的参数以调整结构的通禁带，这对提高结构的工作性能及抗疲劳能力具有重要意义。

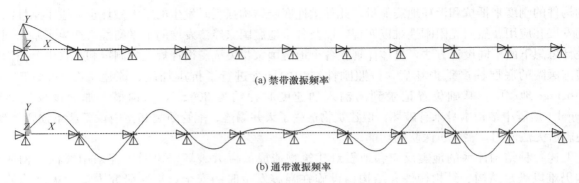

(a) 禁带激振频率

(b) 通带激振频率

图 1-1 多跨梁的波动传播情况

1.3.2 周期结构振动波传播的形成机理

1.3.2.1 谐调周期结构

根据带隙的形成机制不同，目前比较成熟的机理有两种，分别为布拉格散射机理和局域共振机理。

布拉格散射是由固体物理学中晶体能带的理论引出的。布拉格散射造成带隙的主要原因是弹性波经周期性介质散射后，某些频率的弹性波受到全反射的影响会发生破坏性干涉而呈指数衰减，无法在结构中正常传播，从而产生带隙。弹性波带隙的产生及其特性与周期结构的材料参数（密度和弹性常数等）以及结构参数（排列方式、几何形状和周期尺寸等）密切相关。一般来说，要获得超低频率的带隙需要将周期结构的尺寸做得较大。基于布拉格散射机理产生的禁带对周期结构在超低频振动控制上的应用有一定的限制，而局域共振带隙特性有望解决这一问题。

弹性波带隙的局域共振机理首先由香港科技大学的刘正猷教授等提出。局域共振机理认为，在特定频率的弹性波激励下，单个散射体产生共振，并与入射波相互作用，使弹性波不能继续传播。带隙的产生主要取决于各个散射体本身的共振模式与基体之间的相互作用。因此，对于符合局域共振机理的周期结构，带隙与单个散射体固有的振动特性密切相关，与散射体的空间排列方式及尺寸大小关系不大，这对于周期结构在低频波段的应用开辟了广阔的道路。

总之，布拉格散射机理强调周期结构对波的影响，如何合理地选择周期结构的材料组分以及尺寸是带隙设计的关键因素；而局域共振机理则强调单个散射体的共振与基体中波的相互作用，如何调整单个散射体的共振以及散射体在基体内的散射特性是问题的关键。

1.3.2.2 失谐周期结构

当周期结构中存在失谐时，振动或弹性波会被局限在某一局部区域，出现振动或波动局部化现象。而振动在周期结构中会以弹性波的形式传播，因此本书中波动局部化也称为振动局部化。局部化会使结构某些部位的响应幅值过大，产生能量积累，因此研究失谐周期结构的波动特性对抑制结构发生疲劳破坏具有深远的意义。

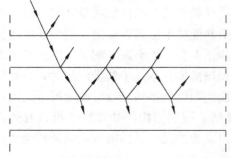

波动局部化现象的产生机理可以利用波的传播原理来形象直观地解释。为说明方便，将波动在周期结构中各个胞元间的传播过程模拟为多层介质中波由一层向另一层的传播，如图 1-2 所示。

假设整个周期系统是谐调的，即各层介质的性质完全相同，则波动的传播将不会受到层间界面的影响，从而可以传遍整个结构；而若结构中存在失谐，即各层中介质的几何或材料参数发生变化，则波动不仅会在界面处发生传递，还会伴随有反射。对于其中的反射分量，其幅值一般会随形成界面的两层介质的几何和材料特性或力学性质的差异程度而发生变化。如果此时波是在高反射界面上发生反射，即反射系数较大，则波动会被

图 1-2 波动局部化现象的产生机理示意图

限制在几个层间，产生多重往复反射。显然，这些被抑制的弹性波将会导致某些子结构的振动响应幅值很大，这便是波动局部化现象的产生机理。

1.3.3 周期结构波传播的研究成果综述

周期结构理论被广泛应用于各种工程问题中，其波传播分析利用空间上的周期性可极大地减少计算工作量。近 50 年来，人们对周期结构的振动传播特性进行了深入的研究，并在不断探索各种周期结构在不同振动模式下的波动特性，取得了一些成果。

1.3.3.1 谐调周期结构波传播研究概况

周期结构波传播理论首先是由 Brillouin 发展起来的，并将其作为频率滤波器而应用于实际工程中。随后，Heckl 对一系列简单周期梁中弯曲波的传播问题进行了深入研究，得到了周期结构的带隙特性，即波仅在特定的频带上才能传播，而在其他频带上不能传播。

Mead 从波动微分方程出发，研究了无限周期支撑简支梁的波传播特性以及它们与声波的相互作用，同时又将一维周期支撑梁的算法拓展到二维周期支撑板中，得到了周期支撑的梁板类结构波传播特性的近似算法，并在文献中讨论了周期加筋梁中纵向和弯曲耦合波的传播。随后，Mead 又进一步探讨了周期 Timoshenko 梁和加肋板类结构的振动特性，提出了一种适用于该类结构波传播分析的新方法。

张小铭和张维衡从振动功率流的角度出发，讨论了周期简支梁在力激振时由振源输入到梁中的功率流以及功率流沿梁的传播，指出在频率通带，振源向梁中输入功率流；在禁带，振源不向梁中输入功率流，从而能有效控制结构振动或噪声辐射。

Mukherjee 和 Parthan 针对支承处转角受到约束的周期简支梁的波传播问题，引入了伽辽金变形函数，使其满足物理和几何边界条件，为该类结构的波传播分析奠定了基础。

朱宏平将多层建筑结构简化为单耦合或多耦合带横梁的周期柱结构，引入对称和反对称导纳的概念，分析了横梁共振特性对周期柱结构波传播特性的影响，验证了利用带隙特性可以在较宽的频率范围内控制结构的振动。

Heckl 应用格林函数矩阵和 Bloch 理论，研究了周期质量或弹簧支撑时 Timoshenko 梁中弯曲波、压缩波和扭转波的耦合振动特性，发现若支撑点远离梁的中心线，波动耦合现象将会更加显著。

Koo 和 Park 结合传递矩阵法，将周期结构的弯曲波动特性应用到周期支撑管梁系统中，并对其进行了试验验证，证实了弯曲振动带隙的存在，得到当荷载的激振频率范围一定，合理地设计周期支撑的位置可以有效地减小结构的振动传播。

Han 等利用改进的传递矩阵法，分析了由铝和有机玻璃交替组成的周期 Euler 梁的弯曲振动波传播，并利用平面波展开法验证了所计算的频率通禁带。Zhang 等同样采用改进的传递矩阵法进一步地研究了 Winkler 地基上由铅和钢周期交替组成的 Euler 梁的弯曲振动波传播，计算了梁的等效临界频率，指出弹性地基使得结构出现了一个从零开始的禁带区域。陈启勇等更进一步地讨论了轴向力作用下 Winkler 地基上声子晶体梁的弯曲振动带隙，研究发现拉力提升了带隙，但地基带隙却保持不变，而压力降低了带隙频率，且地基带隙随压力的增加有减小的趋势。

Langley 等提出了一种改进的统计能量分析法，计算了周期加肋阻尼板的高频振动传输特性，同时将其强迫振动响应结果与动态刚度矩阵法和波强度分析法的计算结果进行了对比，证实了该法用于波传播分析的正确性。

Jung 等将周期结构带隙理论应用到底座的支撑上，即将底座的每个支撑柱设计成周期结构形式，分析了底座的减隔震能力，指出在一个较宽的频带范围内，底座存在频率禁带，即在该禁带内，周期支撑柱能够有效地隔离振动向底座的传播，并且通过试验验证了周期底座的隔震特性，为实际工程中底座的设计提供了一种新的减隔震思路。

综上所述，谐调周期结构的波传播理论取得了可喜的进展，但由于其结构形式多种多样，周期结构的算法研究、机理分析以及实际减振应用方面还存在一定的局限，特别是在速度域，相关研究尚待进一步系统和深入。

1.3.3.2 失谐周期结构波传播研究概况

自从 Hodges 指出局部化现象同样存在于结构动力学和振动领域时，弹性波局部化理论逐渐与实际工程中的周期结构紧密联系起来，成为结构振动控制、安全设计和优化的一个重要分支。但与固体物理领域相比，失谐结构中波传播问题的研究起步较晚，目前还有许多问题有待进一步深入。因此，研究波动在失谐周期结构中的传播影响规律和分布途径已经成为人们关注的热点课题。

Kissel 利用传递矩阵法，针对单耦合质量—弹簧链式结构、周期附加弹簧振子的杆和双耦合多跨梁的波传播和局部化进行了深入研究，指出一般情况下，波动局部化现象在理想周期结构的禁带区域附近最为显著，因此实际工程中的振动分析应首先关注禁带区域附近的频率。

Bouzit 和 Pierre 对失谐多跨梁结构中的局部化特性进行了一系列的研究，取得了一些有意义的结论。1995 年，他们分别从失谐和结构阻尼两个方面，对多跨梁的振动特性和衰减机理进行了研究。结果表明，失谐和阻尼分布均能够降低结构的振动水平，但是它们导致结构振动衰减的机理存在明显的差异。阻尼是通过耗散结构的能量，使能量沿着多跨梁的传播逐渐发生衰减，而失谐则是把能量限制在结构的某几跨内，并不损耗能量。并且，当跨间耦合较弱时，小量失谐可以导致强的局部化，其局部化程度大于阻尼产生的影响；当梁跨间耦合较强时，阻尼导致的局部化程度大于失谐的影响。

接着，Bouzit 和 Pierre 对谐调和失谐多跨梁的振动特性进行了系统的试验研究，验证了跨长的小量失谐将会导致结构中出现振动局部化现象，且标准差为 8% 的失谐量会使结构中最大受迫响应幅值增加 3 倍，这种振动能量在少数几跨内的集中极易使结构发生疲劳损伤或破坏。通过试验得到的响应幅值和局部化因子都与理论计算结果吻合良好。

Ariaratnam 和 Xie 利用传递矩阵法对随机失谐连续梁中的波动局部化问题进行了研究，明确指出对于单耦合周期结构，波传递矩阵中最大的 Lyapunov 指数即为局部化因子。同时，Xie 采用同样的方法研究了随机失谐多跨梁的屈曲模态局部化问题。随后，他们又深入系统地分析了一系列随机失谐连续梁结构的屈曲模态局部化，指出尽管不同结构的屈曲荷载不同，但是这些屈曲荷载满足某一概率分布，该概率分布仅依赖于失谐参量的变化。并且如果系统中存在失谐，当荷载接近屈曲荷载时，结构将会出现屈曲模态局部化。

Kim 和 Lee 从理论上分析了周期结构中子结构间的耦合刚度和质量对模态局部化的影响，发现高阶模态的局部化对耦合质量较为敏感，而刚度对所有阶模态的局部化都有显著影响，并观察到尽管结构的失谐程度较大，但结构的某些阶模态不会发生局部化。同时，通过对一多跨梁的数值分析验证了理论结果的正确性。

当分析一大型周期结构并预报其振动水平时，采用周期结构理论能极大地减少计算工作量，因此可以预见周期结构理论将会在实际工程中得到广泛应用。但在实际工程结构中，失谐难免存在，从而会导致结构波传播出现局部化现象；另一方面，通过人为设计不同程度的失谐还可以调节结构的带隙特性，从而可以有效控制结构的波传播。因此研究失谐周期结构的波动特性对周期结构的优化设计和振动控制具有重要的理论参考价值。

1.4 声学黑洞概况

1.4.1 声学黑洞概念及其特性

声学黑洞是一种特殊的声学超材料结构，可以消除弹性波的反射和折射，使弹性波在结构内部逐渐减弱，最终消失。Pekeris 在研究声波在特定的非均匀分层流体中的传播特性时发现，声速会随介质厚度的变化而减小。Mironov 之后观察到当弯曲波在楔形结构中传播时也有类似现象，在特定的条件下弹性波可以在指数型表面剪裁的薄板上实现零反射，进而实现波在结构尖端的聚集。Krylov 通过改变楔形梁的几何外形参数来操纵弯曲波的传播，实现了对弯曲波能量的控制。这一弹性波无法从结构中逃逸出来的现象与黑洞相似，因此该类型结构被称为声学黑洞。

1.4.2 声学黑洞研究现状

一维声学黑洞结构厚度部分满足 $h(x) = \varepsilon x^m$，$m \geqslant 2$ 的规律，当弹性波从均匀部分进入声学黑洞后，弹性波受到结构厚度变化的影响，波速逐渐变小，波长被不断压缩，波动幅值逐渐增加，当弹性波到达尖端时，其波长将会变为零，即弹性波将无法通过声学黑洞，这一特性引起了广泛的关注。如果这种特性构件可以运用到结构设计中，将会极大地促进振动控制领域的发展。

受生产工艺的限制，声学黑洞厚度并不能无限趋近于 0，在一定厚度处就会被截断，这很大程度上限制了声学黑洞对弹性波能量的约束。因此一些学者尝试在截断厚度处通过贴附阻尼材料来吸收弯曲波能量，另一些学者尝试将多个声学黑洞添加到结构中，通过多次的能量聚集实现振动控制目标。李敬结合两种思路，在对贴附阻尼的声学黑洞进行研究时提到周期声学黑洞的概念。盛荟等在周期结构中嵌入多个声学黑洞区域，使结构能够产生局域共振带隙，相较于传统的局部共振型声子晶体，其相对带隙的宽度更宽。Gao 等将声学黑洞添加到角梁型结构中，从而实现低频下的超宽带隙。之后又将两种规格的声学黑洞进行组合，并对结构的复杂能带进行研究。

Jia 等尝试将动力谐振器添加到声学黑洞中，利用动力谐振器吸收能量，通过试验验证了声学黑洞和谐振器对振动响应衰减的作用，并与带有阻尼层的声学黑洞进行对比，结果表明动力谐振器和声学黑洞效应结合是一种减小噪声和控制振动的有效方法。Li 等研究不同动力谐振器对声学黑洞梁振动控制的效果，通过数值模拟分析振动衰减幅度，发现线性和非线性动力谐振器均可有效降低声学黑洞梁的低频共振。何璞将声学黑洞运用于双梁结构，通过在双梁结构中间添加声学黑洞型振子，并在振子表面贴附阻尼材料，在不改变原有主结构强度和刚度的前提下，实现了对主梁全频带的减振效果。

总的来说，通过合理设置黑洞参数与排列方式以及材料的分布等可以得到周期黑洞结构对应的带隙特性。但这方面的研究仍很匮乏，有待进一步深入以达到拓宽频带的作用。

参 考 文 献

[1] 胡聿贤. 地震工程学[M]. 北京：地震出版社，1988.

[2] 日本隔震构造协会. 隔震结构入门[M]. 东京：OHM 出版社，1995.

[3] 周福霖，杨铮，周云. 我国结构减震控制的研究应用与发展[M]. 第七届全国地震工程学术会议论文集. 北京：地震出版社，2006.

[4] 周福霖. 工程结构减震控制[M]. 北京：地震出版社，1997.

[5] 李凤明. 结构中弹性波与振动局部化问题的研究 [D]. 哈尔滨：哈尔滨工业大学，2003.

[6] 张锦，刘晓平. 叶轮机振动模态分析理论及数值方法[M]. 北京：国防工业出版社，2001.

[7] Kuang J H, Huang B W. The effect of blade crack on mode localization in rotating bladed disks[J]. Journal of Sound and Vibration, 1999, 227(1)：85-103.

[8] Bladh R, Castanier M P, Pierre C. Component-mode-based reduced order modeling techniques for mistuned bladed disks-part II: application[J]. ASME, Journal of Engineering for Gas Turbines and Power, 2001, 123(1)：100-108.

[9] 中华人民共和国住房和城乡建设部. 建筑抗震设计规范：GB 50011—2010(2016 年版)[S]. 北京：中国建筑工业出版社，2016.

[10] Akiyama H. A prospect for future earthquake resistant design[J]. Engineering Structures, 1998, 20(4-6)：447-451.

[11] 苏经宇，曾德民. 我国建筑结构隔震技术的研究和应用[J]. 地震工程与工程振动，2001，12(4)：94-101.

[12] Skinner R I, Robinson W H, Mcverry G H. 工程隔震概论[M]. 谢礼立，周雍年，赵兴权，译. 北京：地震出版社，1996.

[13] Naeim F, Kelly J M. Design of Seismic Isolated Structures[M]. New York：John Wiley and Sons, Inc.，1999.

[14] Kelly J M, Eidinger J M. Experimental result of an earthquake isolation system using natural rubber bearings[R]. Report No. UCB/EERC78/03, California, USA, 1978.

[15] 电力中央研究所. 高速炉隔震设计相关研究[R]. 综合报告：U34, 财团法人电力中央研究所, 1998.

[16] Mead D J. Wave propagation and natural modes in periodic systems：I. mono-coupled systems[J]. Journal of Sound and Vibration, 1975, 40(1)：1-18.

[17] Mead D J. Wave propagation and natural modes in periodic systems：II. multi-coupled systems, with and without damping[J]. Journal of Sound and Vibration, 1975, 40(1)：19-39.

[18] 温熙森. 光子/声子晶体理论与技术[M]. 北京：科学出版社, 2006.

[19] 黄昆著、韩汝琦. 固体物理学[M]. 北京：高等教育出版社, 1988.

[20] Guz A N, Shulga N A. Dynamics of laminated and fibrous composites[J]. Applied Mechanics Review, 1992, 45(2)：35-60.

[21] Kuang W M, Hou Z L, Liu Y Y. The effects of shapes and symmetries of scatterers on the phononic band gap in 2D phononic crystals[J]. Physics Letters A, 2004, 332(5-6)：481-490.

[22] Kushwaha M S, Halevi P, Martinez G, et al. Acoustic band structure of periodic elastic composites[J]. Physics Review Letters, 1993, 71(13)：2022-2025.

[23] Sigalas M M, Economou E N. Elastic and acoustic wave band structure[J]. Journal of Sound and Vibration, 1992, 158(2)：377-382.

[24] 郁殿龙. 基于声子晶体理论的梁板类周期结构振动带隙特性研究 [D]. 长沙：国防科学技术大学, 2006.

[25] Martinez S R, Sancho J, Sanchez J V, et al. Sound attenuation by sculpture[J]. Nature, 1995, 378(16)：241-245.

[26] Liu Z Y, Zhang X X, Mao Y W, et al. Locally resonant sonic materials[J]. Science, 2000, 289(8)：1734-1736.

[27] Wang G, Wen X S, Wen J H, et al. Two-dimensional locally resonant phononic crystals with binary structures[J]. Physical Review Letters, 2004, 93(15)：154302.

[28] Liu Z Y, Chan C T, Sheng P. Three-component elastic wave band-gap material[J]. Physical Review B, 2002, 65(16)：165116. 1-165116. 6.

[29] Zhang X, Liu Y Y, Wu F G, et al. Large two-dimensional band gaps in three component phononic crystals[J]. Physics Letters A, 2003, 317(1-2)：144-149.

[30] Castanier M P, Pierre C. Lyapunov exponents and localization phenomena in multi-coupled nearly periodic systems[J]. Journal of Sound and Vibration, 1995, 183(3)：493-515.

[31] Brillouin L. Wave Propagation in Periodic Structures[M]. New York：Dover Press, 1946.

[32] Heckl M A. Investigations on the vibrations of grillages and other simple beam structures[J]. Journal of the Acoustic Society of America, 1964, 36(7)：1335-1343.

[33] Mead D J. Free wave propagation in periodically-supported, infinite beams[J]. Journal of Sound and Vibration, 1970, 11(2)：181-197.

[34] Mead D J, Parthan S. Free wave propagation in two-dimensional periodic plates[J]. Journal of Sound and Vibration, 1979, 64(3)：325-346.

[35] Mead D J, Markus S. Coupled flexural-longitudinal wave motion in a periodic beam[J]. Journal of Sound and Vibration, 1983, 90(1)：1-24.

[36] Mead D J. A new method of analyzing wave propagation in periodic structures：applications to periodic Timoshenko beams and stiffened plates[J]. Journal of Sound and Vibration, 1986, 104(1)：9-27.

[37] 张小铭, 张维衡. 周期简支梁的振动功率流[J]. 振动与冲击, 1990, 35：28-34.

[38] Mukherjee S, Parthan S. Free wave propagation in rotationally restrained infinite periodic beams[J]. Journal of Sound and Vibration, 1993, 162(1)：57-66.

[39] 朱宏平. 多层建筑结构振动波传播及其行波控制研究 [D]. 武汉：华中理工大学, 1995.

[40] Heckl M A. Coupled waves on a periodically supported Timoshenko beam[J]. Journal of Sound and Vibration, 2002, 252(5)：849-882.

[41] Koo G H, Park Y S. Vibration reduction by using periodic supports in a piping system[J]. Journal of Sound and Vibration, 1998, 210(1)：53-68.

［42］ Han L，Zhang Y，Ni Z Q，et al. A modified transfer matrix method for the study of the bending vibration band structure in phononic crystal Euler beams［J］. Physica B，2012，407(23)：4579-4583.

［43］ Zhang Y，Han L，Jiang L H. Transverse vibration bandgaps in phononic-crystal Euler beams on a Winkler foundation studied by a modified transfer matrix method［J］. Physica Status Solidi B-Basic Solid State Physics，2013，250 (7)：1439-1444.

［44］ 陈启勇，胡少伟，张子明. 基于声子晶体理论的弹性地基梁的振动特性研究［J］. 应用数学和力学，2014，35(1)：29-38.

［45］ Langley R S，Smith J R D，Fahy F J. Statistical energy analysis of periodically stiffened damped plate structures. Journal of Sound and Vibration，1997，208(3)：407-426.

［46］ Jung W，Gu Z，Baz A. Mechanical filtering characteristics of passive periodic engine mount［J］. Finite Elements in Analysis and Design，2010，46(9)：685-697.

［47］ Zheng L，Li Y N，Baz A. Attenuation of wave propagation in a novel periodic structure［J］. Journal of Central South University of Technology，2011，18(2)：438-443.

［48］ Kissel G J. Localization in disordered periodic structure ［D］. Massachusetts：Massachusetts Institute of Technology，1988.

［49］ Bouzit D，Pierre C. Localization of vibration in disordered multi-span beams with damping［J］. Journal of Sound and Vibration，1995，187(4)：625-648.

［50］ Bouzit D，Pierre C. An experiment investigation of vibration localization in disordered multi-span beams［J］. Journal of Sound and Vibration，1995，187(4)：649-669.

［51］ Ariaratnam S T，Xie W C. Wave localization in randomly disordered nearly periodic long continuous beams［J］. Journal of Sound and Vibration，1995，181(1)：7-22.

［52］ Xie W C. Buckling mode localization in randomly disordered multispan continuous beams［J］. AIAA Journal，1995，33(6)：1142-1149.

［53］ Ariaratnam S T，Xie W C. Buckling mode localisation in randomly disordered continuous beam using a simplified model［J］. Chaos，Solitons and Fractals，1996，7(8)：1127-1144.

［54］ Kim D O，Lee I W. Mode localization in structures consisting of substructures and couplers［J］. Engineering Structures，2000，22(1)：39-48.

［55］ Pekeris C L. Theory of propagation of sound in a half-space of variable sound velocity under conditions of formation of a shadow zone［J］. The Journal of the Acoustical Society of America，1946，18(2)：295-315.

［56］ Mironov M A. Propagation of a flexural wave in a plate whose thickness decreases smoothly to zero in a finite interval［J］. Soviet Physics Acoustics，1988，34(3)：318-319.

［57］ Krylov V V. Conditions for validity of the geometrical-acoustics approximation in application to waves in an acute-angle solid wedge［J］. Soviet Physics Acoustics，1989，35(2)：176-180.

［58］ 季宏丽，黄薇，裘进浩，等. 声学黑洞结构应用中的力学问题［J］. 力学进展，2017，47(1)：333-384.

［59］ Krylov V V，Winward R E T B. Experimental investigation of the acoustic black hole effect for flexural waves in tapered plates［J］. Journal of Sound and Vibration，2007，300(1-2)：43-49.

［60］ Kralovic V，Bowyer E P，Krylov V V，et al. Experimental study on damping of flexural waves in rectangular plates by means of one-dimensional acoustic Black Holes［C］. 14th International Accoustic Conference，Slovakia，2009.

［61］ Denis V，Pelat A，Gautier F，et al. Modal overlap factor of a beam with an acoustic black hole termination［J］. Journal of Sound and Vibration，2014，333(12)：2475-2488.

［62］ 李敬，朱翔，李天匀，等. 基于平面波展开法的声学黑洞梁弯曲波带隙研究［J］. 哈尔滨工程大学学报，2022，43(1)：32-40.

［63］ Ji H L，Han B，Cheng L，et al. Frequency attenuation band with low vibration transmission in a finite-size plate strip embedded with 2D acoustic black holes［J］. Mechanical Systems and Signal Processing，2022，163：108149.

［64］ 赵楠，王禹，陈林，等. 分布式声学黑洞浮筏系统隔振性能研究［J］. 振动与冲击，2022，41(13)：75-80.

［65］ 李敬，万志威，李天匀，等. 周期声学黑洞结构弯曲波带隙与振动特性［J］. 噪声与振动控制，2021，41(02)：21-27.

[66] 盛荟，和梦欣，吕晓飞，等. 声学黑洞周期结构的局部共振分析及优化[C]. 第十八届全国非线性振动暨第十五届全国非线性动力学和运动稳定性学术会议，广州，2021：020211.

[67] Gao N S，Wei Z Y，Hou H，et al. Design and experimental investigation of V-folded beams with acoustic black hole indentations[J]. The Journal of the Acoustical Society of America，2019，145(1)：79-83.

[68] Jia X X，Du Y，Zhao K. Vibration control of variable thickness plates with embedded acoustic black holes and dynamic vibration absorbers[C]. The American Society of Mechanical Engineers Noise Control and Acoustics Division Conference，San Francisco，2015.

[69] Li H Q，Touzé C，Pelat A，et al. Combining nonlinear vibration absorbers and the acoustic black hole for passive broadband flexural vibration mitigation[J]. International Journal of Non-Linear Mechanics，2021，129：103558.

[70] 何璞，王小东，季宏丽，等. 基于声学黑洞的盒式结构全频带振动控制[J]. 航空学报，2020，41(4)：129-138.

第2章

周期结构中振动波传播理论和方法

2.1 引言

对于周期结构，简谐振动波仅在某些特定频带上能够自由传播，这些频带称为频率通带或者传播域；而在其他频带上则会发生衰减，这些频带称为频率禁带或者衰减域。谐调周期结构中波的传播特性可以用传播常数来表述，它表示了任一周期单元与相邻单元任意位置处波的大小的关系。

目前，对周期结构应用较广泛的是传递矩阵法。Mead 从波动微分方程出发，利用传递矩阵法研究了无限周期支撑简支梁的波传播特性以及它们与声波的相互作用，同时又将一维周期支撑梁的算法拓展到二维周期支撑板中，得到了周期支撑的梁板类结构波传播特性的近似算法，并在文献中讨论了周期加筋梁中纵向和弯曲耦合波的传播。随后，Mead 又进一步探讨了周期 Timoshenko 梁和加肋板类结构的振动特性，提出了一种适用于该类结构波传播分析的新方法。Koo 和 Park 结合传递矩阵法，将周期结构的弯曲波动特性应用到周期支撑管梁系统中，并对其进行了试验验证，证实了弯曲振动带隙的存在，得到当荷载的激振频率范围一定，合理地设计周期支撑的位置可以有效地减小结构的振动传播。所谓导纳法就是利用周期单元的不同导纳来描述波的传播特性。Gupta 运用导纳法研究了周期加肋结构的振动特性，得出了一种求解有限周期结构自振频率的方法，并进一步探讨了周期结构中的纵向波和弯曲波的耦合特性。

本章回顾了固体物理基本概念、如何利用结构运动方程导出结构的传递矩阵以及振动波传播常数，以及利用导纳、有限元方法研究周期结构中波传播的一般原理。

2.2 周期性结构的固体物理学基础

2.2.1 周期性结构弹性波动方程

理想弹性介质中某一点受到外部动力荷载作用时，该点的状态变化会引起周围环境状态的变化，这种状态的变化以波动的形式在弹性介质中传播，即为弹性波。相对于材料的初始状态，不同的激励作用会引起材料不同形式的状态变化，也即不同形式的波。周期性结构中可能存在多种波动模态，研究某一种波动模态的频散关系，首先应该给出与该波动模态对应的数学表达，即波动方程。

将几何关系代入本构关系，进一步代入平衡方程，当不计内力时，固体介质中传播的弹性波波动方程可以写为：

$$T_{ij}(r,t) = c_{ijkl}u_{k,l}(r,t) \tag{2-1}$$

$$T_{ij,j}(r,t) = \rho(r)\frac{\partial^2 u_i(r,t)}{\partial t^2} \tag{2-2}$$

式中，u_i 为空间域中的 3 个位移分量；T_{ij} 为应力张量；ρ 为固体介质的密度；c_{ijkl} 为弹性常数；r 为位置矢量。根据空间方向的不同，下标 i,j,k,l 可取 1，2，3，例如，$u_{k,l} = \partial u_k / \partial x_l$，重复下标则代表了求和计算，例如，$T_{ij,j} = \sum_{j=1}^{3} \partial T_{ij} / \partial x_j$。

消去式（2-1）、式（2-2）中应力量，从而得到关于位移的波动方程：

$$\rho(r) \frac{\partial^2 u_i(r,t)}{\partial^2 t} = \frac{\partial^2 u}{\partial x_j}\left(c_{ijkl}\frac{\partial u_k(r,t)}{\partial x_l}\right) \quad i,j,k,l = 1,2,3 \tag{2-3}$$

2.2.2 周期性的描述

周期性结构是其材料参数、几何形态等按一定的规律重复排列拓展形成的结构，组成结构的最小重复单元叫做胞元。当组成周期性结构的单元按规律无限重复时，形成理想周期性结构。描述一个理想周期性结构应该包含两个方面：单元形式、周期性形式。周期性结构可分为一维、二维和三维三种类型，但这个维度并不是指结构是具有几个空间维度的几何实体，而是指其在几个维度上呈现出了周期性。

为了合理地描述周期性形式，首先引入格矢的概念。在每个周期单元中心用一个格点来代表该单元，理想周期性结构即形成点阵系统。点阵系统中任意布拉维格点的位置可由正格矢来表示：

$$R = n_1 a_1 + n_2 a_2 + n_3 a_3 \tag{2-4}$$

其中，n_1、n_2、n_3 为整数，a_1、a_2、a_3 为点阵的基矢。

2.2.3 实空间（正空间）与倒易空间

对理想周期性结构，任意单元按正格矢平移后将与原结构完全重合，此即理想周期性结构的平移对称性。换句话说，关于位置矢量 r 的周期函数 $F(r)$ 满足：

$$F(r+R) = F(r) \tag{2-5}$$

方程（2-5）意味着理想周期性结构中一个单元的形态（参数、响应）即可反映整体的形态（参数、响应）。基于正格矢空间的平移对称性特征，对理想周期性结构的分析，可以简化为对周期单元的分析。

公式（2-5）中的周期函数可用傅里叶级数展开为：

$$F(r) = \sum F(G)e^{iG \cdot r} \tag{2-6}$$

将式（2-6）代入到式（2-5）中可以得到：

$$G \cdot R = 2k\pi \tag{2-7}$$

其中 G 为倒易空间的倒格矢与格矢 R 一一对应，表达式为 $G = h_1 b_1 + h_2 b_2 + h_3 b_3$，系数 h_1、h_2、h_3 均为整数。

倒易空间的基矢 b_1、b_2、b_3 与实空间的基矢满足对应关系：

$$\begin{cases} b_1 = \dfrac{2\pi(a_2 \times a_3)}{a_1(a_2 \times a_3)} \\[2mm] b_2 = \dfrac{2\pi(a_3 \times a_1)}{a_1(a_2 \times a_3)} \\[2mm] b_3 = \dfrac{2\pi(a_1 \times a_2)}{a_1(a_2 \times a_3)} \end{cases} \tag{2-8}$$

由上可以看出倒易空间就是将实空间点阵经过倒易变换得到的一种假想的点阵空间，倒易空间中的一个格点就代表了实空间中一组平行的晶面，实空间中体现空间周期性的波长在倒易空间中变为波数 k，且 $k = 2\pi/\lambda$。借助倒易空间可以方便地计算周期性结构的各种性质。

2.2.4 布里渊区

在倒易格子中取某一倒易阵点为原点，作所有倒格矢的垂直平分面，倒易格子被这些面划分为一系列的区域：其中最靠近原点的一组面所围的闭合区称为第一布里渊区（Brillouin Zone，简称 B. Z.），又称为简约布里渊区。图 2-1 中给出的整个区域就是典型的一维、二维声子晶体结构的布里渊区，深色区域为简约布里渊区，$a1$ 和 $a2$ 为基矢。

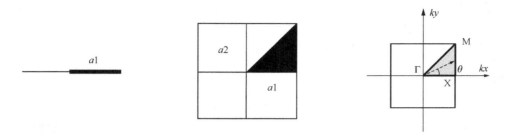

图 2-1　一维、二维声子晶体布里渊区

第一布里渊区在周期性结构的研究中非常重要，结构系统在第一布里渊区以外没有新的特征值，可以只取第一布里渊区内的波矢 k 进行计算，就能得到周期性结构的全部特征频率。而由于第一布里渊区具有高度对称性，其内部很多点都是等价的，所以波矢 k 的取值范围又可以进一步缩小到包含了所有不等价点的第一不可约布里渊区（IBZ）。

第一不可约布里渊区和 Floquet-Bloch 定理是周期性结构研究中非常重要的概念，它们的存在使得我们可以通过对有限大结构在有限范围波数下的研究，获得无限大周期性结构在所有波数取值下的性质。

2.2.5　Floquet-Bloch 定理

Bloch 定理是由周期性结构的平移对称性得到的一个共性结论，任意周期性结构中的波都具有 Bloch 函数的形式，它是研究周期性结构波动频散关系的基础。类似于半导体中的电子波，固态物理学相关研究发现周期性结构中弹性波解同样满足式（2-8），可写为：

$$u(r,t) = U_K(r) e^{(iK \cdot r - \omega \cdot t)} \tag{2-9}$$

其中 r 为位置矢量，$U_K(r)$ 的平移周期性与格矢 R 满足晶格周期性，即：

$$U_K(r+R) = U_K(r) \tag{2-10}$$

将式（2-10）代入式（2-9）可得：

$$u(r+R,t) = u(r,t) e^{iK \cdot R} \tag{2-11}$$

式（2-11）描述了周期单元边界上波场的周期性，也称周期边界条件，它表明周期性结构 $r+R$ 处相比 r 处的波函数只增加了一个与格矢有关的相位因子 $e^{iK \cdot R}$。由此可见，无限周期性结构中的波场可视为其周期单元波场在正空间中无限重复，因此在研究周期性结构的波动频散特性时可仅取正空间中的一个周期单元即可。

2.3　周期性结构衰减特性的表征方法

2.3.1　能带结构图

将式（2-11）代入式（2-3）中，即将带隙求解转化为标准的特征值问题，可得：

$$(K - \omega^2 M)u = 0 \tag{2-12}$$

其中，K 和 M 是与波矢 k 相关的结构刚度和质量矩阵，ω 是角频率。

能带结构图是反映波矢 k 与结构本征频率 ω 之间关系的一系列曲线。其横坐标 k 的取值范围通常是沿第一不可约布里渊区的边界（如沿 $\Gamma-X-M-\Gamma$ 路径）取值，然后求解式（2-12）的本征方程，算出每个 k 对应的 ω，就得到了结构的能带图，也叫色散曲线。弹性波在周期性结构中传播时，会在结构内部发生折射、反射等作用，或与单个散射体产生共振，消耗了能量，使得一定频率范围内的波不能通过结构，对应的频率范围就是带隙（也叫衰减域）。正是因为周期性结构存在通禁带特性，可以通过设计周期性结构的能带结构，以实现对弹性波传播的控制。

2.3.2 频响曲线

在实际工程中，由于结构不可能是无限周期的，往往只能取有限个周期，这就使带隙频率范围内某些弹性波无法累积足够的衰减仍然能透过有限结构。因此对于有限周期结构，需要有能反映有限结构中弹性波传输特性的指标和数据。

传输特性指标反映了激励和响应之间的关系。事实上，这些指标都是与频率响应函数相关的。频率响应函数反映了结构对激励的传递能力。传输特性（幅频响应函数）是以频率为自变量，将激励和响应的时间历程通过 Fourier 变换变为各频率下的幅值，再把响应和激励在同频率下的幅值相比，就可得到该指标。传输特性一般绘制于对数坐标下，其单位为分贝（dB）。在声学和振动工程中，一般使用如下定义，即：

$$FRF = 20 \times \log \frac{X}{X_0} \tag{2-13}$$

式中，X 和 X_0 可以是位移、速度或加速度。X 是出射端或响应端的物理量；X_0 是入射端或激励端的物理量。

根据周期结构的带隙特性，传输特性曲线应当在带隙频率范围内对应的区域中有明显的下降，也就是弹性波的衰减程度。若定义一个确切的衰减量为阈值，将低于阈值的连续衰减区域归为带隙，就可以得到实际的带隙范围。

若某一频率范围内的函数值小于零，说明周期性结构后方的位移小于周期性结构前方的位移，即周期性结构有效隔离、衰减了该频率范围内的入射波。函数值越小，说明衰减作用越强烈。

2.3.3 时域曲线

时域分析法是一种直接分析法，也是一种比较准确的方法，可以提供系统时间响应的全部信息。结构的时域响应，不仅取决于系统本身的结构与参数，而且还与系统的初始状态以及外作用信号有关。

在周期结构瞬态分析中，时域分析主要是计算位于周期性结构后方一点处的位移、速度或加速度瞬态响应曲线，可以看出结构瞬态随时间变化的规律。本书采取的方式是对周期结构施加单频、多频简谐荷载或实际地震波，通过周期性结构后提取结构的瞬态位移，与没有布置周期性结构时同一位置的瞬态响应进行比较，位移幅值越小，说明衰减效果越明显。

2.4 基于传递矩阵法的频散特性

2.4.1 周期结构的运动方程及传递矩阵

如图 2-2 所示，周期结构任一单元与其相邻单元通过一个坐标耦合，单元左边和右边节点的坐标分别用 q_l 和 q_r 表示，作用在节点坐标上的力分别用 F_l 和 F_r 表示。

通过力-位移关系，周期结构中第 j 个单元的波动方程可表示为：

$$\begin{bmatrix} k_{llj} & k_{lrj} \\ k_{rlj} & k_{rrj} \end{bmatrix} \begin{Bmatrix} q_{lj} \\ q_{rj} \end{Bmatrix} = \begin{Bmatrix} F_{lj} \\ F_{rj} \end{Bmatrix} \tag{2-14}$$

(a) 单耦合的周期结构

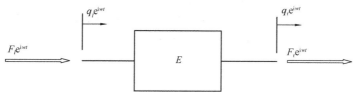

(b) 周期单元的力、位移示意图

图 2-2　周期结构单元

经调整，式（2-14）可写为：

$$\begin{Bmatrix} q_{rj} \\ F_{rj} \end{Bmatrix} = \begin{bmatrix} -k_{lrj}{}^{-1}k_{llj} & k_{lrj}{}^{-1} \\ k_{rlj}-k_{rrj}k_{lrj}{}^{-1}k_{llj} & k_{rrj}k_{lrj}{}^{-1} \end{bmatrix} \begin{Bmatrix} q_{lj} \\ F_{lj} \end{Bmatrix} \tag{2-15}$$

第 j 个单元和第 $j+1$ 个单元界面处满足：

$$q_{rj} = q_{l(j+1)}, \quad F_{rj} = -F_{l(j+1)} \tag{2-16}$$

式（2-16）可以表示为如下矩阵形式：

$$\begin{Bmatrix} q_{rj} \\ F_{rj} \end{Bmatrix} = \boldsymbol{J} \begin{Bmatrix} q_{l(j+1)} \\ F_{l(j+1)} \end{Bmatrix} \tag{2-17}$$

其中，

$$\boldsymbol{J} = \begin{bmatrix} 1 & 0 \\ 0 & -1 \end{bmatrix} \tag{2-18}$$

将式（2-17）代入式（2-15）得到：

$$\boldsymbol{Y}_{l(j+1)} = \boldsymbol{T}\boldsymbol{Y}_{lj} \tag{2-19}$$

式中，$\boldsymbol{Y}_{l(j+1)} = \begin{bmatrix} q_{l(j+1)} & F_{l(j+1)} \end{bmatrix}^{\mathrm{T}}$、$\boldsymbol{Y}_{lj} = \begin{bmatrix} q_{lj} & F_{lj} \end{bmatrix}^{\mathrm{T}}$ 分别为两相邻单元左端的状态向量；T 为两相邻单元间的传递矩阵。

2.4.2　传播常数

对于谐调周期结构，所有相邻胞元间的传递矩阵保持不变。通过求解矩阵 T 的特征值，可得到：

$$\boldsymbol{Y}_{(j+1)} = c\boldsymbol{Y}_j \quad (n=1,2,3,4,5,6) \tag{2-20}$$

式中，c 为与频率有关的特征值。这些特征值以互为倒数的关系成对出现，每对表示相同的波动沿着相反方向传播的运动。通常地，c 表示为：

$$c = \mathrm{e}^{\mu} = \mathrm{e}^{\gamma + \mathrm{i}\beta} \tag{2-21}$$

式中，μ 为传播常数；γ 代表状态向量间的幅值衰减程度，简称衰减常数；β 代表两相邻胞元间的相位差。根据传播常数的性质，它代表了不同形式的波。当 $\gamma \neq 0$ 时，该波为衰减波，相应的频率区域为禁带；当 $\gamma = 0$ 时，此波为传播波，相应的频率区域为通带。利用该传播常数分析谐调周期结构的频带特性，进而得到其波动传播规律。

2.5　基于导纳法的频散特性

2.5.1　周期结构自由简谐波运动

如图 2-2 所示，单元左右两端的力和位移通过导纳矩阵可表示为：

$$\begin{Bmatrix} q_l \\ q_r \end{Bmatrix} = \begin{bmatrix} \alpha_{ll} & \alpha_{lr} \\ \alpha_{rl} & \alpha_{rr} \end{bmatrix} \begin{Bmatrix} F_l \\ F_r \end{Bmatrix} \tag{2-22}$$

式中，α_{ll} 和 α_{rr} 为导纳函数，且 $\alpha_{lr} = \alpha_{rl}$。

当一简谐自由波在周期结构中传播时，单元两端的力和位移的关系可以用传播常数 μ 来表示：

$$q_r = e^{\mu} q_l, \quad F_r = - e^{\mu} F_l \tag{2-23}$$

将式（2-23）代入式（2-22），得：

$$q_l = (\alpha_{ll} - e^{\mu}\alpha_{lr}) F_l \tag{2-24}$$

和

$$e^{\mu} q_l = (\alpha_{lr} - e^{\mu}\alpha_{rr}) F_l \tag{2-25}$$

在任意频率处，传播常数 μ 的值可通过求解下列方程得到：

$$| \alpha_{ll} + \alpha_{rr} - e^{\mu}\alpha_{lr} - e^{-\mu}\alpha_{rl} | = 0 \tag{2-26}$$

由于：

$$e^{\mu} + e^{-\mu} = 2\cosh\mu \tag{2-27}$$

因此，方程（2-26）可表示为：

$$\cosh\mu = \frac{\alpha_{ll} + \alpha_{rr}}{2\alpha_{lr}} \tag{2-28}$$

在传播域的界频率处满足：

$$\cosh\mu = \pm 1 \tag{2-29}$$

因此传播域的边界频率可通过求解下列方程得到：

$$| (\alpha_{ll} + \alpha_{rr}) \pm (\alpha_{lr} + \alpha_{rl}) | = 0 \tag{2-30}$$

特殊地，当 $n = 1$，单元为线性对称时，

$$\alpha_{ll} = \alpha_{rr}, \quad \alpha_{lr} = \alpha_{rl} \tag{2-31}$$

则方程（2-28）为：

$$\cosh\mu = \frac{\alpha_{ll}}{\alpha_{lr}} \tag{2-32}$$

2.5.2 复合单元周期结构自由简谐波运动

周期结构的单元由三个不同的部分组成，如图 2-3 所示，包括载波部分 C（如板、梁和柱）和荷载部分 B、D，对应的导纳分别为 $[\gamma]$、β 和 δ。

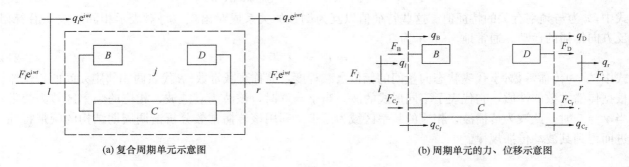

(a) 复合周期单元示意图　　(b) 周期单元的力、位移示意图

图 2-3　复合周期结构单元

设周期单元的导纳为 α，则对于单耦合周期单元，由方程（2-14）得：

$$\begin{Bmatrix} q_l \\ q_r \end{Bmatrix} = \begin{bmatrix} \alpha_{ll} & \alpha_{lr} \\ \alpha_{rl} & \alpha_{rr} \end{bmatrix} \begin{Bmatrix} F_l \\ F_r \end{Bmatrix} \tag{2-33}$$

其中，α_{ll} 和 α_{rr} 为单元的直接导纳，α_{lr}、α_{rl} 为单元的间接导纳。

根据导纳函数的定义知：$\{q_C\} = [\gamma]\{F_C\}$；$q_B = \beta F_B$；$q_D = \delta F_D$。根据图 2-3（b），由位移协调条件和力平衡条件得：

$$\alpha_{ll} = (q_l/F_l)_{\mid F_r=0} = \beta(\gamma_{ll}(\gamma_{rr}+\delta)-\gamma_{lr}^2)/D \tag{2-34a}$$

$$\alpha_{rr} = (q_r/F_r)_{\mid F_l=0} = \delta(\gamma_{rr}(\gamma_{ll}+\beta)-\gamma_{lr}^2)/D \tag{2-34b}$$

$$\alpha_{lr} = \alpha_{rl} = (q_l/F_r)_{\mid F_l=0} = \beta\delta\gamma_{lr}/D \tag{2-34c}$$

其中，$D = (\beta+\gamma_{ll})(\delta+\gamma_{rr})-\gamma_{lr}^2$。由 $D = 0$ 可求得周期单元的自振频率。

对于对称周期单元，$\gamma_{ll} = \gamma_{rr}$，$\delta = \beta$，则方程（2-34）可简化为：

$$\alpha_{ll} = \alpha_{rr} = \frac{\beta(\gamma_{ll}(\gamma_{ll}+\beta)-\gamma_{lr}^2)}{(\beta+\gamma_{ll})^2-\gamma_{lr}^2} \tag{2-35a}$$

$$\alpha_{lr} = \frac{\beta^2\gamma_{lr}}{(\beta+\gamma_{ll})^2-\gamma_{lr}^2} \tag{2-35b}$$

波传播常数 μ 与单元各个组成部分导纳间的关系由式（2-28）和式（2-34）得：

$$\cosh\mu = \frac{(\delta+\beta)(\gamma_{ll}\gamma_{rr}-\gamma_{rl}^2)+\delta\beta(\gamma_{ll}+\gamma_{rr})}{2\beta\delta\gamma_{lr}} \tag{2-36}$$

对于对称周期单元，方程（2-36）简化为：

$$\cosh\mu = \frac{\gamma_{ll}^2-\gamma_{lr}^2+\beta\gamma_{ll}}{\beta\gamma_{lr}} \tag{2-37}$$

2.6　基于有限元法的频散特性

2.6.1　能带结构图的有限元计算方法

COMSOL Multiphysics 5.6 是以有限元法为基础，通过求解偏微分方程（单场）或偏微分方程组（多场）来实现真实物理现象的仿真，用数学方法求解真实世界的物理现象。

本书使用 COMSOL Multiphysics 5.6 有限元软件扫描第一不可约布里渊区中的波矢 k，即可求解式（2-12）中的未知数 ω 和 u。

利用 COMSOL Multiphysics 5.6 计算能带结构的步骤如图 2-4 所示，首先打开 COMSOL Multiphysics 5.6 软件，点击新建选择模型向导，选择空间维度；然后在选择物理场时，选择结构力学中的固体力学模块；在计算能带结构图时所需要选择的研究为特征频率。而后在主屏幕中，建立单胞的几何模型，在全局定义中进行参数设定，赋予倒格子基矢 k_i（$i=x$，y，z，表示方向）大小，根据实际情况分区设置结构的材料参数和单胞的边界条件，在考虑计算时间和计算精度的情况下划分合适的网格，然后在研究中添加参数化扫描，在参数化扫描中对波矢进行扫描计算。后处理结果中，在结果添加绘图组选择全局绘图，选择合适的解即可得到周期结构的能带结构图。

图 2-4　COMSOL Multiphysics 5.6 能带结构分析流程图

2.6.2 频响曲线有限元计算方法

使用 COMSOL Multiphysics 5.6 软件，计算频响曲线的具体步骤如图 2-5 所示，首先打开 COM-SOL Multiphysics 5.6 软件，点击新建选择模型向导，选择空间维度；然后在选择物理场时，选择结构力学中的固体力学模块；在计算能带结构时所需要选择的研究为频域，设置频率范围及步长。而后在主屏幕中，建立有限个周期的几何模型，根据实际情况分区设置材料参数和边界条件，在施加位移或加速度时应在物理场下设置指定位移或加速度，随后在考虑计算时间和计算精度的情况下划分合适的网格。计算后在定义中添加平均值，该平均值应选取周期结构响应端的线或面，随后再添加一个变量，根据施加的位移或加速度输入式，最后更新解，在绘图中将 y 轴的值定义为该变量，即可得到频响曲线。

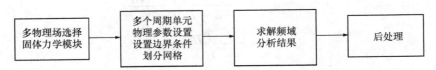

图 2-5　COMSOL Multiphysics 5.6 频响曲线分析流程图

2.6.3 时域曲线有限元计算方法

时域分析主要是计算位于周期基础结构后方一点处的位移、速度或加速度瞬态响应曲线，可以看出结构瞬态随时间变化的规律。

使用 COMSOL Multiphysics 5.6 软件，计算频响曲线的具体步骤如图 2-6 所示，首先打开 COM-SOL Multiphysics 5.6 软件，点击新建选择模型向导，选择空间维度；随后在选择物理场时，选择结构力学中的固体力学模块；在计算周期结构时所需要选择的研究为瞬态分析，设置分析时间及步长。而后在主屏幕中，建立周期结构的几何模型，根据实际情况分区在物理场下设置结构的材料参数和边界条件、添加指定位移，可在定义中定义函数达到对周期结构施加动态位移的目的；随后在考虑计算时间和计算精度的情况下划分合适的网格。计算后，对于数据的后处理，在绘图中选择一维绘图组，选择点图，选择指定点的数据（例如加速度、速度、位移等），即可得到时域分析曲线。

图 2-6　COMSOL Multiphysics 5.6 时域曲线分析流程图

参 考 文 献

［1］　Mead D J. Free wave propagation in periodically-supported, infinite beams ［J］. Journal of Sound and Vibration, 1970, 11 (2): 181-197.

［2］　Mead D J, Parthan S. Free wave propagation in two-dimensional periodic plates ［J］. Journal of Sound and Vibration, 1979, 64 (3): 325-346.

［3］　Mead D J, Markus S. Coupled flexural-longitudinal wave motion in a periodic beam ［J］. Journal of Sound and Vibration, 1983, 90 (1): 1-24.

［4］　Mead D J. A new method of analyzing wave propagation in periodic structures: applications to periodic Timoshenko beams and stiffened plates ［J］. Journal of Sound and Vibration, 1986, 104 (1): 9-27.

［5］ Koo G H，Park Y S. Vibration reduction by using periodic supports in a piping system ［J］. Journal of Sound and Vibration，1998，210 （1）：53-68.

［6］ Gupta S. Natural flexural waves and the normal modes of periodically supported beams and plates ［J］. Journal of Sound and Vibration，1970，13：89-101.

［7］ Baz A. Active control of periodic structures ［J］. ASME，Journal of Vibration and Acoustics，2001，123 （4）：472-479.

［8］ Mead D J. Wave propagation and natural modes in periodic systems：I. mono-coupled systems ［J］. Journal of Sound and Vibration，1975，40 （1）：1-18.

［9］ Ohlrich M. Forced vibration and wave propagation in mono-coupled periodic structures ［J］. Journal of Sound and Vibration，1986，107 （3）：411-434.

第3章

周期杆结构振动波及其减振应用

3.1 引言

在工程领域，杆件是最常用的结构，其中主要承受拉伸作用的杆件被称为杆。杆一直是振动控制领域的主要研究对象之一，不仅由于其广阔的应用范围，如打桩机、支撑杆结构等，还在于其自身振动时会辐射强烈的噪声，因此有必要采取各种有效的减振措施。

目前典型周期杆结构有周期单相杆和周期多相杆两种。周期单相杆是由一根均匀杆周期性地附着抑振结构的声子晶体结构；而周期多相杆则是由两根或两根以上具有不同材料特性的杆交替排列而成。目前传统周期单相杆通常通过在杆上布置一系列周期振子来构造，而较少考虑附着集中质量块的影响。集中质量块属于刚性减振器，减振机理不同于振子等传统减振器，其可与振子一起作用，丰富杆的带隙特性。

同时在实际工程中杆件往往不是简单构型，结构形式更加多样。为了便于应用，需要对更复杂构型的杆进行研究，舒海生等人提出了角杆、T形杆等形式的组合杆件，对工程中广泛使用的组合杆类周期结构的振动特性进行了深入的分析研究。本章提出一种新构型周期格栅杆，其便于集中质量块和弹簧振子布置，并且可以保持杆表面的平整度，具有更强的实用性。

3.2 一维传统周期杆带隙特性研究

3.2.1 模型及理论推导

图 3-1(a) 为考虑集中质量的无限长周期双振子杆，由均匀质量等截面杆、集中质量块和并联在其上面的振子单元组成。图 3-1(b) 所示为杆的一个周期单元，称作胞元，其长度为 L。根据结构特性，按照胞元结构中集中质量块与振子的位置，将其分成长度分别为 L_1、L_2、L_3、L_4 的四个子结构单独考虑求解，然后根据接触面的连续条件，得到完整胞元的状态矢量关系，最后引入周期边界条件，获得考虑集中质量的周期双振子杆的能带结构关系，完成考虑集中质量的周期双振子杆能带结构的推导。

对于每个子结构，将其看作单抑振结构的杆单元，即一端含有振子或集中质量块的杆单元，通过计算抑振结构阻抗，求得抑振结构对杆的作用力，再通过求解单元两端状态向量的关系得到杆单元的传递矩阵，进而推导出杆单元的等效传递矩阵关系。

不考虑振子和集中质量块，此时杆的纵向振动微分方程可表示为：

$$EA \frac{\partial^2 w}{\partial x^2} - \rho A \frac{\partial^2 w}{\partial t^2} = 0 \tag{3-1}$$

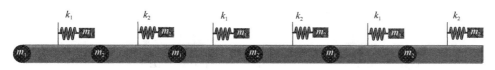

(a) 考虑集中质量的无限长周期双振子杆

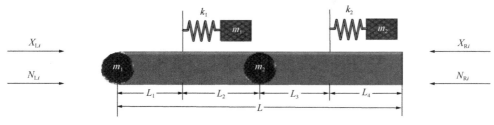

(b) 双振子杆周期单元

图 3-1　周期双振子杆示意图（模型一）

式中，ρ、E 分别为杆材料的密度和弹性模量；A 为杆横截面面积。杆的纵向质点振动位移为 $w(x,t) = W(x)\mathrm{e}^{-\mathrm{i}\omega t}$，其中 ω 为圆频率，$W(x)$ 为杆的纵波质点纵向振动位移幅值。

由式（3-1）可得频域内的纵向波动方程为：

$$EA\,\frac{\partial^2 W}{\partial x^2} + \omega^2 \rho A W = 0 \tag{3-2}$$

解得：

$$W(x) = \sum_{n=1}^{2} \alpha_n \mathrm{e}^{\mathrm{i}k_n x} \tag{3-3}$$

其中 $k_1 = -k_2 = \omega/c$，$c = \sqrt{E/\rho}$，k 为杆的纵向运动波数，α_1、α_2 分别是通解多项式系数，为待定常数。

考虑抑振结构集中质量块或者振子对结构的影响。先对振子进行分析，建立平衡方程：

$$K(w_1 - w) + m\ddot{w}_1 = 0 \tag{3-4}$$

式中，K、m 分别为弹簧振子刚度和质量，w、w_1 分别为杆和振子的位移，$\ddot{w}_1$ 为加速度。抑振结构阻抗定义为 $Z = F/w$，其中 $F = -K(w_1 - w)$，求解方程并代入阻抗定义式，可得抑振结构振子阻抗为：

$$Z_Z = \frac{-m\omega^2 K}{K - m\omega^2} \tag{3-5}$$

对于附加集中质量块，此时等同于弹簧刚度无限大的振子情况，可得抑振结构集中质量块阻抗为：

$$Z_j = -m\omega^2 \tag{3-6}$$

对于所示的杆单元，定义 $[X \quad N]^\mathrm{T}$ 为杆的状态矢量，式中 X，N 分别为纵向位移和轴向力。则杆 L_1 段左端（即 $x = 0$ 处）的状态矢量可表示为：

$$X_{\mathrm{L1L}} = W(0) = \alpha_1 + \alpha_2$$

$$N_{\mathrm{L1L}} = EA\,\frac{\partial W(0)}{\partial x} - Z_j X_{\mathrm{L1L}}$$

$$= (-\mathrm{i}EAk_1 - Z_j)\alpha_1 + (-\mathrm{i}EAk_2 - Z_j)\alpha_2 \tag{3-7}$$

可得到 L_1 段左端状态向量 $\boldsymbol{Y}_{\mathrm{L1L}}$ 和系数向量 $\boldsymbol{\alpha}$ 的关系：

$$\boldsymbol{Y}_{\mathrm{L1L}} = \boldsymbol{L}_1 \boldsymbol{\alpha} \tag{3-8}$$

式中

$$\boldsymbol{Y}_{\mathrm{L1L}} = \begin{bmatrix} \boldsymbol{X}_{\mathrm{L1L}} & \boldsymbol{N}_{\mathrm{L1L}} \end{bmatrix}^\mathrm{T}$$

$$\boldsymbol{L}_1 = \begin{bmatrix} 1 & 1 \\ -\mathrm{i}EAk_1 - Z_j & -\mathrm{i}EAk_2 - Z_j \end{bmatrix} \tag{3-9}$$

$$\boldsymbol{\alpha} = \begin{bmatrix} \alpha_1 & \alpha_2 \end{bmatrix}^\mathrm{T}$$

杆 L_1 段右端（即 $x = L_1$ 处）的状态矢量可表示为：

$$X_{\mathrm{L1R}} = W(L_1) = \alpha_1 \mathrm{e}^{-\mathrm{i}k_1 L_1} + \alpha_2 \mathrm{e}^{-\mathrm{i}k_2 L_1}$$

$$N_{\mathrm{L1R}} = EA \frac{\partial W(L_1)}{\partial x} = -\mathrm{i}EAk_1 \mathrm{e}^{-\mathrm{i}k_1 L_1} \alpha_1 - \mathrm{i}EAk_2 \mathrm{e}^{-\mathrm{i}k_2 L_1} \alpha_2 \qquad (3\text{-}10)$$

可得到 L_1 段右端状态向量 $\boldsymbol{Y}_{\mathrm{L1L}}$ 和系数向量 $\boldsymbol{\alpha}$ 的关系：

$$\boldsymbol{Y}_{\mathrm{L1R}} = \boldsymbol{H}_1 \boldsymbol{\alpha} \qquad (3\text{-}11)$$

式中

$$\boldsymbol{Y}_{\mathrm{L1R}} = [\boldsymbol{X}_{\mathrm{L1R}} \quad \boldsymbol{N}_{\mathrm{L1R}}]^{\mathrm{T}}$$

$$\boldsymbol{H}_1 = \begin{bmatrix} \mathrm{e}^{-\mathrm{i}k_1 L_1} & \mathrm{e}^{-\mathrm{i}k_2 L_1} \\ -\mathrm{i}EAk_1 \mathrm{e}^{-\mathrm{i}k_1 L_1} & -\mathrm{i}EAk_2 \mathrm{e}^{-\mathrm{i}k_2 L_1} \end{bmatrix} \qquad (3\text{-}12)$$

由式（3-8）和式（3-11）可化简消除系数向量，便可得到杆 L_1 段左右两端的状态矢量关系为：

$$\boldsymbol{Y}_{\mathrm{L1R}} = \boldsymbol{K}_1 \boldsymbol{Y}_{\mathrm{L1L}}$$

$$\boldsymbol{K}_1 = \boldsymbol{H}_1 \boldsymbol{L}_1^{-1} \qquad (3\text{-}13)$$

式中 $\boldsymbol{K}_1$ 即为杆 L_1 段单元的等效传递矩阵。

同理可得杆 L_2 段、L_3 段、L_4 段的等效传递矩阵分别为 $\boldsymbol{K}_2$、$\boldsymbol{K}_3$、$\boldsymbol{K}_4$。再根据界面的连续关系可得周期双振子杆胞元单元的传递矩阵为：

$$\begin{aligned} \boldsymbol{T} &= \boldsymbol{K}_4 \boldsymbol{K}_3 \boldsymbol{K}_2 \boldsymbol{K}_1 \\ &= \boldsymbol{H}_4 \boldsymbol{L}_4^{-1} \boldsymbol{H}_3 \boldsymbol{L}_3^{-1} \boldsymbol{H}_2 \boldsymbol{L}_2^{-1} \boldsymbol{H}_1 \boldsymbol{L}_1^{-1} \end{aligned} \qquad (3\text{-}14)$$

故对于考虑集中质量的周期双振子杆而言，对于其第 i 个胞元两端，有：

$$\boldsymbol{Y}_{i+1} = \boldsymbol{T}\boldsymbol{Y}_i \qquad (3\text{-}15)$$

根据布洛赫定理，可以得到：

$$\boldsymbol{Y}_{i+1} = \mathrm{e}^{\mu} \boldsymbol{Y}_i \qquad (3\text{-}16)$$

式中，μ 称为波的传播系数，μ 的实部 γ 定义为衰减系数，衰减系数表征波的幅值衰减程度；μ 的虚部 β 定义为相位系数，相位系数表征波在相邻周期单元运动的相位差。结合式（3-15）和式（3-16），可得：

$$(\boldsymbol{T} - \mathrm{e}^{\mu} \boldsymbol{I})\boldsymbol{Y}_i = 0 \qquad (3\text{-}17)$$

$\boldsymbol{I}$ 为 4 阶单位矩阵，求解方程即可获得系统带隙特性。

3.2.2 带隙计算分析

根据上节理论方法对考虑集中质量的周期双振子杆的带隙进行计算，杆由铝制成，杆截面面积为 $A = 5 \times 10^{-5} \mathrm{m}^2$，弹性模量为 $E = 1.5 \times 10^{10} \mathrm{Pa}$，密度为 $\rho = 1200 \mathrm{kg \cdot m}^{-3}$；周期杆胞元晶格常数 $L = 0.2\mathrm{m}$，由振子和集中质量块分割成的四段长度为 $L_1 = L_2 = L_3 = L_4 = 0.05\mathrm{m}$。集中质量块质量参数分别选取为：$m_1 = 0.047915\mathrm{kg}$，$m_2 = 0.0112765\mathrm{kg}$；弹簧刚度选取为 $K_1 = K_2 = 1 \times 10^7 \mathrm{N/m}$。将上述各参数代入式（3-17）中，可以计算得到考虑集中质量的周期双振子杆的能带结构关系。能带结构图如图 3-2 所示，从图中可以看到考虑集中质量的周期双振子杆在 $0 \sim 10000\mathrm{Hz}$ 范围内出现了三个完整带隙，分别在 $1707 \sim 2450\mathrm{Hz}$、$2716 \sim 4021\mathrm{Hz}$、$4285 \sim 6018\mathrm{Hz}$ 范围内。其中 $1707 \sim 2450\mathrm{Hz}$ 和 $4285 \sim 6018\mathrm{Hz}$ 范围内的衰减系数峰值频率分别对应着振子 1 和振子 2 的固有频率，为局域共振带隙。并且由于集中质量的影响，出现了布拉格带隙，在后续高频段范围内形成了部分超宽且整体上衰减系数较大的带隙，低频段 $2716 \sim 4021\mathrm{Hz}$ 范围内的带隙则相对较窄且衰减较弱。考虑集中质量影响后的双振子杆产生了多个带隙，并且涵盖频段更广，不再局限于低频段范围，带隙明显更加丰富。

采用传递矩阵法计算得到的杆能带结构是建立在无限周期基础上，为了验证其正确性，采用有限元 ANSYS 仿真计算对应有限周期杆的振动传输特性，如图 3-3 所示。从图中可以看到在带隙频率范围内，振动传输都有较大的衰减，这和无限周期结构下杆计算所得的结果完全吻合。

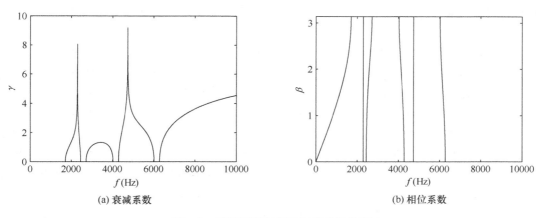

(a) 衰减系数 　　　　　　　　　　　　(b) 相位系数

图 3-2　无限周期双振子杆能带结构图

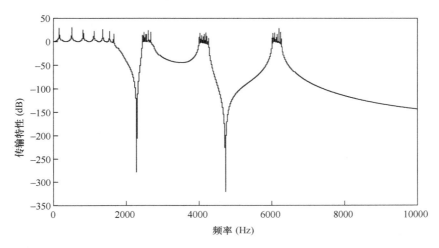

图 3-3　有限周期双振子杆振动传输特性

3.2.3　带隙特性研究

3.2.3.1　模型对比

为了更详细地分析考虑集中质量影响的周期双振子杆的纵向带隙特性，图 3-4 给出了另外三种周期杆模型的胞元，将其与模型一作为对比，分析集中质量块和弹簧振子结构各自对带隙的影响。三种模型

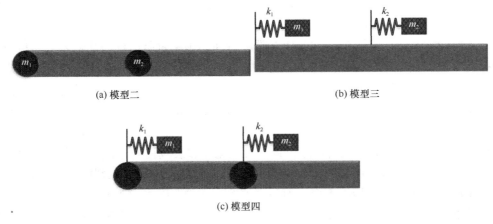

(a) 模型二 　　　　　　　　　　　　(b) 模型三

(c) 模型四

图 3-4　周期结构胞元模型

中各参数的取值都和带隙计算中的保持一致，只有由于集中质量块和弹簧振子结构的数目不同，晶胞常数只被均分成两个部分。

　　图 3-5 给出了四种模型对应的振动带隙图，观察发现：对于仅设置集中质量块的周期杆模型二，带隙主要集中在高频段范围内，带宽极大但整体衰减则较弱；而对于仅设置弹簧振子结构的周期杆模型三，带隙主要集中在低频段范围内，带宽虽然较小但整体衰减较强，且存在尖锐衰减峰。这是由于集中质量块和弹簧振子的差异造成的，弹簧振子结构使得结构产生局域共振带隙；而集中质量块属于刚性减振器，减振机理不同于振子等传统减振器，结构产生的是布拉格带隙。相比较而言，同时设置集中质量块和弹簧振子结构的模型一的带隙正好综合了上述两种模型带隙的特点，在高低频段皆有效果。故集中质量块和弹簧振子结构两者可以同时作用于杆结构，集中质量块的存在对周期双振子杆纵向振动带隙特性的影响较大，可以使其带隙被大大拓宽。而比较模型一和模型四，则可以看到由于集中质量块位置的变化，模型一相比模型四在高频段范围内形成的带隙更宽、衰减更大，低频段范围内由于双振子存在所形成的两个局域共振带隙的带宽则有一定减小。因此集中质量块分布位置对带隙也有一定影响。

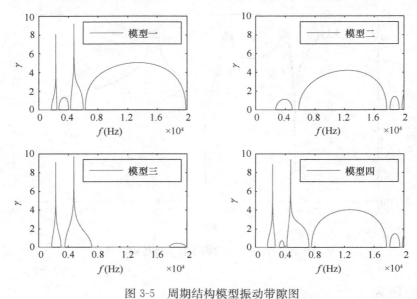

图 3-5　周期结构模型振动带隙图

3.2.3.2　间距比变化

　　当晶胞常数固定时，对于周期双振子杆而言，振子之间的间距会影响带隙的分布。而对于考虑集中质量影响的周期双振子杆而言，仍有必要研究集中质量块与振子各自之间的间距对带隙特性的影响。为了便于研究以及实际工程应用，将集中质量块二置于晶胞中间，以集中质量块二为界将晶胞分为两部分，在这两部分中集中质量块与振子之间保持同一间距比 θ，故有 $L_1 = 0.1 \times \theta$，$L_2 = 0.1 \times (1-\theta)$，$L_3 = 0.1 \times \theta$，$L_4 = 0.1 \times (1-\theta)$。研究间距比对带隙特性的影响时所用杆的几何参数与材料参数都和带隙计算中的保持一致，而集中质量块质量参数分别为 $m_1 = 0.096kg$，$m_2 = 0.024kg$；弹簧刚度选取为 $K_1 = K_2 = 2.0 \times 10^7 N/m$。为了更直观地表现出间距比对带隙的影响，给出间距比 θ 从 0 到 1 变化情况下，周期双振子杆带隙衰减系数三维曲面图，如图 3-6(a) 所示，图中的颜色变化由衰减系数数值所确定。将三维曲面图在 f-θ 平面进行投影，得到二维平面投影图，如图 3-6(b) 所示。

　　从图 3-6 可以清楚地看到间距比对带隙位置、带隙宽度和衰减程度等带隙行为的影响效果，观察到在所示的频率区域内存在局域共振型和布拉格散射型两种类型的带隙。局域共振型带隙的两个峰值频率由于对应着振子的固有频率，其始终不变，而各带隙的宽度均会随着间距的变化而改变。注意到，对于第一带隙，带隙宽度随着间距比的增加逐渐减小，而第二带隙宽度则先减小而后增大，在间距比 $\theta = 0.3$ 附近，振子一固有频率所对应的衰减系数峰值频率从第一带隙划归到第二带隙；对于第三带隙而

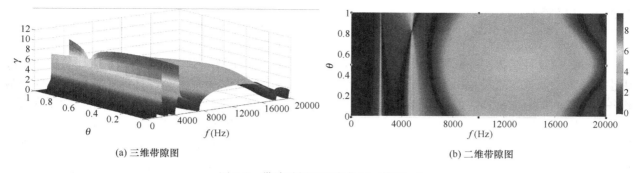

| (a) 三维带隙图 | (b) 二维带隙图 |

图 3-6　带隙随间距比变化图（模型一）

言，带隙宽度随着振子间距比逐渐减小，在间距比 $\theta=0.9$ 附近，振子二固有频率所对应的衰减系数峰值频率从第三带隙也划归到第二带隙。此时两局域共振带隙发生融合，形成了一个更宽且衰减系数较大的带隙，直到 $\theta=1$ 时带隙宽度达到极大。对于第四带隙而言，带隙宽度逐渐增大，在间距比 $\theta=0.5$ 时达到最大值，而后减小。上述现象表明：对于考虑集中质量影响的周期双振子杆而言，只要改变胞元中抑振结构的分布，即使在晶格常数一定的情况下，带隙仍会有较大的改变，故可以通过实际需要控制其分布获得合适的带隙。

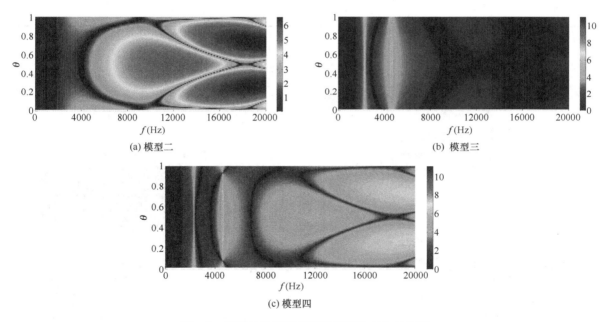

| (a) 模型二 | (b) 模型三 |
| (c) 模型四 |

图 3-7　周期结构模型带隙随间距比变化对比图

图 3-7 中给出了模型二、模型三和模型四在 f-θ 平面的二维带隙投影图。通过对比可以发现，当激振频率大于布拉格散射带隙对应的最低边界频率 $f_{B1}=8838.8\text{Hz}$ 时，模型二和模型四的带隙图变化规律基本一致，而模型一则差别较大。故当振子与集中质量块安装于同一位置时，高频段范围带隙变化主要由集中质量块主导，而振子影响较小。同样值得关注的是，仅在间距比为某些特殊值的情形下，带隙中才出现布拉格带隙边界，并且在模型二、三、四中都在间距比为同一值下出现。其中最低频率带隙边界 $f_{B1}=8838.8\text{Hz}$ 都仅存在于 $\theta=0$ 和 $\theta=1$ 的情形下，另一带隙边界频率 $f_{B2}=17678\text{Hz}$ 则仅存在于 $\theta=0$、$\theta=0.5$ 和 $\theta=1$ 的情形下。这三种模型杆上都仅有两处分布着抑振结构，而模型一杆上有四处分布着抑振结构，模型一带隙仅在 $\theta=0$ 和 $\theta=1$ 的情形下出现布拉格带隙边界 $f_{B2}=17678\text{Hz}$。这说明布拉格带隙边界不仅取决于晶胞常数，还取决于胞元中抑振结构间距比和抑振结构数目。

3.2.4 试验测试

3.2.4.1 试验设计

为验证所设计结构实际减振效果，制作了模型四结构，开展结构减振性能试验。其中杆结构主体使用铝材料加工制成，质量块由 45 号钢加工制成。本章在理论计算以及有限元仿真计算过程中，都把结构各组分视为无阻尼材料，但这只是理想情况，在实际中结构各组分阻尼会影响试验结果。为了降低阻尼带来的影响，使用金属弹簧取代常用的橡胶环状弹簧，经过专门检测得到弹簧刚度值为 $K = 392\text{N/mm}$。试验样件各组分具体参数取值如表 3-1 所示。在铝杆主体部分、金属弹簧、附加集中质量块之间以胶水粘接，待其静置一段时间完全凝结，便组装完成得到双振子杆试验样件，杆模型的晶格常数 $L = 20\text{cm}$，共有五个周期，金属弹簧、集中质量块与周期结构杆的试验样件如图 3-8 所示。

周期结构杆试验模型参数　　　　　　　　　　　　　　表 3-1

试验样件	材质	尺寸	相关属性密度	弹性模量
主体杆	铝	110cm×1cm×1cm	$\rho = 2600\text{kg} \cdot \text{m}^3$	$E = 7.0 \times 10^{10}\text{Pa}$
质量块一	45 号钢	2cm×2cm×1cm	质量 $m = 3.114 \times 10^{-2}\text{kg}$	
质量块二	45 号钢	2cm×2cm×2cm	质量 $m = 6.228 \times 10^{-2}\text{kg}$	
金属弹簧	铬合金钢	2cm×1cm×2cm （外径×内径×长度）	弹簧刚度 $K = 392\text{N/mm}$	

(a) 金属弹簧

(b) 集中质量块

(c) 周期结构杆

图 3-8　金属弹簧、集中质量块和周期结构杆试验样件

试验装置如图 3-9 所示，采用仪器主要为武汉优泰电子技术有限公司研发的动态信号采集控制测试系统，其采样控制方式丰富，设备连接简单快捷，并且具有强大的数据分析与处理功能。通过软件处理将所采集的传感器信号，控制信号输入，记录信号输出，形成闭环反馈控制。试验时，为了实现结构的周期边界条件，保证其边界条件为自由振动，采用悬挂系统。在杆试验样件两端绑上橡皮绳

悬挂在支撑架上，同时支撑架与地板接触的四个脚均垫有较软的天然橡胶垫，以尽量减少测试样件与其他结构的耦合作用。在周期结构杆试件一端利用力锤进行敲击，施加一个激励；在试件另一端拾振点处粘接传感器，传感器安装位置要合适，避免因安装传感器导致被测结构的质量或刚度变化过大而影响试验结果。

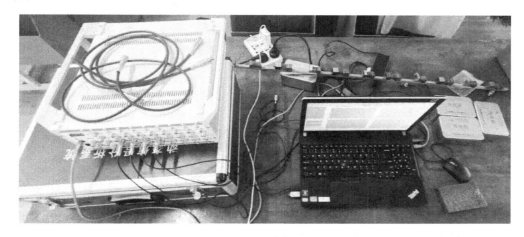

图 3-9　试验装置图

数据采集系统获取力锤传感器信号和被测结构加速度传感器信号，对数据进行处理，得到加速度频率响应函数。试验测试过程如图 3-10 所示，在右端点位处附着加速度传感器，在左端使用力锤施加激励，测得五个周期的双振子杆振动数据。

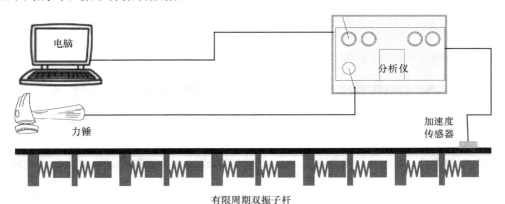

图 3-10　试验测试过程

3.2.4.2　结果分析

整理试验数据，得到振动响应曲线，同时建立与试验模型参数相同的有限元模型，将试验所得的数据与有限元仿真的结果进行对比，如图 3-11 所示。

图 3-11 为周期双振子杆五周期通过试验所测得的频率响应函数与 ANSYS 有限元仿真计算得到的振动传输曲线两者对比图，从图中可以看出：在振动传输曲线带隙范围内，试验所得的频率响应函数曲线也有一定的低谷。两者结果基本吻合，都在 126～145Hz 和 179～208Hz 范围内存在两条明显的局域共振带隙，验证了试验结果的正确性。但同时也可以看到，相比有限元计算数据，试验数据不存在衰减峰值，且在非带隙范围内也存在部分较小的衰减区域。这一方面由于实际制作所得的附加集中质量块与金属弹簧不能保证完全一致，主体铝杆、金属弹簧、附加集中质量块之间以胶水粘接的连接方式也不够完善；另一方面，此次试验样件制作周期数不够，只有五个周期，无法进行多个周期监测对比。所以导致试验数据存在少许偏差，需要在后续试验中进行一定的改进。

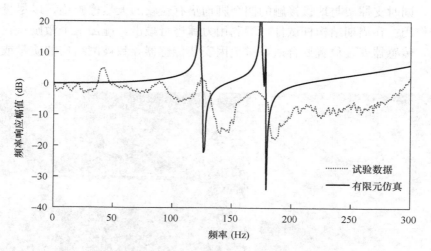

图 3-11　双振子杆五周期与有限元仿真对比

3.3　一维周期格栅杆带隙特性研究

3.3.1　模型和带隙计算

　　该周期格栅杆结构如图 3-12 所示，以 3.2 节模型四为基础，将其主体杆结构平分为上下两部分，然后中间以集中质量块相连接，弹簧振子结构连接在集中质量块之上，合理解决了集中质量块与弹簧振子结构的布置形式困境。模型中不同颜色区域分别代表了周期杆结构的不同组分，主体杆结构为黑色，深灰色部分视作集中质量块，浅灰色部分为弹簧振子结构。

图 3-12　周期格栅杆结构

　　对周期格栅杆能带结构进行计算，周期杆结构模型中各参数的取值都同 3.2 节带隙计算所用参数一致，只有杆被均分成上下两部分，导致上下杆截面积各为原截面积的 1/2。基于 ANSYS 软件，建立 12 周期晶胞数量的周期格栅杆结构进行仿真计算。左侧锥状物即为所施加激励，激励指向 x 方向，在右侧处拾取响应，有限元模型如图 3-13 所示，以此验证该结构带隙范围内的振动衰减性能。

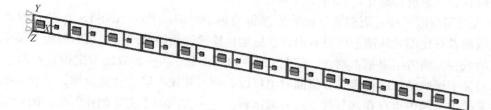

图 3-13　周期格栅杆结构有限元模型示意图

　　基于频响模块计算该周期格栅杆结构的频响结果，具体在左侧上下杆中心点处和集中质量块中间处分别施加激励，在右侧不同点拾取响应，发现不同点绘制的纵向振动传输曲线都几乎一致，如图 3-14（a）所示。同时为了便于比较，将相似结构相同属性的模型四基于 matlab 理论计算得到的能带结构图放在此处作为比较，如图 3-14(b) 所示。

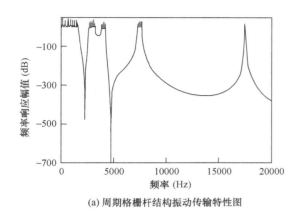
(a) 周期格栅杆结构振动传输特性图

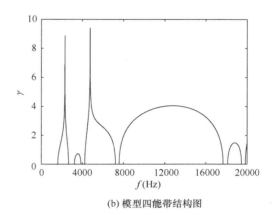
(b) 模型四能带结构图

图 3-14　周期格栅杆结构与模型四对比图

从图 3-14 中可以看出，两者前四个带隙范围几乎完全一致，且都在同一点附近出现振动衰减峰值。这是由于杆主要承受拉伸作用，杆主体部分虽然被一分为二，但总截面积相同，导致结构主体部分抵抗拉伸变形能力的抗拉刚度 EA 不变。

3.3.2　带隙特性研究

3.3.2.1　起止频率分析

将图 3-12 所示连续介质杆等效为多个局域共振结构通过杆相连接，通过对该局域共振结构进行分析，对杆纵向带隙起止频率附近的能带与振动特性进行研究。对该局域共振结构基于力学特性进行简化，并进行受力分析，如图 3-15 所示。

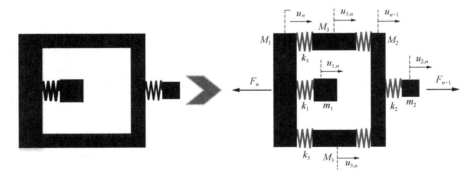

图 3-15　局域共振结构受力分析图

该局域共振结构的运动微分方程如下：

$$-M_1\omega^2 u_n = k_1(u_{1,n} - u_n) + 2k_3(u_{3,n} - u_n) - F_n$$
$$-M_2\omega^2 u_{n+1} = k_2(u_{2,n} - u_{n+1}) + 2k_3(u_{3,n} - u_{n+1}) + F_{n+1} \tag{3-18}$$

通过对弹簧振子结构进行动力学分析，可以很容易地确定集中质量块的位移，根据边界位移：

$$u_{1,n} = \frac{k_1 u_n}{k_1 - m_1\omega^2}, u_{2,n} = \frac{k_2 u_{n+1}}{k_2 - m_2\omega^2}, u_{3,n} = \frac{k_3(u_n + u_{n+1})}{2k_3 - M_3\omega^2} \tag{3-19}$$

将式（3-18）和式（3-19）代入下式中：

$$F_{n+1} - F_n = -\omega^2 m_e \left(\frac{u_{n+1} + u_n}{2} \right) \tag{3-20}$$

可得该局域共振结构的等效质量：

$$m_{\text{eff}} = M_1 u_n + M_2 u_{n+1} + \frac{k_1 m_1}{k_1 - m_1 \omega^2} u_n + \frac{k_2 m_2}{k_2 - m_2 \omega^2} u_{n+1} + \frac{2k_3 M_3}{2k_3 - M_3 \omega^2} (u_n + u_{n+1}) \tag{3-21}$$

当局域共振结构的外框内孔均为正方形，则此时 $M_1 = M_2 = M_3 = M$，两处放置相同弹簧振子结构，即 $m_1 = m_2 = m, k_1 = k_2 = k$，则此时：

$$m_{\text{eff}} = 2M + \frac{2km}{k - m\omega^2} + \frac{4k_3 M}{2k_3 - M\omega^2} \tag{3-22}$$

同理可基于力学特性进行简化，经过计算求得结构的等效弹性模量为

$$k_{\text{eff}} = k_3 - \frac{km\omega^2}{2(k - m\omega^2)} - M\omega^2 \tag{3-23}$$

局域共振结构内部弹簧振子结构的共振频率为 $w_1 = \sqrt{k/m}$，则通过计算可以得到归一化等效质量和等效弹性模量分别为：

$$\frac{m_{\text{eff}}}{m_{\text{st}}} = \frac{2M + \dfrac{2km}{k - m\omega^2} + \dfrac{4k_3 M}{2k_3 - M\omega^2}}{4M + 2m} \tag{3-24}$$

$$\frac{k_{\text{eff}}}{k_{\text{st}}} = \frac{k_3 - \dfrac{km\omega^2}{2(k - m\omega^2)} - M\omega^2}{k_3}$$

局域共振结构外框使用铝材料，可根据材料参数算得 $M = 0.026\text{kg}$，弹簧振子结构中 $m = 0.0312\text{kg}$，$k = 1.0 \times 10^7 \text{N} \cdot \text{m}^{-1}$，可得到等效质量与等效模量关于归一化频率的函数关系，如图 3-16 所示。

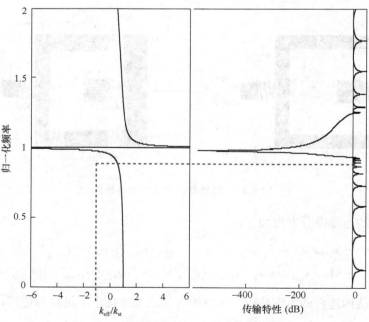

(a) 周期单元等效刚度与振动传输特性对比

图 3-16　等效参数与传输特性对比图（一）

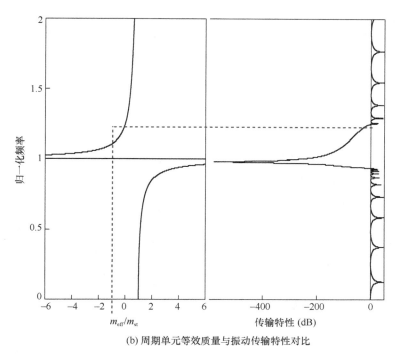

(b) 周期单元等效质量与振动传输特性对比

图 3-16　等效参数与传输特性对比图（二）

将其与该结构的振动传输曲线图作为对比，从图 3-16 中可以看出：当等效模量 $k_{eff}=0$ 时，在振动传输曲线图中振动也在此频率开始衰减；当等效质量 $m_{eff}=0$ 时，在振动传输曲线图中振动也在此频率停止衰减；同时振子结构共振频率也对应着振动衰减峰值点的频率。

同时对公式（3-24）以及图 3-16 进行分析，也可以得知 3.2 节中间距比对带隙产生影响的原因，由于结构间距的变化导致图 3-14 结构中等效得到的质量 M_3 和弹簧刚度 k_3 产生变化，进而影响了 m_{eff} 和 k_{eff} 的值，影响了带隙起止频率。

3.3.2.2　模态分析

为了进一步研究带隙形成机理，需要对带隙起止频率附近的能带与杆振动特性进行研究。利用 ANSYS 建立周期杆晶胞单元的有限元模型，求得其特征频率及其对应的固有模态，可以发现各起止频率附近存在的固有频率和模态如图 3-17 所示。

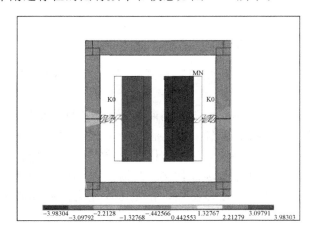

(a)f_1点的振型　　　　　　　　　　(b)f_2点的振型

图 3-17　格栅杆晶胞单元固有模态振型图

从图 3-17 中可以看出，由于处于局域共振带隙范围内，杆主体结构不同点处位移基本一致，外框作为一个整体朝着同一方向运动。在 f_1 点（带隙起始频率），结构内部的两弹簧振子结构朝着相反方向运动，在 f_2 点（带隙截止频率）两弹簧振子结构朝着同一方向运动。

3.3.3 试验测试

3.3.3.1 试验设计

为验证所设计结构实际减振效果，制作周期格栅杆结构，开展结构减振性能测试试验。其中杆结构主体使用铝材料，杆试验样件样式以及尺寸标注如图 3-18 所示，工厂按此数据进行加工制成。所用金属弹簧与集中质量块参数同表 3-1 所示。

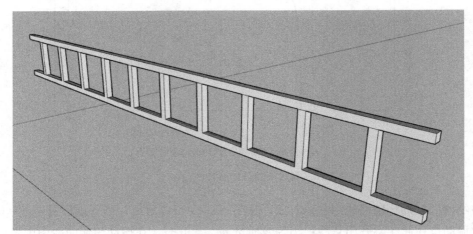

(a) 三维模型图

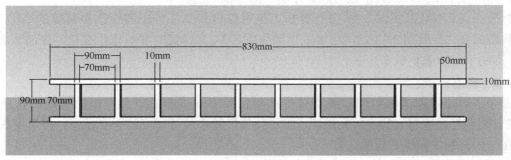

(b) 尺寸标注图

图 3-18　周期格栅杆试验样件图

采用仪器主要为武汉优泰电子技术有限公司研发的动态信号采集控制测试系统，测试原理同 3.2.4 节，整体试验装置以及试验样件如图 3-19 所示。

在 3.2 节试验基础上进行了一定改进，首先是增加了周期数，由五个周期改为十个周期，周期常数 $a=10\text{cm}$，并且在多个位置粘接传感器，便于比较不同周期数的数据；其次是吸取 3.2 节试验中铝杆主体部分、金属弹簧、附加集中质量块之间以胶水粘接，粘接度不够，结构整体性较差等问题的经验，在此基础上此次试验改用高性能丙烯酸酯结构胶粘剂，更适用于金属表面粘接，结构整体性更好。具体试验过程如图 3-20 所示，在右端十个周期和八个周期处粘接加速度传感器，在左端使用力锤施加激励，测得八个周期和十个周期的周期格栅杆振动数据。

3.3.3.2 结果分析

整理试验数据，得到振动响应曲线，同时建立与试验模型参数相同的有限元模型，将试验所得的数据与有限元仿真的结果进行对比，如图 3-21 所示。

图 3-19 试验装置图

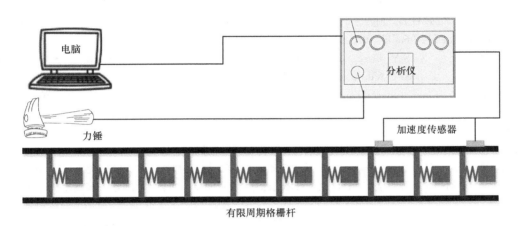

有限周期格栅杆

图 3-20 试验测试过程图

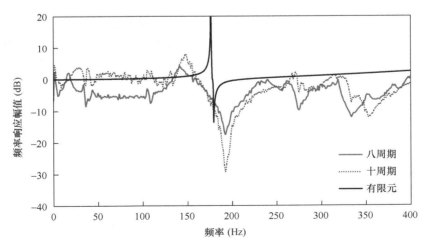

图 3-21 试验数据与有限元仿真结果对比图

图 3-21 为周期格栅杆通过试验所测得的频率响应函数与 ANSYS 有限元仿真计算得到的振动传输曲线两者对比图。从图中可以看出，在振动传输曲线带隙范围内，试验所得的频率响应函数曲线也有一

定的低估。受结构阻尼、试验样件误差以及材料缺陷和外部环境存在一定干扰等因素影响，试验结果仍存在一定误差，比如试验数据与有限元仿真结果共振峰值不匹配、试验数据带隙略宽等。但误差仍在接受范围之内，两者结果基本吻合，都在178～217Hz范围内存在一条明显的局域共振带隙，验证了试验结果的正确性。对比双振子杆试验发现，改进后的周期格栅杆试验数据中出现了衰减峰值。通过不同周期数所得试验数据可以看出，随着周期数的增加，带隙衰减更强、更明显。

参 考 文 献

[1] 文岐华，左曙光，魏欢. 多振子梁弯曲振动中的局域共振带隙[J]. 物理学报，2012，61(03)：240-246.

[2] 刘江伟，郁殿龙，温激鸿，等. 周期附加质量充液管路减振特性研究[J]. 振动与冲击，2016，35(06)：141-145.

[3] 郁殿龙. 基于声子晶体理论的梁板类周期结构振动带隙特性研究[D]. 长沙：国防科学技术大学，2006.

[4] Adrien P，Thomas G，François G. On the control of the first Bragg band gap in periodic continuously corrugated beam for flexural vibration[J]. Journal of Sound and Vibration，2019，446：249-262.

[5] Konoplev I V，Doherty G，Cross A W，et al. Photonic band gap control in one-dimensional dielectric Bragg structures[J]. Applied Physics Letters，2006，88(11)：111108.

[6] 王刚. 声子晶体局域共振带隙机理及减振特性研究[D]. 长沙：国防科学技术大学，2005.

[7] Yu D L，Liu Y，Zhao H G. Flexural vibration band gaps in Euler-Bernoulli beams with locally resonant structures with two degrees of freedom[J]. Physical Review B，2006，73：064301.

[8] Liu N N，Zhang Z G，Xu S Y，et al. Local resonance band gap of a periodic slender beam based on dynamic anti-resonance structure[J]. Journal of Vibration and Shock，2017，36(24)：142-147.

[9] Gao N S，Hou H. Low frequency band gap characteristics of three-dimensional local resonance phononic crystal[J]. Materials Review，2018，32(1)：322-326.

[10] Raghavan L，Phani A S. Local resonance band gaps in periodic media：theory and experiment[J]. The Journal of the Acoustical Society of America，2013，134(3)：1950-1959.

[11] 郁殿龙，刘耀宗，王刚，等. 一维杆状声子晶体振动中的表面局域态研究[J]. 机械工程学报，2005，(06)：35-38.

[12] 温激鸿，王刚，刘耀宗，等. 金属/丁腈橡胶杆状结构声子晶体振动带隙研究[J]. 振动工程学报，2005，(01)：6-12.

[13] 赵帅，陈前，姚冰. 间距比对双振子局域共振轴纵振带隙的影响[J]. 振动工程学报，2017，30(04)：570-576.

[14] Baz A. Active control of periodic structures[J]. ASME，Journal of Vibration and Acoustics，2001，123(4)：472-479.

[15] 舒海生，张法，刘少刚，等. 一种特殊的布拉格型声子晶体杆振动带隙研究[J]. 振动与冲击，2014，19：147-151.

[16] Montero D，Jiménez E，Torres M. Ultrasonic band gap in a periodic two-dimensional composite[J]. Physical Review Letters，1998，80(6)：1208-1211.

[17] 舒海生，高恩武，刘少刚，等. 声子晶体串联组合杆振动带隙研究[J]. 振动与冲击，2014，16：194-200.

第4章

周期梁结构振动波及其减振应用

4.1 引言

在工程领域梁是最常用的结构，一直是振动控制领域的主要研究对象之一，其典型结构有周期单层梁和周期复合双层梁两种。本章首先研究了柔性支承上多振子周期性 Timoshenko 梁，串、并联多振子单层梁以及声学黑洞单层梁的波传播特性。同时考虑到力-电耦合效应，压电周期单梁结构将呈现出一些新的物理性质，对其进行研究也会变得复杂。本章继而基于 Timoshenko 梁理论，考虑基梁和压电片的转动惯量和剪切效应，研究了表面周期粘贴压电材料的多耦合 Timoshenko 梁及其随机失谐梁中的波传播和振动局部化问题。由于力-电耦合以及轴-弯耦合的影响，使得压电 Timoshenko 梁的振动控制方程比纯弹性梁的控制方程要复杂得多，运用解析解将会使结构的运算效率大为降低。为此，利用基于变分原理的有限单元法和传递矩阵法，提取了结构的动刚度矩阵，推导了结构相邻胞元间的传递矩阵，并给出了传播常数和局部化因子的表达式，进而分析了几何尺寸和材料特性变化及其失谐对周期压电结构波传播和振动局部化的影响，并将该结果与解析解（基于变分原理的解析动态刚度矩阵法和传递矩阵法所得结果）进行了对比，验证了此方法的精确性；同时与 Bernoulli-Euler 梁理论得到的结果进行了对比，对失谐压电周期结构振动控制研究提供了理论参考。

相较于单层梁表面附加振子会使表面不平整，可能影响其他功能需求，复合双层梁结构有均匀光滑的表面，不会影响其他功能的使用。对于单自由度周期复合双层梁，Chen 等在上下双梁之间周期布置单自由度弹簧振子以及泡沫芯层，运用体积平均法将振子等效分配到梁上，研究了带隙形成机制和调节规律。Sharma 和 Sun 在该模型基础上，采用相控阵方法考虑振子的周期离散效应，分析了双层梁的弯曲波传播行为。涂静和史治宇提出了局域共振型声子晶体双层欧拉梁模型，利用平面波展开法研究其带隙特性，指出双梁的对称振动和反对称振动能带形成带隙。对于双自由度振子双层梁，Chen 和 Huang 以及 Chen 等通过增加梁上弹簧振子的数量，在上下梁间串并联布置两个质量弹簧振子，研究了双振子对双层梁弯曲带隙的影响规律，实现了两个低频带隙的振动控制。但是，目前周期双梁系统通常在上下梁间周期布置一系列振子来构造，双梁和振子振动均处于同一平面内，很少有学者对双梁和振子振动处于不同平面时结构的带隙特性展开深入研究。

本章提出双自由度周期振子平行并联梁，在左右平行梁下周期布置弹簧质量振子，考虑振子竖向和转动自由度，通过平面波展开法，推导无限周期双梁系统的弯曲振动能带结构计算公式，研究振子转动平面与梁弯曲振动平面垂直时转动惯量对带隙的影响。采用有限单元法对带隙形成机理展开详细研究，计算有限周期梁的振动传输特性，验证理论推导的正确性。同时推导带隙起始、截止频率简化公式，并给出其理论解释，最后通过参数分析研究带隙调节规律，以期对实际工程中的周期浮置板轨道结构、机械作业臂以及双梁系统减隔震/振设计等提供依据。

4.2 柔性支承作用的单梁带隙特性分析

4.2.1 柔性支承作用的 Timoshenko 梁模型及理论推导

图 4-1 是一个柔性支承 Timoshenko 梁的简化模型，且梁上周期性地附加局域共振振子，每一个局域共振振子都由两个弹簧和两个质量块组成。周期梁的晶格常数为 l_j。

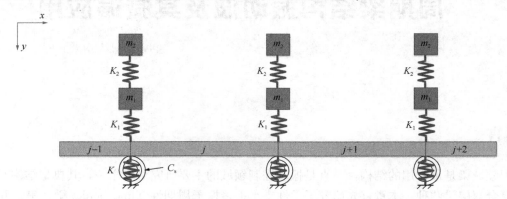

图 4-1 柔性支承周期梁

基于 Timoshenko 梁理论，周期梁第 j 胞元弯曲振动控制微分方程可以写为：

$$GA\kappa\left(\frac{\partial^2 w_j}{\partial x^2} - \frac{\partial \theta_j}{\partial x}\right) - \rho A\frac{\partial^2 w_j}{\partial t^2} = 0$$

$$EI\frac{\partial^2 \theta_j}{\partial x^2} + GA\kappa\left(\frac{\partial w_j}{\partial x} - \theta_j\right) - \rho I\frac{\partial^2 \theta_j}{\partial t^2} = 0 \quad x \in [0, l_j] \tag{4-1}$$

其中，w_j 和 θ_j 分别是由弯曲造成的梁竖向位移和转角；G 是剪切模量；E 是杨氏模量；A 是周期梁横截面面积；κ 是周期梁横截面几何形状参数；ρ 是密度；I 是横截面惯性矩。

当梁发生简谐振动时，梁的弯曲振动控制方程写成如下形式：

$$GA\kappa\left(\frac{\partial^2 W_j}{\partial x^2} - \frac{\partial \Theta_j}{\partial x}\right) + \rho A\omega^2 W_j = 0$$

$$EI\frac{\partial^2 \Theta_j}{\partial x^2} + GA\kappa\left(\frac{\partial W_j}{\partial x} - \Theta_j\right) + \rho I\omega^2 \Theta_j = 0 \tag{4-2}$$

方程式（4-2）中通解的形式可以写成：

$$W_j(x) = \sum_{n=1}^{4} \alpha_n e^{-ik_n x}, \quad \Theta_j(x) = \sum_{n=1}^{4} \beta_n \alpha_n e^{-ik_n x} \tag{4-3}$$

将通解形式（4-3）代入方程式（4-2），经过化简可以得：

$$GA\kappa k^2 - \rho A\omega^2 - ikGA\kappa\beta = 0$$

$$ikGA\kappa + (EIk^2 + GA\kappa - \rho I\omega^2)\beta = 0 \tag{4-4}$$

由方程式（4-4）可以进一步计算出波数 $k_n(n = 1, 2, 3, 4)$ 的关系式：

$$k^4 - \eta k_F^4 k^2 - k_F^4(1 - \mu k_G^4) = 0 \tag{4-5}$$

式中：

$$k_F = \sqrt{\omega}\left(\frac{\rho A}{EI}\right)^{\frac{1}{4}}, \quad k_G = \sqrt{\omega}\left(\frac{\rho A}{\kappa GA}\right)^{\frac{1}{4}}。$$

其中

$$\eta = \eta_1 + \eta_2, \quad \mu = \eta_1, \quad \eta_1 = \frac{\rho I}{\rho A}, \quad \eta_2 = \frac{EI}{\kappa GA} \tag{4-6}$$

通过方程式（4-5）可以进一步求出四个波数：

$$k_1 = -k_2 = \frac{1}{\sqrt{2}} k_F \sqrt{\eta k_F^2 + \sqrt{\eta^2 k_F^4 + 4(1-\mu k_G^4)}}$$

$$k_3 = -k_4 = \frac{1}{\sqrt{2}} k_F \sqrt{\eta k_F^2 - \sqrt{\eta^2 k_F^4 + 4(1-\mu k_G^4)}} \tag{4-7}$$

其中，系数 $\beta(\omega)$ 可以通过方程式（4-4）计算得到：

$$\beta_n(\omega) = \frac{1}{\mathrm{i}k_n}(k_n^2 - k_G^4) \quad (n=1,2,3,4) \tag{4-8}$$

方程式（4-3）中系数 α 可以通过考虑在胞元末端处的边界条件计算得出：

$$W_{Lj} = W_j(0), \quad \Theta_{Lj} = \Theta_j(0), \quad W_{Rj} = W_j(l_j), \quad \Theta_{Rj} = \Theta_j(l_j) \tag{4-9}$$

将方程式（4-9）代入到方程式（4-3）中，可以得到节点自由度向量 $\boldsymbol{\delta}_j$ 与系数向量 $\boldsymbol{\alpha}$ 之间的关系：

$$\boldsymbol{\delta}_j = \boldsymbol{H}\boldsymbol{\alpha} \tag{4-10}$$

其中

$$\boldsymbol{\delta}_j = \begin{bmatrix} W_{Lj} & \Theta_{Lj} & W_{Rj} & \Theta_{Rj} \end{bmatrix}^{\mathrm{T}}$$

$$\boldsymbol{H} = \begin{bmatrix} 1 & 1 & 1 & 1 \\ \beta_1 & \beta_2 & \beta_3 & \beta_4 \\ \varepsilon_1 & \varepsilon_2 & \varepsilon_3 & \varepsilon_4 \\ \beta_1\varepsilon_1 & \beta_2\varepsilon_2 & \beta_3\varepsilon_3 & \beta_4\varepsilon_4 \end{bmatrix} \tag{4-11}$$

$$\boldsymbol{\alpha} = \begin{bmatrix} \alpha_1 & \alpha_2 & \alpha_3 & \alpha_4 \end{bmatrix}^{\mathrm{T}}$$

并且 $\varepsilon_n = \mathrm{e}^{-\mathrm{i}k_n l_j} \ (n=1,2,3,4)$。

第 j 胞元左右端点处剪力与弯矩值如下：

$$Q_{Lj} = -GA\kappa \left[\frac{\partial W_j(0)}{\partial x} - \Theta_j(0) \right]$$

$$M_{Lj} = -EI \frac{\partial \Theta_j(0)}{\partial x}$$

$$Q_{Rj} = GA\kappa \left[\frac{\partial W_j(l_j)}{\partial x} - \Theta_j(l_j) \right]$$

$$M_{Rj} = EI \frac{\partial \Theta_j(l_j)}{\partial x} \tag{4-12}$$

通过把方程式（4-3）代入方程式（4-12）中，可以简化为节点力向量 $\boldsymbol{F}_j$ 与系数向量 $\boldsymbol{\alpha}$ 之间的关系：

$$\boldsymbol{F}_j = \boldsymbol{G}\boldsymbol{\alpha} \tag{4-13}$$

其中，

$$\boldsymbol{F}_j = \begin{bmatrix} Q_{Lj} & M_{Lj} & Q_{Rj} & M_{Rj} \end{bmatrix}^{\mathrm{T}}$$

$$\boldsymbol{G} = \begin{bmatrix} q_1 & q_2 & q_3 & q_4 \\ p_1 & p_2 & p_3 & p_4 \\ -q_1\varepsilon_1 & -q_2\varepsilon_2 & -q_3\varepsilon_3 & -q_4\varepsilon_4 \\ -p_1\varepsilon_1 & -p_2\varepsilon_2 & -p_3\varepsilon_3 & -p_4\varepsilon_4 \end{bmatrix} \tag{4-14}$$

并且 $q_n = GA\kappa(\mathrm{i}k_n + \beta_n), \ p_n = EI(\mathrm{i}k_n\beta_n) \ (n=1,2,3,4)$。

联立式（4-10）和式（4-13），可以消去系数向量 $\boldsymbol{\alpha}$，进一步得到节点自由度向量 $\boldsymbol{\delta}_j$ 与节点力矢量 $\boldsymbol{F}_j$ 之间的关系如下：

$$\boldsymbol{F}_j = \boldsymbol{K}_j \boldsymbol{\delta}_j \tag{4-15}$$

其中，

$$\boldsymbol{K}_j = \boldsymbol{G}\boldsymbol{H}^{-1} \tag{4-16}$$

$\boldsymbol{K}_j$ 代表梁胞元中精确的动刚度矩阵。

周期梁的动力特性可以表示为：

$$\begin{bmatrix} \boldsymbol{K}_{\mathrm{LL}j} & \boldsymbol{K}_{\mathrm{LR}j} \\ \boldsymbol{K}_{\mathrm{RL}j} & \boldsymbol{K}_{\mathrm{RR}j} \end{bmatrix} \begin{Bmatrix} \boldsymbol{\delta}_{\mathrm{L}j} \\ \boldsymbol{\delta}_{\mathrm{R}j} \end{Bmatrix} = \begin{Bmatrix} \boldsymbol{F}_{\mathrm{L}j} \\ \boldsymbol{F}_{\mathrm{R}j} \end{Bmatrix} \tag{4-17}$$

其中 $\boldsymbol{K}_{grj}(g,r = \mathrm{L},\mathrm{R})$ 是由 $\boldsymbol{K}_j$ 划分的 2×2 阶子矩阵。

对于公式（4-17），进一步转化为第 j 胞元左端和右端状态向量之间的关系得：

$$\begin{Bmatrix} \boldsymbol{\delta}_{\mathrm{R}j} \\ \boldsymbol{F}_{\mathrm{R}j} \end{Bmatrix} = \begin{bmatrix} -\boldsymbol{K}_{\mathrm{LR}j}{}^{-1}\boldsymbol{K}_{\mathrm{LL}j} & \boldsymbol{K}_{\mathrm{LR}j}{}^{-1} \\ -\boldsymbol{K}_{\mathrm{RL}j} - \boldsymbol{K}_{\mathrm{RR}j}\boldsymbol{K}_{\mathrm{LR}j}{}^{-1}\boldsymbol{K}_{\mathrm{LL}j} & \boldsymbol{K}_{\mathrm{RR}j}\boldsymbol{K}_{\mathrm{LR}j}{}^{-1} \end{bmatrix} \begin{Bmatrix} \boldsymbol{\delta}_{\mathrm{L}j} \\ \boldsymbol{F}_{\mathrm{L}j} \end{Bmatrix} \tag{4-18}$$

公式（4-18）可以简化为如下形式：

$$\boldsymbol{Y}_{\mathrm{R}j} = \boldsymbol{T}_{js}\,\boldsymbol{Y}_{\mathrm{L}j} \tag{4-19}$$

取振子体系分析，作用于第 j 胞元和第 $j+1$ 胞元之间的串联振子动力学方程可以写成如下形式：

$$K_1[Z_{j1}(t) - W_j(t)] - K_2[Z_{j2}(t) - Z_{j1}(t)] + m_1\ddot{Z}_{j1}(t) = 0 \tag{4-20}$$

$$K_2[Z_{j2}(t) - Z_{j1}(t)] + m_2\ddot{Z}_{j2}(t) = 0 \tag{4-21}$$

其中，$Z_{j1}(t) = Z_{j1}\mathrm{e}^{\mathrm{i}wt}$ 和 $Z_{j2}(t) = Z_{j2}\mathrm{e}^{\mathrm{i}wt}$ 分别第 j 胞元处串联两振子的位移，Z_{j1} 和 Z_{j2} 的绝对值分别是第 j 胞元处两振子的振动幅值。因此通过方程得到 Z_{j1} 和 W_j 之间的关系为：

$$Z_{j1} = \frac{K_1}{K_1 - h}W_j \tag{4-22}$$

其中，

$$h = m_1 w^2 + \frac{K_2 m_2 w^2}{K_2 - m_2 w^2}$$

因此，第一个振子和梁之间的相互作用力可以表示成如下形式：

$$F_n = K_1[Z_{j1} - W_j] = K_1\frac{h}{K_1 - h}W_j \tag{4-23}$$

由连续性条件可得，第 j 胞元右端状态向量和第 $j+1$ 胞元左端状态向量之间的关系为：

$$\begin{Bmatrix} W_{\mathrm{L}(j+1)} \\ \theta_{\mathrm{L}(j+1)} \\ Q_{\mathrm{L}(j+1)} \\ M_{\mathrm{L}(j+1)} \end{Bmatrix} = \begin{bmatrix} 1 & 0 & 0 & 0 \\ 0 & 1 & 0 & 0 \\ K_{\mathrm{w}} & 0 & -1 & 0 \\ 0 & 0 & 0 & -1 \end{bmatrix} \begin{Bmatrix} W_{\mathrm{R}j} \\ \theta_{\mathrm{R}j} \\ Q_{\mathrm{R}j} \\ M_{\mathrm{R}j} \end{Bmatrix} \tag{4-24}$$

其中 $K_{\mathrm{w}} = K_1\dfrac{h}{K_1 - h} - K$。

可以进一步把等式（4-24）简化为：

$$\boldsymbol{Y}_{\mathrm{L}(j+1)} = \boldsymbol{T}_{jj}\,\boldsymbol{Y}_{\mathrm{R}j} \tag{4-25}$$

因此，第 j 胞元状态向量与第 $j+1$ 胞元状态向量之间的关系可以表示为：

$$\boldsymbol{Y}_{\mathrm{L}(j+1)} = \boldsymbol{T}_{jj}\,\boldsymbol{Y}_{\mathrm{R}j} = \boldsymbol{T}_{jj}\,\boldsymbol{T}_{js}\,\boldsymbol{Y}_{\mathrm{L}j} = \boldsymbol{T}_j\,\boldsymbol{Y}_{\mathrm{L}j} \tag{4-26}$$

其中 $\boldsymbol{T}_j$ 是表示两相邻胞元之间的传递矩阵，并且可以写成：

$$\boldsymbol{T}_j = \boldsymbol{T}_{jj}\,\boldsymbol{T}_{js} \tag{4-27}$$

对于谐调周期结构来说，任意相邻胞元间的传递矩阵都是相同的，因此式（4-26）表达为：

$$\boldsymbol{Y}_{(j+1)} = \boldsymbol{T}\boldsymbol{Y}_j \tag{4-28}$$

对于有限周期的谐调周期结构，弯曲波的传播取决于传递矩阵 $\boldsymbol{T}$ 的特征值，进一步等式（4-28）能写成：

$$\boldsymbol{Y}_{(j+1)} = c_n\boldsymbol{Y}_j (n = 1,2,3,4) \tag{4-29}$$

式中，c_n 为与频率有关的特征值。这些特征值以互为倒数的关系成对出现，每对表示相同的波动沿着相反方向传播的运动。因此 c_n 也代表两个相邻胞元之间状态向量的比。通常地，c_n 表示为：

$$c_n = \mathrm{e}^{\mu_n} = \mathrm{e}^{\gamma_n + \mathrm{i}\beta_n} \tag{4-30}$$

式中，μ_n 为传播常数；γ_n 代表状态向量间的幅值衰减程度，简称衰减常数；β_n 代表两相邻胞元间的相位差。

4.2.2　带隙计算分析

4.2.2.1　带隙调节规律

利用传播常数，重点分析不同参数对带隙的影响，包括弹簧刚度 K、K_1、K_2、C_s 和振子质量 m_1、m_2。梁是由铝构成，梁横截面面积 $A = 1.602 \times 10^{-4}\,\mathrm{m}^2$，梁截面惯性矩 $I = 5.968 \times 10^{-9}\,\mathrm{m}^4$。晶格常数 $l_\mathrm{j} = 7.5 \times 10^{-2}\,\mathrm{m}$。在计算过程中所使用的弹性参数分别是 $\rho = 2600\,\mathrm{kg/m}^3$，$E = 7.0 \times 10^{10}\,\mathrm{Pa}$，$G = 2.7 \times 10^{10}\,\mathrm{Pa}$。铝梁的泊松比 $\sigma = 0.3$，因此剪切系数 $\kappa = (6 + 12\sigma + 6\sigma^2)/(7 + 12\sigma + 4\sigma^2)$ 可以求得。

图 4-2 描述了不同弹簧刚度 K、K_1 取值对应的传播常数实部与频率之间的关系。其他弹簧刚度与振子质量的取值分别为 $K_2 = 1.65 \times 10^5\,\mathrm{N/m}$，$C_s = 0\,\mathrm{N \cdot m/rad}$，$m_1 = 4.37 \times 10^{-2}\,\mathrm{kg}$，$m_2 = 3.79 \times 10^{-2}\,\mathrm{kg}$。

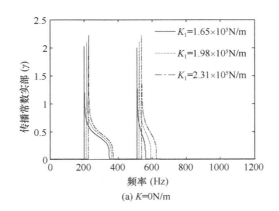

(a) $K = 0\,\mathrm{N/m}$

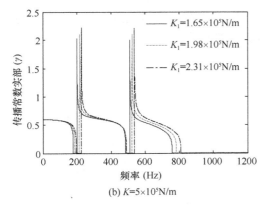

(b) $K = 5 \times 10^5\,\mathrm{N/m}$

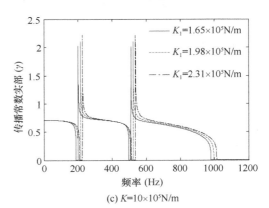

(c) $K = 10 \times 10^5\,\mathrm{N/m}$

图 4-2　不同 K、K_1 取值下传播常数实部与频率的关系图

对于 $K = 0\,\mathrm{N/m}$ 的情况，周期梁中存在两个局域共振带隙，带隙位置和宽度均与 Wang 计算所得结果保持一致，验证了理论推导的精确性。通过比较其他的情况，K 的出现使得带隙中出现一个从 0 开始的带隙，这与 Wang 和郁殿龙发表的弹性地基体系中出现的现象类似。随着弹簧刚度 K 的增加，带隙位置向右有所移动，但是带隙宽度和幅值均增加。同时，当 K_1 的值增加时，禁带宽度变化不太大，带隙位置向高频率移动。

通过对比三种不同 K 值对应的案例，其中存在相似的规律。起始频率的值不受 K 的影响，且其起始频率与共振频率相关。共振频率可以通过下式计算：

$$f_1^2 = \frac{a+c}{2} - \sqrt{\left(\frac{a+c}{2}\right)^2 - c(a-b)} \tag{4-31}$$

$$f_2^2 = \frac{a+c}{2} + \sqrt{\left(\frac{a+c}{2}\right)^2 - c(a-b)} \tag{4-32}$$

其中，$a = \dfrac{K_1 + K_2}{m_1}$，$b = \dfrac{K_2}{m_1}$，$c = \dfrac{K_2}{m_2}$。

以 $K = 0\text{N/m}$ 和 $K_1 = 1.65 \times 10^5 \text{N/m}$ 工况为例，通过公式（4-31）和公式（4-32）可以分别计算出共振频率 $f_1 = 200.69\text{Hz}$，$f_2 = 511.05\text{Hz}$，与曲线局域共振带隙频率起始值相吻合。

图 4-3 给出了不同弹簧刚度 K_2 和 K 取值下传播常数实部与频率的关系图，其中 $K_1 = 1.65 \times 10^5 \text{N/m}$，$C_s = 0\text{N} \cdot \text{m/rad}$，$m_1 = 4.37 \times 10^{-2}\text{kg}$，$m_2 = 3.79 \times 10^{-2}\text{kg}$。通过对比分析发现，弹簧 K_s 的增加使得第二、第三带隙终止频率变得更高。随着刚度 K_2 的增加，第二带隙宽度增加，而第三带隙宽度则变窄。

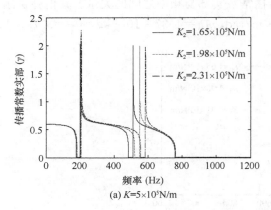
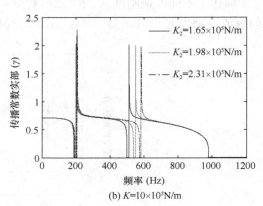

图 4-3　不同 K、K_2 取值下传播常数实部与频率的关系图

图 4-4 描述了弹簧刚度 K，质量块 m_1 与带隙之间的关系，弹簧刚度和质量分别取 $K_1 = K_2 = 1.65 \times 10^5 \text{N/m}$，$C_s = 0\text{N} \cdot \text{m/rad}$，$m_2 = 3.79 \times 10^{-2}\text{kg}$。显然，$K_s$ 的增加导致带隙终止频率变得更高，使带隙频率范围变得更宽。然而，随着质量块 m_1 的增大，带隙位置左移。

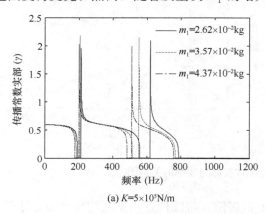
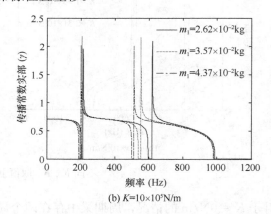

图 4-4　不同 K、m_1 取值下传播常数实部与频率的关系图

图 4-5 展示了弹簧刚度 K 与质量块 m_2 对带隙的影响。弹簧刚度和质量的取值分别为 $K_1 = K_2 = 1.65 \times 10^5 \text{N/m}$，$C_s = 0\text{N} \cdot \text{m/rad}$，$m_1 = 4.37 \times 10^{-2}\text{kg}$。图中清楚地显示了随着弹簧刚度 K 的增加，幅值衰减程度变得更加明显，同时带隙位置会朝着更高频率范围移动，带隙宽度和幅值也会增加。随着质量块 m_2 的增大，第二带隙宽度略微变小，位置向左移动，与此同时，第三带隙会增大。

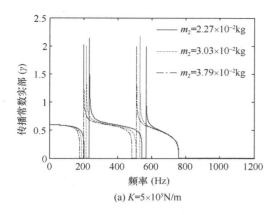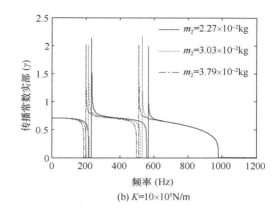

(a) $K=5\times10^5$N/m　　　　　　(b) $K=10\times10^5$N/m

图 4-5　不同 K、m_2 取值下传播常数实部与频率的关系图

图 4-6 揭露了传播常数实部与弹簧刚度 C_s，K 的关系，参数取值为 $K_1 = K_2 = 1.65\times10^5$N/m，$m_1=4.37\times10^{-2}$kg，$m_2=3.79\times10^{-2}$kg。通过对比分析，随着 K 的增加，带隙终止频率变得更高。对于转动弹簧 C_s，随着刚度的增加，幅值会产生衰减，与此同时，带隙终止频率减小。

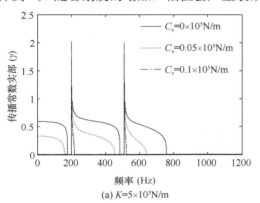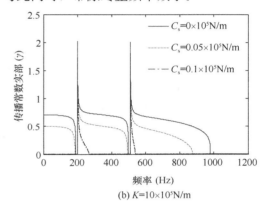

(a) $K=5\times10^5$N/m　　　　　　(b) $K=10\times10^5$N/m

图 4-6　不同 K、C_s 取值下传播常数实部与频率的关系图

4.2.2.2　振动模式的分析

通过对带隙调节规律的研究，发现柔性支承的引入对局域共振带隙的总宽度影响不大。因此，选取 $K=0\times10^5$N/m，$K_1=1.65\times10^5$N/m，$K_2=1.65\times10^5$N/m，$C_s=0$N·m/rad，$m_1=4.37\times10^{-2}$kg，$m_2=3.79\times10^{-2}$kg 对应的模型，即不考虑柔性支承，使用对应的简化模型，对其带隙的起始频率和终止频率进行深入的研究。

首先，为了进一步探索各带隙频率的理论公式，需要对带隙边界处的振动模式进行研究，采用 BEAM54，COMBINE14，MASS21 单元，通过 ANSYS 分别建立单个晶胞以及八周期的梁单元模型进行模态分析和振动形式分析，如图 4-7 所示。

通过固有振型图可以清晰地发现，Timoshenko 梁禁带起始频率处 200.954Hz 和 511.054Hz 对应的梁单元晶胞固有模态振型为梁静止不动，振子在垂直于梁方向上下振动；禁带终止频率处 348.008Hz 和 559.798Hz 对应的梁单元晶胞固有振型为梁和振子均以某个频率进行同步振动。

为了进一步分析梁在带隙起始频率和终止频率处的振动形式，使用 ANSYS 建立有限梁周期结构（选取八周期），在梁的左端以单位位移进行激励，在梁的右侧得到相应的响应，分别画出带隙边界处梁的振动模式图，如图 4-8 所示。

图 4-8 可以清楚地看出，207.683Hz 和 510.857Hz 处梁处于静止状态中，只有振子在振动，能量都全部集中在振子上，因此可以发现起始频率为共振带隙，此种情况下体系可以看作是梁静止，质量块所在的弹簧振子体系相对于梁的振动问题，其对应的起始频率简化模型如图 4-9 所示。

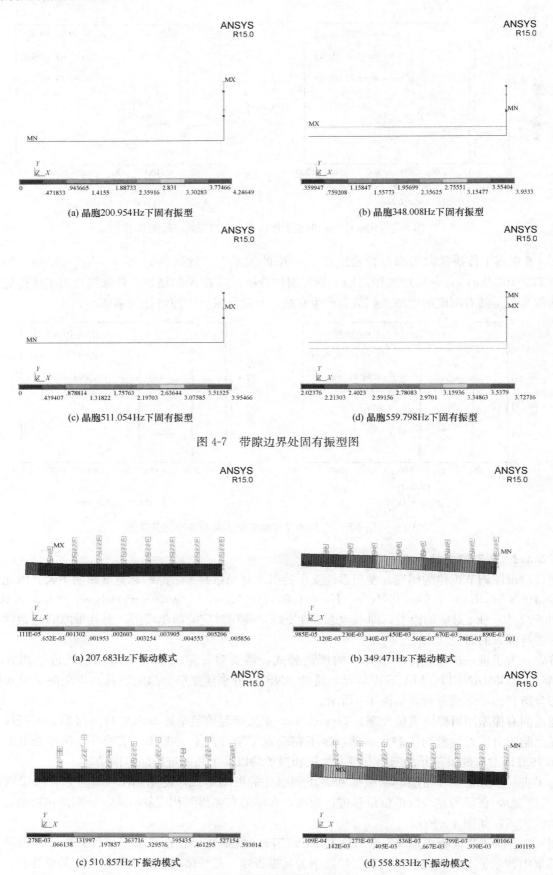

图 4-7 带隙边界处固有振型图

图 4-8 带隙边界处振动模式图

因此对整个体系进行动力学分析，即只需要建立串联振子运动方程：

$$K_1 Z_{j1}(t) - K_2[Z_{j2}(t) - Z_{j1}(t)] + m_1 \ddot{Z}_{j1}(t) = 0 \tag{4-33}$$

$$K_2[Z_{j2}(t) - Z_{j1}(t)] + m_2 \ddot{Z}_{j2}(t) = 0 \tag{4-34}$$

其中，$Z_{j1}(t) = Z_{j1}\mathrm{e}^{\mathrm{i}wt}$ 和 $Z_{j2}(t) = Z_{j2}\mathrm{e}^{\mathrm{i}wt}$ 分别第 j 胞元处串联两振子的位移，Z_{j1} 和 Z_{j2} 的绝对值分别是第 j 胞元处两振子的振动幅值。

串联振子体系的固有角频率 ω_{in} 满足方程：

$$\det[\boldsymbol{k} - \omega_{in}^2 \boldsymbol{m}] = 0 \tag{4-35}$$

其中，$\boldsymbol{k} = \begin{bmatrix} K_1 + K_2 & -K_2 \\ -K_2 & K_2 \end{bmatrix}$，$\boldsymbol{m} = \begin{bmatrix} m_1 & \\ & m_2 \end{bmatrix}$。

因此能进一步推导得：

$$\omega_{i1,2}^2 = \frac{K_1 m_2 + K_2 m_1 + K_2 m_2}{2 m_1 m_2} \mp \frac{\sqrt{(K_1 m_2 + K_2 m_1 + K_2 m_2)^2 - 4 K_1 K_2 m_1 m_2}}{2 m_1 m_2} \tag{4-36}$$

通过上述公式能计算得出角频率 $\omega_{i1,2}$，并且可以通过转化求出两个起始频率值 $f_{i1,2} = \sqrt{\omega_{i1,2}}/2\pi$。

在 349.471Hz 和 558.853Hz 时梁与振子在以某个特定频率进行同步振动。在带隙终止频率处单个晶胞上所有振子的振动相位方向相同，梁和振子达到反相位共振的动态平衡。

终止频率模型由梁质量 M 和串联振子构成。在梁和串联振子之间，存在一个静点，将模型分为两个具有相同固有频率的部分，简化模型如图 4-9 所示。

同样地对整个体系进行动力学分析，需要建立串联振子和梁的运动方程：

$$K_{11} Z_{j1}(t) - K_2[Z_{j2}(t) - Z_{j1}(t)] + m_1 \ddot{Z}_{j1}(t) = 0 \tag{4-37}$$

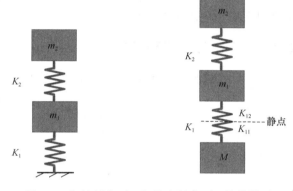

图 4-9　起始频率(左)与截止频率(右)简化模型

$$K_2[Z_{j2}(t) - Z_{j1}(t)] + m_2 \ddot{Z}_{j2}(t) = 0 \tag{4-38}$$

$$K_{12} W_j(t) + M \ddot{W}_j(t) = 0 \tag{4-39}$$

其中，$Z_{j1}(t) = Z_{j1}\mathrm{e}^{\mathrm{i}wt}$ 和 $Z_{j2}(t) = Z_{j2}\mathrm{e}^{\mathrm{i}wt}$ 分别第 j 胞元处串联两振子的位移，$W_j(t) = W_j\mathrm{e}^{\mathrm{i}wt}$ 表示第 j 胞元梁的位移，Z_{j1} 和 Z_{j2} 的绝对值分别是第 j 胞元处两振子的振动幅值。

串联振子体系的固有角频率 ω_{in} 满足方程：

$$\det[\boldsymbol{k} - \omega_{in}^2 \boldsymbol{m}] = 0 \tag{4-40}$$

其中，$\boldsymbol{k} = \begin{bmatrix} K_{11} + K_2 & -K_2 & 0 \\ -K_2 & K_2 & 0 \\ 0 & 0 & K_{12} \end{bmatrix}$，$\boldsymbol{m} = \begin{bmatrix} m_1 & & \\ & m_2 & \\ & & M \end{bmatrix}$。

在静点处，可以将弹簧 K_1 考虑为由两个弹簧 K_{11} 和 K_{12} 串联组成的，弹簧之间的刚度关系为：

$$\frac{1}{K_1} = \frac{1}{K_{11}} + \frac{1}{K_{12}} \tag{4-41}$$

在静点右侧的部分可以考虑为一个单独的体系，固有频率 ω_{in} 和起始频率模型相类似，只是公式中 K_1 需要用 K_{11} 来替换。由于梁与振子在以相同的频率共振，因此弹簧 K_{12} 与共振频率之间的关系可以表示为：

$$\frac{K_{12}}{M} = \omega_{in} \tag{4-42}$$

因此，可以消去 K_{12} 简化得到 K_1 等参数与 ω_{in} 之间的关系：

$$\omega_{i1,2}^2 = \frac{MK_1m_2 + MK_2m_1 + MK_2m_2 + K_1m_1m_2}{2Mm_1m_2}$$

$$\pm \frac{\sqrt{(MK_1m_2 + MK_2m_1 + MK_2m_2 - K_1m_1m_2)^2 + 4MK_1m_1m_2(K_1m_2 - MK_2)}}{2Mm_1m_2} \tag{4-43}$$

为了验证上述公式的正确性，现将公式计算所得结果与使用传递矩阵法通过 matlab 计算的带隙频率相比较，结果如表 4-1 所示。

传递矩阵法与公式计算值对比 表 4-1

	起始频率（传递矩阵法）	起始频率（公式计算）	终止频率（传递矩阵法）	终止频率（公式计算）
第一带隙	200.694Hz	201.012Hz	348.231Hz	343.774Hz
第二带隙	510.887Hz	511.034Hz	560.230Hz	563.408Hz

由表 4-1 中数据对比，可清楚地发现，使用传递矩阵法和公式计算得到的频率值基本吻合，因此验证了简化公式的正确性。起始频率为振子体系的固有频率，其数值的大小与弹簧刚度和质量块的质量密切相关；截止频率为梁与振子体系在静点两侧振动的固有频率，数值大小与一个晶胞内梁的质量和弹簧刚度以及质量块质量有关。

4.2.3 带隙形成机理分析

为了研究带隙产生机理，图 4-10 阐释了三种周期梁模型。通过对三种周期梁结构带隙进行计算，

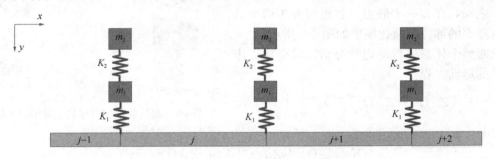

(a) 周期梁模型二

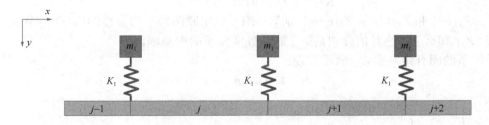

(b) 周期梁模型三

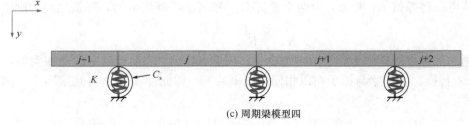

(c) 周期梁模型四

图 4-10 三种不同的周期梁模型

并与模型一进行比较，分析带隙形成的机理。模型中各参数的取值如表 4-2 所示。

周期梁模型参数　　　　　　　　　　　　　　　　　　　表 4-2

弹簧 K	弹簧 K_1	弹簧 K_2	弹簧 C_s	质量块 m_1	质量块 m_2
刚度（N/m）	刚度（N/m）	刚度（N/m）	刚度（N·m/rad）	质量（kg）	质量（kg）
5×10^5	1.65×10^5	1.65×10^5	0×10^5	4.37×10^{-2}	3.79×10^{-2}

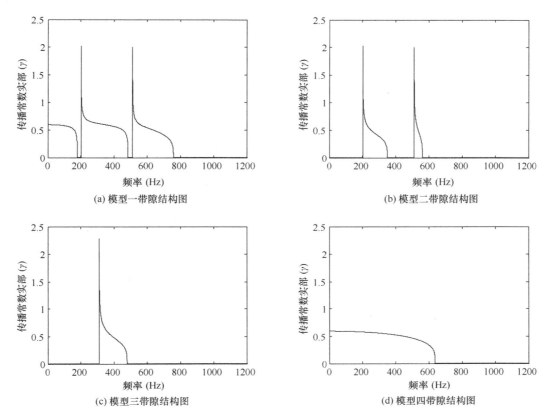

图 4-11　四种不同模型的带隙图

通过对模型分别进行计算，得到图 4-11 所示的各模型带隙结构图。对于 $K=5\times10^5\text{N/m}$ 的模型四的提出是至关重要的，起始频率为 0 的布拉格带隙的产生与弹性地基系统中的情况类似，同时当 K 的取值进一步增大时，由于结构的边界周期性，系统中会产生其他的布拉格散射带隙。对于模型一，两种类型带隙的出现是由于布拉格散射机理与局域共振机理耦合造成的。通过比较模型一和模型二，能发现柔性支承的引入在低频范围 0～200Hz 附近产生了一个额外的带隙，同时拓宽了两个局域共振带隙的范围。选取模型二和模型三比较发现，柔性支承的取消，使得系统中 0～200Hz 附近的布拉格带隙随之消失了，同时模型二相比于模型三，产生了一条额外的带隙。这一现象很明显表明了串联双振子体系相较于单振子体系，会额外产生一条由局域共振造成的带隙。

4.2.4　有限元仿真

为了验证传递矩阵法计算所得结果的正确性，使用有限元法计算由八个周期组成的有限周期结构的传输特性。通过在梁左端给一个单位位移的信号激励，在梁右端可以拾取出相应的输出位移频谱，并得到传输特性曲线如图 4-12 所示。

图 4-12 绘制了不同模型的八周期传输特性曲线。特别注意的是通过 ANSYS 计算的频率衰减范围与图 4-11 中通过传播常数分析获得的带隙一致。以模型一为例，波的第一带隙衰减频率范围为 0～

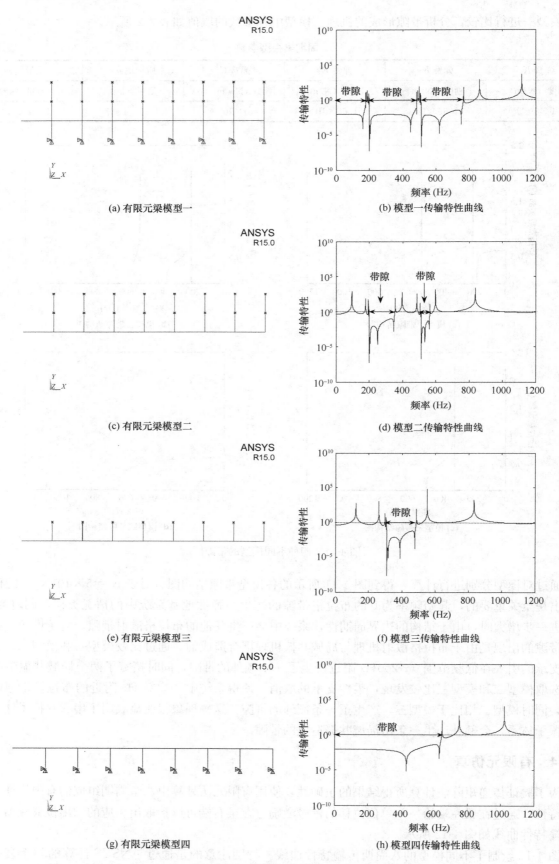

图 4-12　四种不同模型对应的八周期有限元模型和传输特性曲线

178.3Hz，第二带隙衰减频率范围为 200.69～484.0Hz，第三带隙衰减频率范围为 510.89～757.26Hz，验证了传递矩阵法理论计算的精确性。

4.2.5　试验测试分析

在试验模型的准备过程中，最重要的在于选用合适的连接方式来连接振子与梁模型。在本章对周期 Timoshenko 梁模型的理论计算以及有限元仿真的分析研究中，都把各组分材料考虑为无阻尼材料，但是在实际情况里不能忽视材料阻尼带来的影响。在前人的研究中，使用橡胶材料通过系数转换公式得到刚度 k 以此来代替弹簧，但是在试验样件的制作过程中很难精确地控制橡胶材料的连接刚度，同时因为橡胶材料是以包裹的方式贴合在梁模型上，并且对于并联的情况来说，梁双侧振子对梁的力作用耦合点并非完全在同一点，只是理想情况下假设重合，也会对试验造成一定的误差。因此，本节选用一种新型的金属弹簧代替橡胶材料作为梁与质量块以及质量块之间的连接元件，如图 4-13 所示。选取此种金属弹簧的原因主要有三个：一是因为金属材料的阻尼因子大多数都在 -3 数量级左右，因此可以尽可能地减小材料阻尼造成的影响。二是金属弹簧作为连接元件，可以尽量保证作用力的耦合点在同一点。三是此种金属弹簧规格众多，通过选用不同材料、直径（内径和外径）和长度的弹簧，其刚度取值的大小可以达到 1～600N/mm。通过对梁和质量块参数的选取，可以达到设计的局域共振梁模型的试验目的。

(a) 金属弹簧模具图　　　　　　　　(b) 串联多振子试验样件

图 4-13　弹簧和局域共振梁模型

试验样件（梁模型和质量块）是使用 45 号钢加工制作的，所选用的金属弹簧刚度取值为 $K = 392$N/mm，质量块质量为 $m = 3.114 \times 10^{-2}$kg；具体参数取值如表 4-3 所示，局域共振梁模型的晶格常数为 $a = 7.5 \times 10^{-2}$ m。

对已有的材料进行处理，制作试验样件，选取 502 胶粘剂粘贴试件，粘贴时需要不断挤压以保证粘贴处的稳固，减小试验中可能产生的误差。同时粘贴完毕之后，需要将模型静置 24h 以保证连接处的胶水完全固化，确保模型的稳固。

局域共振梁模型参数　　　　　　　　表 4-3

样件	尺寸	材料	数量
基体梁	65cm×2cm×0.5cm	45 号钢	1
质量块	2cm×2cm×1cm		16
弹簧	2cm×1cm×2cm（外径×内径×长度）	铬合金钢	16

图 4-13 所示为金属弹簧模具与局域共振梁试验样件。开始试验时，先将模型放置到合适的位置，在局域共振梁模型的几个指定位置贴上加速度传感器，使用力锤在梁的一端施加一个激励，在数据采集中获取几个测点的加速度信号。图 4-14 为试验过程简化示意图。

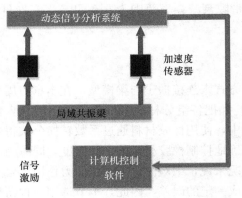

图 4-14　试验仪器及测试过程图

通过对加速度传感器中所获取的激励点信号与响应点信号进行计算，得到局域共振梁的加速度频率响应函数，同时建立与试验模型参数相同的有限元模型，将试验所得的数据与有限元仿真的结果进行对比，数据如图 4-15 所示。

图 4-15(a) 和（b）分别表示了串联双振子四、六、八周期试验所测得的频率响应曲线和串联双振子四、六、八周期使用 ANSYS 有限元仿真计算所得到的梁模型传输特性曲线图，对局域共振梁带隙计算结果进行分析，能够发现局域共振梁在 331.95～493.18Hz 和 899.28～956.27Hz 范围内存在两条局域共振带隙。同时随着周期数的增加，局域共振梁在带隙范围内的振动衰减量会逐渐增加，其带隙范围会有一定程度的减小，即对比多周期数局域共振梁，少周期数局域共振梁能对带隙进行一定的拓宽。通过对试验曲线的分析，能够得出频率响应曲线在带隙频率范围和振动衰减量与有限元仿真的吻合度较好。

为了进一步对比试验数据与有限元仿真，将串联双振子八周期试验的数据与有限元仿真结果的曲线绘制在图 4-15(c) 中，能够从曲线的趋势中清楚地发现试验数据在带隙的范围上大致与有限元结果吻合。

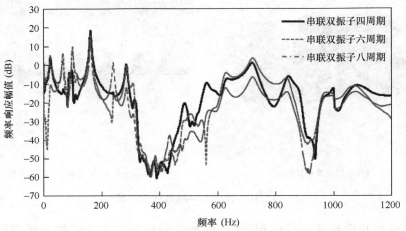

(a) 三种不同周期串联双振子模型试验频率响应函数

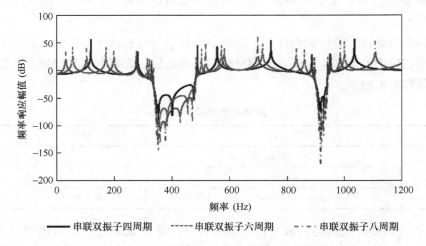

(b) 三种不同周期串联双振子模型有限元仿真

图 4-15　试验数据与有限元的对比（一）

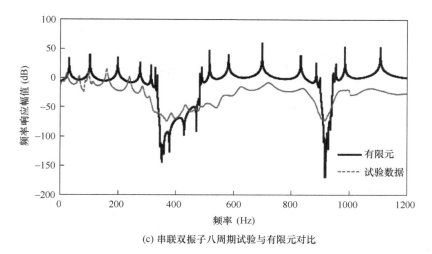

(c) 串联双振子八周期试验与有限元对比

图 4-15　试验数据与有限元的对比（二）

4.3　串、并联多振子单梁带隙特性分析

4.3.1　多振子 Timoshenko 梁模型及计算推导

如图 4-16、图 4-17 所示为串联、并联局域共振梁模型，基于 Timoshenko 梁理论，使用传递矩阵法，对模型进行计算。

取串联双振子模型分析，作用于第 j 胞元和第 $j＋1$ 胞元之间的串联振子动力学方程可以写成如下形式：

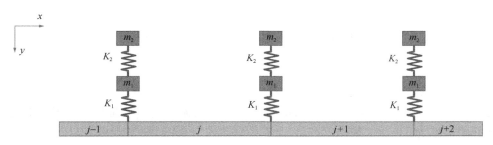

图 4-16　串联多振子局域共振梁模型

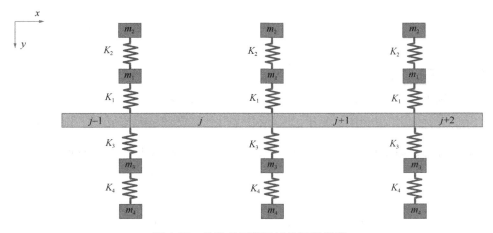

图 4-17　并联多振子局域共振梁模型

$$K_1[Z_{j1}(t) - W_j(t)] - K_2[Z_{j2}(t) - Z_{j1}(t)] + m_1\ddot{Z}_{j1}(t) = 0 \tag{4-44}$$

$$K_2[Z_{j2}(t) - Z_{j1}(t)] + m_2\ddot{Z}_{j2}(t) = 0 \tag{4-45}$$

其中，$Z_{j1}(t) = Z_{j1}\mathrm{e}^{\mathrm{i}wt}$ 和 $Z_{j2}(t) = Z_{j2}\mathrm{e}^{\mathrm{i}wt}$ 分别第 j 胞元处串联两振子的位移，Z_{j1} 和 Z_{j2} 的绝对值分别是第 j 胞元处两振子的振动幅值。因此通过方程得到 Z_{j1} 和 W_j 之间的关系为：

$$Z_{j1} = \frac{K_1}{K_1 - h}W_j \tag{4-46}$$

其中，$h = m_1w^2 + \dfrac{K_2 m_2 w^2}{K_2 - m_2 w^2}$。

因此，第一个振子和梁之间的相互作用力可以表示成如下形式：

$$F_n = K_1[Z_{j1} - W_j] = K_1\frac{h}{K_1 - h}W_j \tag{4-47}$$

由连续性条件可得，第 j 胞元右端状态矢量和第 $j+1$ 胞元左端状态矢量之间的关系为：

$$\begin{Bmatrix} W_{\mathrm{L}(j+1)} \\ \theta_{\mathrm{L}(j+1)} \\ Q_{\mathrm{L}(j+1)} \\ M_{\mathrm{L}(j+1)} \end{Bmatrix} = \begin{bmatrix} 1 & 0 & 0 & 0 \\ 0 & 1 & 0 & 0 \\ K_\mathrm{w} & 0 & -1 & 0 \\ 0 & 0 & 0 & -1 \end{bmatrix} \begin{Bmatrix} W_{\mathrm{R}j} \\ \theta_{\mathrm{R}j} \\ Q_{\mathrm{R}j} \\ M_{\mathrm{R}j} \end{Bmatrix} \tag{4-48}$$

其中，$K_\mathrm{w} = K_1\dfrac{h}{K_1 - h}$。

取并联多振子模型分析，作用于第 j 胞元和第 $j+1$ 胞元之间的串联振子动力学方程可以写成如下形式：

$$K_1[Z_{j1}(t) - W_j(t)] - K_2[Z_{j2}(t) - Z_{j1}(t)] + m_1\ddot{Z}_{j1}(t) = 0 \tag{4-49}$$

$$K_2[Z_{j2}(t) - Z_{j1}(t)] + m_2\ddot{Z}_{j2}(t) = 0 \tag{4-50}$$

$$K_3[Z_{j3}(t) - W_j(t)] - K_4[Z_{j4}(t) - Z_{j3}(t)] + m_3\ddot{Z}_{j3}(t) = 0 \tag{4-51}$$

$$K_4[Z_{j4}(t) - Z_{j3}(t)] + m_4\ddot{Z}_{j4}(t) = 0 \tag{4-52}$$

其中，$Z_{j1}(t) = Z_{j1}\mathrm{e}^{\mathrm{i}wt}$，$Z_{j2}(t) = Z_{j2}\mathrm{e}^{\mathrm{i}wt}$，$Z_{j3}(t) = Z_{j3}\mathrm{e}^{\mathrm{i}wt}$，$Z_{j4}(t) = Z_{j4}\mathrm{e}^{\mathrm{i}wt}$ 分别是第 j 胞元处并联多振子的位移，Z_{j1}，Z_{j2}，Z_{j3}，Z_{j4} 的绝对值分别是第 j 胞元处四振子的振动幅值。因此通过方程得到 Z_{j1}，Z_{j3} 和 W_j 之间的关系为：

$$Z_{j1} = \frac{K_1}{K_1 - h_1}W_j \tag{4-53}$$

$$Z_{j3} = \frac{K_1}{K_1 - h_3}W_j \tag{4-54}$$

其中，$h_1 = m_1w^2 + \dfrac{K_2 m_2 w^2}{K_2 - m_2 w^2}$，$h_3 = m_3w^2 + \dfrac{K_4 m_4 w^2}{K_4 - m_4 w^2}$。

因此，第一个振子和梁之间的相互作用力可以表示成如下形式：

$$F_n = K_1[Z_{j1} - W_j] + K_3[Z_{j3} - W_j] = K_1\frac{h_1}{K_1 - h_1}W_j + K_3\frac{h_3}{K_3 - h_3}W_j \tag{4-55}$$

由连续性条件可得，第 j 胞元右端状态向量和第 $j+1$ 胞元左端状态向量之间的关系为：

$$\begin{Bmatrix} W_{\mathrm{L}(j+1)} \\ \theta_{\mathrm{L}(j+1)} \\ Q_{\mathrm{L}(j+1)} \\ M_{\mathrm{L}(j+1)} \end{Bmatrix} = \begin{bmatrix} 1 & 0 & 0 & 0 \\ 0 & 1 & 0 & 0 \\ K_\mathrm{w} & 0 & -1 & 0 \\ 0 & 0 & 0 & -1 \end{bmatrix} \begin{Bmatrix} W_{\mathrm{R}j} \\ \theta_{\mathrm{R}j} \\ Q_{\mathrm{R}j} \\ M_{\mathrm{R}j} \end{Bmatrix} \tag{4-56}$$

其中，$K_w = K_1 \dfrac{h_1}{K_1 - h_1} + K_3 \dfrac{h_3}{K_3 - h_3}$。

可以进一步把等式（4-48）和等式（4-56）简化为：

$$Y_{L(j+1)} = T_{jj} Y_{Rj} \tag{4-57}$$

因此，第 j 胞元状态向量与第 $j+1$ 胞元状态向量之间的关系可以表示为：

$$Y_{L(j+1)} = T_{jj} Y_{Rj} = T_{jj} T_{js} Y_{Lj} = T_j Y_{Lj} \tag{4-58}$$

其中 T_j 是表示两相邻胞元之间的传递矩阵，并且可以写成：

$$T_j = T_{jj} T_{js} \tag{4-59}$$

4.3.2　串联双振子带隙计算研究

本小节主要研究波在传播过程中串联双振子相较于单振子在带隙特性方面的差异，分析其对带隙趋向于低频的调控以及对带隙宽度的调节作用。基体梁的材料是金属铝，梁横截面面积 $A = 1.602 \times 10^{-4}\,\mathrm{m}^2$，梁截面惯性矩 $I = 5.968 \times 10^{-9}\,\mathrm{m}^4$。晶格常数 $l_j = 7.5 \times 10^{-2}\,\mathrm{m}$。在计算过程中所使用的弹性参数分别是 $\rho = 2600\,\mathrm{kg/m^3}$，$E = 7.0 \times 10^{10}\,\mathrm{Pa}$，$G = 2.7 \times 10^{10}\,\mathrm{Pa}$，$K_1 = 1.65 \times 10^5\,\mathrm{N/m}$，$K_2 = 1.65 \times 10^5\,\mathrm{N/m}$，$m_1 = 4.37 \times 10^{-2}\,\mathrm{kg}$，$m_2 = 3.79 \times 10^{-2}\,\mathrm{kg}$。铝梁的泊松比为 $\sigma = 0.3$，因此剪切系数 $\kappa = (6 + 12\sigma + 6\sigma^2)/(7 + 12\sigma + 4\sigma^2)$ 可以计算得到。

4.3.2.1　串联体系带隙特性

先选取串联振子系统（图 4-16）进行分析，带隙计算结果如图 4-18 所示。可以发现，串联双振子系统相较于单振子系统，不仅多出了一个带隙，使得带隙更加丰富，而且第一带隙位置向左移动。并且相较于单振子体系，由双振子串联系统产生的第一、二带隙总宽度从单振子系统的 170.1Hz 增加到 196.9Hz。因此可以得出结论，串联双振子对于带隙拓宽效果比较显著。

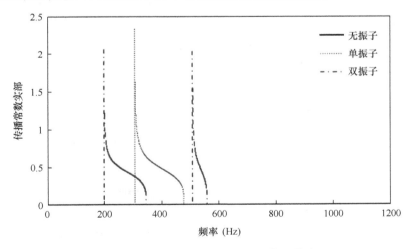

图 4-18　三种振子型局域共振梁模型带隙

选取有限周期（八周期）梁结构进行传输特性计算，与能带结构进行对比，验证带隙位置的正确性。计算结果如图 4-19 所示，通过观察，可以发现计算结果与计算带隙大致符合。无振子局域共振梁没有产生带隙，单振子局域共振梁带隙范围在 308.6～475.9Hz，串联双振子局域共振梁禁带范围在 200.5～348.4Hz 和 510.5～560.4Hz，分析发现，局域共振梁模型在带隙数量与带隙范围上均和有限元结果吻合。

通过对串联双振子的分析，发现其在对带隙趋向于低频和带隙拓宽方面的前景，现在探索其带隙调节规律。图 4-20 分别是串联双振子模型带隙与刚度比、质量比和晶格常数之间的相关性。

周期结构弹性波传播特性及其应用

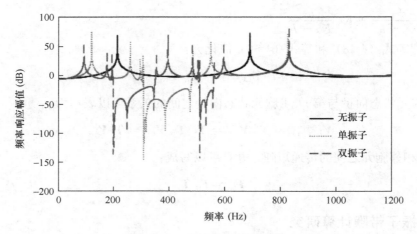

图 4-19　三种梁模型传输特性

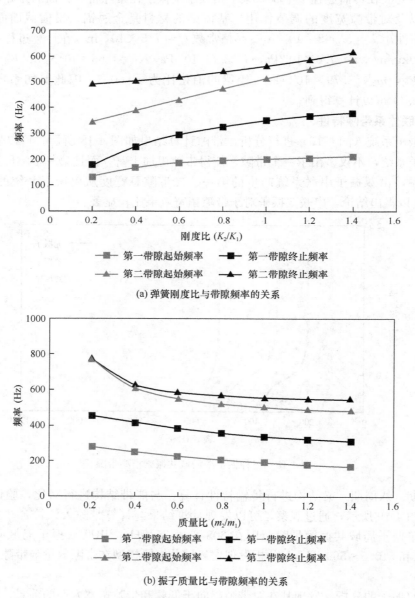

(a) 弹簧刚度比与带隙频率的关系

(b) 振子质量比与带隙频率的关系

图 4-20　模型各参数对带隙频率的影响（一）

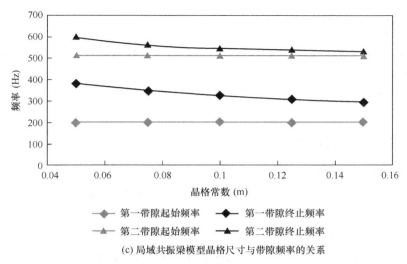

(c) 局域共振梁模型晶格尺寸与带隙频率的关系

图 4-20　模型各参数对带隙频率的影响 （二）

通过图 4-20（a）能清楚地发现，随着刚度比（K_2/K_1）的增加，带隙的位置整体向右移动，即带隙趋向于高频。同时随着刚度比的增加，第一带隙、第二带隙的宽度分别增加和减小，带隙总宽度略微有所增加。

通过图 4-20（b）可以得出，随着质量比（m_2/m_1）的增加，带隙的位置向左边移动，即带隙趋向于低频。同时随着质量比的增加，第一带隙宽度基本保持不变，第二带隙宽度增加，带隙总宽度略微有所增加。

通过图 4-20（c）观察得出，第一带隙、第二带隙的起始频率不受晶格常数的影响，但是终止频率的值会随着晶格常数的增加有一定程度的减小，即第一带隙、第二带隙的宽度减小，带隙总宽度也随之减小。

因此，要在低频区域产生宽带隙，需要选择较大的刚度比和质量比、小的晶格常数。通过对串联双振子带隙规律的研究，可以发现其在局域共振梁的减振应用中的潜力，通过对局域共振梁模型参数的设定，能在低频区域产生较宽的带隙。

4.3.2.2　有限元仿真计算

为了进一步对其带隙特性进行研究，使用 ANSYS 进行有限元建模分析，选取不同周期数的结构，分析周期数对传输特性的影响。分别选取串联单振子八周期和串联双振子四、八周期进行计算，如图 4-21所示。

从图 4-21 能明显地发现，使用 ANSYS 有限元仿真计算所得到的带隙与 matlab 计算的带隙数值相吻合，验证了理论计算的正确性。串联双振子相比单振子系统，带隙变得更加丰富，数量增加，带隙总

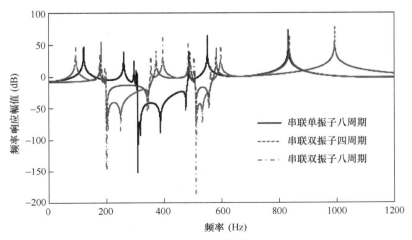

图 4-21　三种振子布置形式结构传输特性

宽度变大。串联双振子八周期相比与串联双振子四周期，带隙内衰减量有所增加。对于少周期来说，在保证带隙内一定衰减量的同时，在一定程度上对带隙进行了拓宽。

已有研究发现，并联双振子系统相比于单振子系统而言，对应振子的带隙起始频率不变，同时带隙数量增加，带隙变得更加丰富，并且带隙总宽度增加。综合前一部分研究，串联双振子系统相比于单振子系统而言，第一带隙范围和起始频率均变小，带隙总宽度增加。联立两种体系考虑，建立一个新的模型——并联四振子模型（图4-17）。

4.3.3 并联多振子带隙计算研究

4.3.3.1 并联多振子带隙调节规律

为了简化情况，基于4.2节的研究内容，m_3、m_4对模型影响较小，因此主要考虑m_1，m_2的影响，只考虑对称模型，即选取$K_1=K_3$，$m_1=m_3$，$K_2=K_4$，$m_2=m_4$。

先分别计算模型带隙与刚度比、质量比和晶格常数之间的关系，计算结果如图4-22所示。

通过分析可以清楚地发现，并联多振子带隙特性规律与串联双振子一致，通过图4-22(a)能清楚地发现，随着刚度比（K_2/K_1）的增加，带隙的位置整体向右移动，使得带隙趋向于高频。同时随着刚度比的增大，第一带隙、第二带隙的宽度分别拓宽和变窄，带隙总宽度有小幅度增加。

通过图4-22(b)可以明显地得出，随着质量比（m_2/m_1）的增加，带隙的位置向左移动，导致带隙趋向于低频。同时随着质量比的增加，第一带隙宽度基本保持不变，第二带隙宽度增加，带隙总宽度略微有所增加。

通过图4-22(c)能比较明显地观察出，第一带隙、第二带隙的起始频率不受晶格常数的影响，这一现象与简化模型的计算公式相吻合，即起始频率值只与振子体系的参数有关，晶格常数的变化只改变了梁的质量，但是终止频率会随着晶格常数的增加有一定程度的减小，即第一带隙、第二带隙的宽度减小，带隙总宽度也随之减小。

随着刚度比的变大、质量比的减小，第一带隙宽度变宽，第二带隙宽度减小，并且带隙位置向右移动。随着晶格常数变大，带隙起始频率不变，终止频率减小，带隙宽度变窄。并且在串联双振子基础上带隙均有一定程度的拓宽。因此，这说明并联多振子模型达到预期效果，即在串联双振子的基础上，起始频率不变，终止频率增加，带隙总宽度变大。

图4-23为串联双振子和并联多振子带隙图，由曲线规律可以明显得出，并联双振子相比于串联双振子，带隙的起始频率没有产生变化，同时终止频率有一定程度的增加，带隙宽度有明显的拓宽，同时

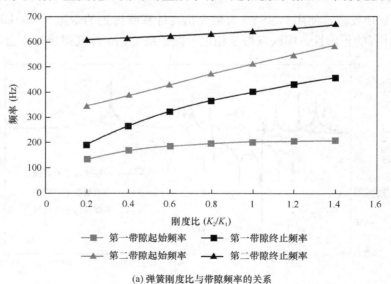

(a) 弹簧刚度比与带隙频率的关系

图4-22 模型各参数对带隙频率的影响（一）

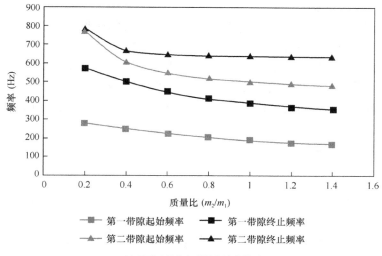

(b) 振子质量比与带隙频率的关系

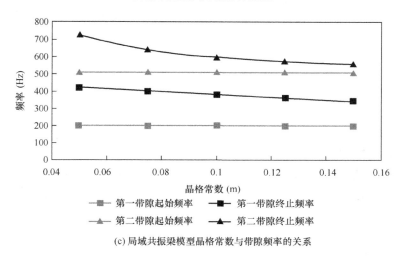

(c) 局域共振梁模型晶格常数与带隙频率的关系

图 4-22　模型各参数对带隙频率的影响（二）

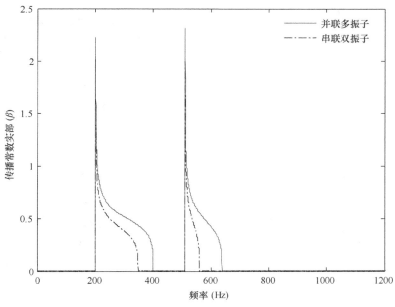

图 4-23　串联双振子与并联多振子带隙图

传播常数实部增大，即对弯曲波幅值衰减程度增加。

从图 4-24 可以明显观察出三个模型对应的传输特性曲线之间所展示出的差异。主要的区别表现在带隙的宽度，串联双振子模型带隙起止频率为 198～369Hz 和 503～578Hz，并联多振子明显带隙起止频率为 190～418Hz 和 503～648Hz，显然并联多振子相比于串联双振子起始频率变化不大，终止频率增加，对带隙宽度产生了一定程度上的拓宽。带隙总宽度从 246Hz 变为 373Hz。对于并联多振子四周期和八周期，带隙范围没有产生明显变化，但是并联多振子四周期能在较少周期内实现一定程度的带隙拓宽。同时八周期能显著增加带隙内衰减程度。

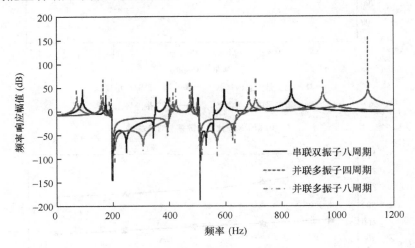

图 4-24　三种振子布置形式结构传输特性

4.3.3.2　模态分析与位移云图

为了更加清楚地对禁带形成机理进行分析，使用 ANSYS 建立单个晶胞模型，进行模态分析，计算出晶胞固有频率和相应的固有振型，如图 4-25 所示，通过固有振型图，可以清晰地发现局域共振梁禁

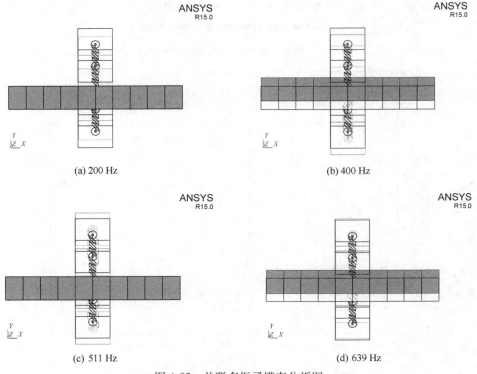

图 4-25　并联多振子模态分析图

带起始频率处 200Hz 和 511Hz 对应的梁单元晶胞固有模态振型为梁静止不动，只是有振子在垂直于梁方向上下振动；禁带终止频率处 400Hz 和 639Hz 对应的梁单元晶胞固有振型为梁和振子均以某个频率进行同步振动。

　　为了进一步分析梁在带隙起始频率和终止频率处的振动形式，使用 ANSYS 建立有限梁周期结构（选取八周期），在梁的左端以单位位移进行激励，在梁的右侧得到相应的响应，分别画出带隙边界处和禁带范围内外比较典型的梁振动模式图，如图 4-26 所示。

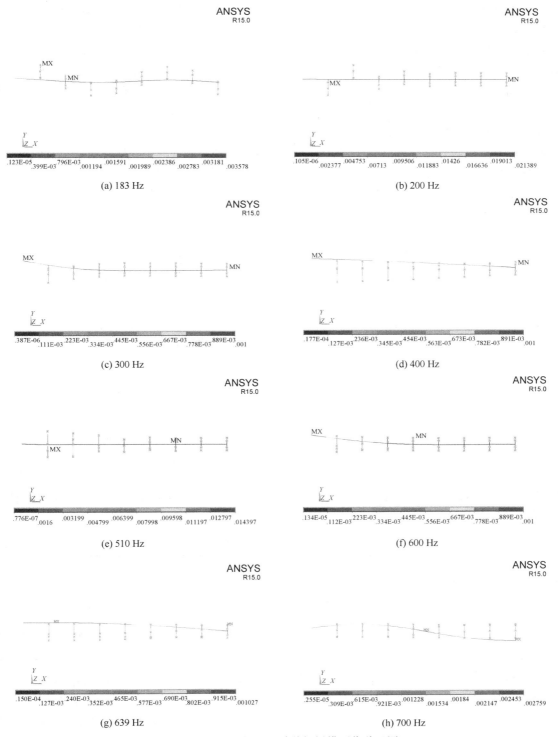

图 4-26　并联多振子局域共振梁模型位移云图

从图 4-26 中的位移云图可以清楚地发现，183Hz 和 700Hz 属于禁带范围外，对应的位移云图呈现出来的振动模式是梁与振子都在振动。200Hz 和 510Hz 分别为两条带隙的起始频率附近，规律十分地类似，在波的传播时，梁的位移为零，即梁几乎保持静止，只有振子在振动。300Hz 和 600Hz 位于禁带内，在经过了几个周期的传播之后基本保持静止，梁的振动受到了极大的抑制和削弱。400Hz 和 639Hz 则处在截止频率附近，能从图中发现梁与振子以某个频率在一起发生振动。

4.3.3.3 双晶格常数带隙特性分析

结合前文带隙调节规律中晶格常数对带隙的影响，发现其对带隙起始频率基本没有影响，只对终止频率产生影响，即能调节带隙的宽度。随着晶格常数的减小，带隙宽度会随之增加，即拓宽了局域共振梁的振动衰减范围，但是随着晶格常数的减小，单个晶胞内梁质量 M 也相应减小，在简化模型终止频率的计算公式中，单个晶胞内梁质量 M 的减小，计算出的角频率 ω 相应增加，不过对于传播常数实部来说，其值却随之减小，即振动衰减能力有所降低。但同时随着梁晶格常数的减小，相对地，基体梁上的振子数目在相同长度上就增加了，导致整个系统的质量增加。而前文分析了不同周期数目的单侧布置和双侧布置的局域共振梁结构的传输特性，发现振子的布置会对局域共振梁的减振性能造成一定的影响。因此在原有双侧布置振子的基础上对模型进行一定的改动，改变其中一侧振子的布置间距，即改变一侧的晶格常数，研究其带隙特性的变化。鉴于选取的对称模型，即双侧振子参数关于梁对称，因此在研究双侧晶格常数对带隙特性的影响时，只需要考虑到单侧晶格常数变化，即研究一侧即可。双晶格常数局域共振梁模型如图 4-27 所示。

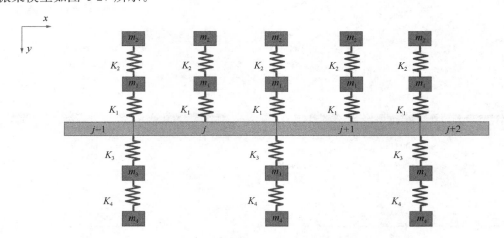

图 4-27 双晶格常数局域共振梁模型图

通过设计三种双侧不同晶格常数振子布置形式的局域共振梁，采用表 4-4 中晶格常数，使用 ANSYS 进行有限元仿真，对其传递特性进行研究。

双侧不同晶格常数的组合形式　　　　　　　　　　　　表 4-4

组合	上侧晶格常数（m）	下侧晶格常数（m）
组合 1	0.0375	0.075
组合 2	0.075	0.075
组合 3	0.15	0.075

由图 4-28 发现，通过改变一侧振子的晶格常数，对带隙能产生一定的影响。通过减小一侧振子的晶格常数，不仅可以使得第一带隙的宽度在一定程度上有所减小，第二带隙的宽度有明显的增加，带隙总宽度也随之增大。同时随着一侧振子晶格常数的减小，可以使得频率响应函数幅值有所增加，即对弯曲波传播的抑制效果更加显著。

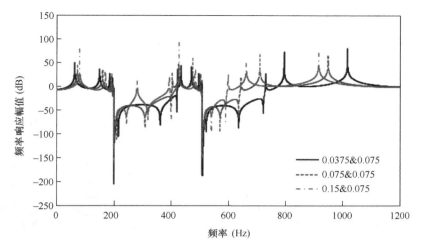

图 4-28　三种不同晶格常数的组合对应的振动传输曲线

4.3.4　试验验证

在试验模型的准备过程中，最重要的在于选用合适的连接方式来连接振子与梁模型。本节对周期 Timoshenko 梁模型的理论计算以及有限元仿真的分析研究中，都把各组分材料考虑为无阻尼材料，但是在实际情况中不能忽视材料阻尼带来的影响。使用金属弹簧，取代了使用橡胶材料来进行包裹，尤其是对于并联的情况，使用橡胶材料，会使得梁双侧振子对梁的力作用耦合点并非完全在同一点，只是理想情况下假设重合，也会对试验造成一定的误差。

试验样件（梁模型和质量块）是使用 45 号钢加工制作的，所选用的金属弹簧刚度取值为 $K = 392\text{N/mm}$，质量块质量为 $m = 3.114 \times 10^{-2}\text{kg}$；具体参数取值如表 4-5 所示，局域共振梁模型的晶格常数为 $a = 7.5 \times 10^{-2}\text{m}$。

局域共振梁试验模型参数　　　　　　　　　　　　　　表 4-5

样件	尺寸	材料	数量
基体梁	65cm×2cm×0.5cm	45 号钢	1
质量块	2cm×2cm×1cm		32
弹簧	2cm×1cm×2cm（外径×内径×长度）	铬合金钢	32

对已有的材料进行进一步的加工，制作好试验样件，选取 502 胶粘剂粘贴试件，粘贴时需要不断挤压以加强粘贴处的稳固，减小试验中可能产生的误差。同时粘贴完毕之后，需要将模型静置 24h 以保证连接处的胶水完全固化，确保模型的稳固，图 4-29 分别是金属弹簧模具与局域共振梁试验样件的图片。

(a) 金属弹簧模具图

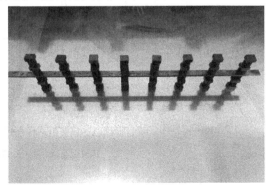

(b) 并联多振子试验样件

图 4-29　金属弹簧模具和局域共振梁试验样件

试验时，先将模型固定在合适的位置，在局域共振梁模型的几个指定位置贴上加速度传感器，使用力锤在梁的一端施加一个激励，在数据采集中获取几个测点的加速度信号，试验测试图如图 4-30 所示。

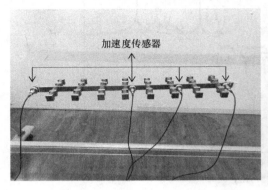
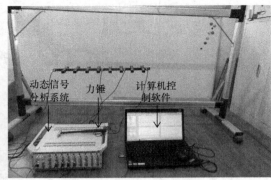

图 4-30　试验测试图

通过对加速度传感器中所获取的激励点信号与响应点信号进行计算，得到局域共振梁的加速度频率响应函数，图 4-31 为试验测试过程图，同时建立与试验模型参数相同的有限元模型，将试验所得的数据与有限元仿真的结果进行对比，数据如图 4-32 所示。

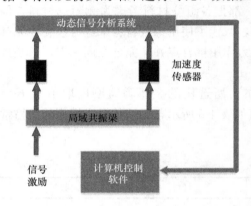

图 4-31　试验仪器及测试过程图

图 4-32(a) 和（b）分别表示串联双振子八周期、并联多振子八周期通过试验所测得的频率响应函数与 ANSYS 有限元仿真计算所得到的两种不同布置形式的梁模型传输特性曲线图，对并联多振子局域共振梁带隙计算结果进行分析，能够发现局域共振梁在 317.31～578.3Hz 和 876.78～989.65Hz 范围内存在很明显的两条局域共振带隙。相比于串联双振子梁带隙，并联多振子梁带隙范围有了明显拓宽，同时振动衰减量也有一定的增加。通过对比试验曲线与有限元结果，能够得出频率响应曲线在带隙频率范围和振动衰减量与有限元仿真的吻合度较好。图 4-32 (c) 表示三种不同布置形式局域共振梁的频率响应曲线对比，从曲线的规律中大致能发现并联多振子局域共振梁相比于串联双振子局域共振梁带隙有一定程度的拓宽，带隙范围与有限元大致吻合。

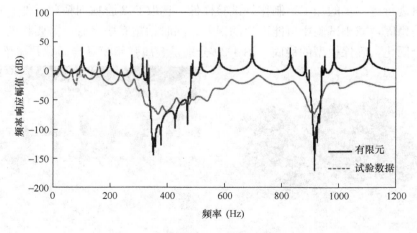

(a) 串联双振子八周期与有限元对比

图 4-32　试验数据与有限元仿真结果的比较（一）

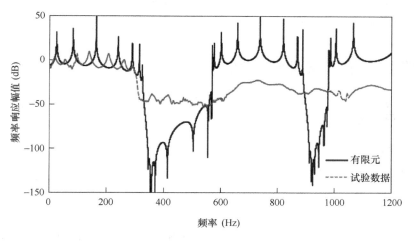

(b) 并联多振子八周期与有限元对比

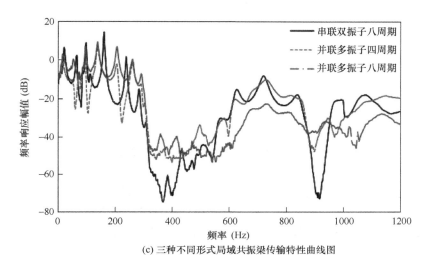

(c) 三种不同形式局域共振梁传输特性曲线图

图 4-32　试验数据与有限元仿真结果的比较（二）

　　图 4-33 为三种不同形式局域共振梁有限元仿真计算所得的频率响应，通过与图 4-32（c）进行比较，能够发现试验所得数据与有限元仿真的结果在带隙范围和振动衰减量上基本吻合，验证了试验结果的正确性。同时选取不同周期数并联多振子局域共振梁进行分析，发现其在带隙范围内振动衰减量随着

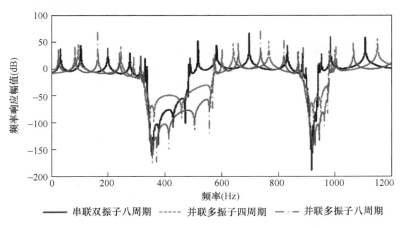

图 4-33　三种不同形式局域共振梁有限元仿真

周期数的增加逐渐增加，同时带隙范围随着周期数的增加会有一定程度的减小，即少周期数局域共振梁较多周期数局域共振梁能实现对带隙的拓宽，此处规律与串联双振子梁模型规律一致。

4.4 周期声学黑洞单层梁带隙特性研究

4.4.1 声学黑洞单梁模型

4.4.1.1 声学黑洞原理

在一维厚度变化的均匀介质中，弯曲波的振动方程为：

$$\frac{\partial^2}{\partial x^2}\left[D(x)\frac{\partial^2 w}{\partial x^2}\right]+\rho h(x)\frac{\partial^2 w}{\partial t^2}=0 \tag{4-60}$$

式中，w 为结构横向位移；$D=Eh^3/12(1-\nu^2)$ 为抗弯刚度，E 为杨氏模量，ν 为泊松比；ρ 为密度；h 为结构厚度；t 为时间变量。对于任意一点处 x，波的传播振幅可以表示为：

$$U(x)=A(x)\mathrm{e}^{\mathrm{i}\phi(x)} \tag{4-61}$$

其中

$$\phi=\int_0^x k(x)\mathrm{d}x \tag{4-62}$$

$$k(x)=12^{1/4}k_{\mathrm p}^{1/2}\left[h(x)\right]^{-1/2} \tag{4-63}$$

式中，ϕ 为累积相位；$k_{\mathrm p}$ 为均匀梁的波数。对于一个厚度呈指数变化的结构：

$$h(x)=\varepsilon x^m \tag{4-64}$$

从式（4-63）中可以看到，当 $k_{\mathrm p}$ 为定值时，在 $m\geqslant 2$ 的条件下，累积相位 ϕ 将趋于无穷大，也就是说波不会到达结构尖端位置，也不会反射回来，因此弯曲波在最薄的地方被捕获而能量聚集。同时由于能量守恒，波幅度变大，可以高效地与附加的弹簧振子结构产生相互作用。

4.4.1.2 模型设计

为分析声学黑洞对带隙的影响，设计了 4 个模型进行对比分析。模型一：如图 4-35（a）所示，振子均由铁块制作而成，其体积为 1cm×1cm×1cm，密度 $\rho_1=7860\mathrm{kg/m^3}$，弹性模量 $E_1=210\mathrm{GPa}$，泊松比 $\nu_1=0.27$。模型一的晶格常数 $a=6\mathrm{cm}$，宽度 $b=1\mathrm{cm}$，密度 $\rho_2=2700\ \mathrm{kg/m^3}$，弹性模量 $E_1=70\mathrm{GPa}$，泊松比 $\nu_1=0.3$。厚度剖面如图 4-34 所示。

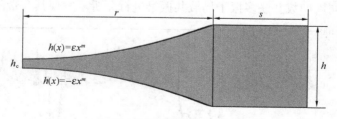

图 4-34　梁体厚度剖面图

其中 $\varepsilon=0.1$，非均匀部分厚度变化函数指数 $m=2$，截断厚度 $h_{\mathrm c}=0.1\mathrm{cm}$，$r=2\mathrm{cm}$，$s=1\mathrm{cm}$，$h=0.9\mathrm{cm}$。

模型二是模型一梁体从中间切开，左右两段互换位置得到；模型三晶格常数 6cm，宽 1cm，厚 0.544cm；模型四与模型二的梁体部分完全相同。为方便计算带隙起始、截止频率，在模型中使用弹簧阻尼器进行计算，以精确控制弹簧刚度，弹簧刚度为 $k=40\mathrm{kN/m}$。本节使用数值模拟软件 COMSOL 进行计算，模型如图 4-35 所示。

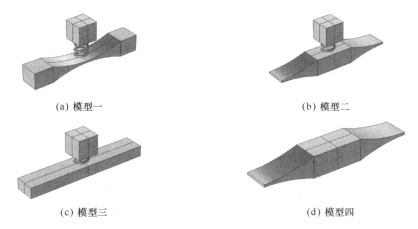

(a) 模型一　　　　　　　　　　　　　(b) 模型二

(c) 模型三　　　　　　　　　　　　　(d) 模型四

图 4-35　模型结构示意图

4.4.2　带隙分析

4.4.2.1　能带图

对于无限周期的声子晶体，利用有限元法对晶胞进行分析，结构使用 COMSOL 预定义的超细化结构尺寸，得到能带如图 4-36 所示，其中阴影部分为带隙。

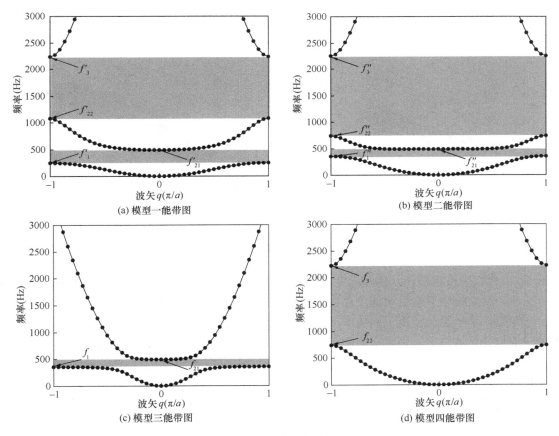

(a) 模型一能带图　　　　　　　　　　(b) 模型二能带图

(c) 模型三能带图　　　　　　　　　　(d) 模型四能带图

图 4-36　模型能带图

模型三是典型的局域共振声子晶体结构，其产生的带隙是局域共振型带隙，起始频率为 355Hz，截止频率为 493Hz，通过共振频率公式进行计算得到模型三的共振频率为 359Hz，与数值模拟结果相近，验证了数值模拟的正确性；从图 4-36（d）中可以看出，模型四由于结构自身尺寸的周期性变化，产生的是布拉格散射型带隙，相较于模型三，其带隙宽，起始频率较高，为 740Hz，截止频率为 2223Hz；模型二中由于声学黑洞的存在，其结构自身可以同时存在局域共振带隙和布拉格散射带隙，带隙范围为 354～493Hz 和 740～2252Hz，是典型的两种不同理论声子晶体耦合的产物，在这类结构中由于亚带隙的存在，其无法实现布拉格散射带隙与局域共振带隙的完美结合，其能带图中会因为一条平直能带的存在而分开；鉴于此，本书提出模型一在模型二的基础上将振子移至声学黑洞中心，其结果与模型二大有不同，首先其第一带隙明显变宽且起始频率 f'_1 降低至 246Hz，截止频率 $f'_{21}=490$Hz 基本不变；其次是第二带隙明显变窄，且变窄程度大于第一带隙变宽程度，其起始频率 f'_{22} 提高为 1077Hz，截止频率 f'_3 为 2224Hz。

通过绘制 f'_1、f'_{22} 处振动模态图，将其与模型三 f_1 处、模型四 f_{22} 处的振动模态图进行对比分析。在 COMSOL 中无法显示弹簧阻尼器结构，因此振动模态图中无法显示弹簧实体单元，如图 4-37 所示。

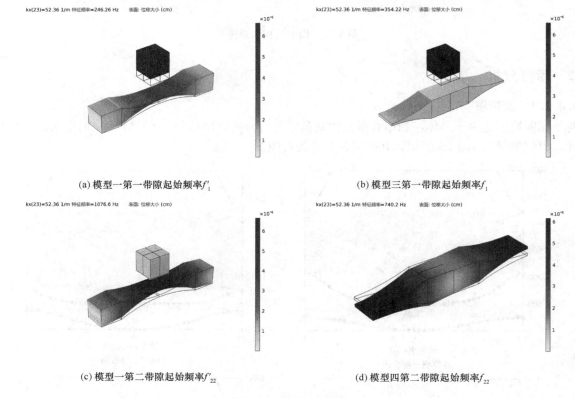

(a) 模型一第一带隙起始频率 f'_1
(b) 模型三第一带隙起始频率 f_1
(c) 模型一第二带隙起始频率 f'_{22}
(d) 模型四第二带隙起始频率 f_{22}

图 4-37 结构振动模态图

从图 4-37（b）中可以看出，模型三在起始频率处只存在振子的上下振动，而模型一在 f'_1 时不但有振子的振动，梁结构中声学黑洞部分还会发生轻微振动；通过对比图 4-37（c）、（d）发现，在第二带隙的起始频率处，声学黑洞型声子晶体中振子也参与到振动中，这表明在声学黑洞型声子晶体结构中，可以实现振子与梁体结构之间更紧密的联系，这种联系可以改变之前已有的能带，使得第一带隙起始频率更低，第二带隙起始频率更高，也可称为高频带隙向低频带隙的转化。

4.4.2.2 振动传输特性曲线

对模型进行八周期的振动传输分析，取长度 $L=8a=48$cm，频率范围为 0～3000Hz，步长为 1Hz，计算振动传输特性曲线如图 4-38 所示。

通过与图 4-36 进行对比，可以看到振动传输特性曲线图与能带图保持一致。从图 4-38（a）可以看到，因为声学黑洞引起的第一带隙向低频扩展的带隙是存在的，该带隙的衰减随着频率的增加而增加，其衰减幅值远大于布拉格散射型带隙。可以观察到声学黑洞引起的带隙与局域共振型带隙之间有着一条明显的分界线，但在能带图中不存在分界线，这表明前面部分仍然是局域共振带隙。

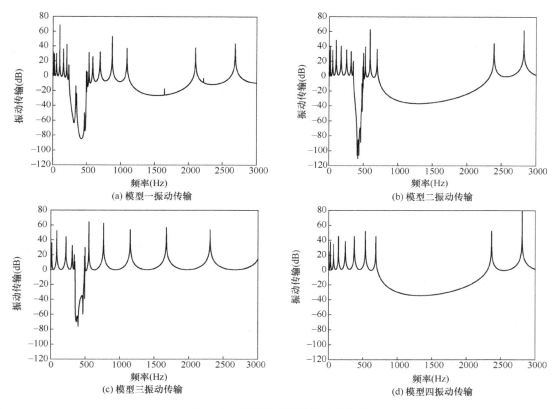

图 4-38　模型振动传输特性曲线图

　　为了更好地理解声学黑洞对第一带隙的拓宽作用，对该频段结构振动情况进行分析，绘制 250Hz、300Hz、352Hz、353Hz 结构振动图如图 4-39 所示，其中图 4-39（a）、（b）比例因子为 0.5，图 4-39（c）、（d）比例因子为 0.02。

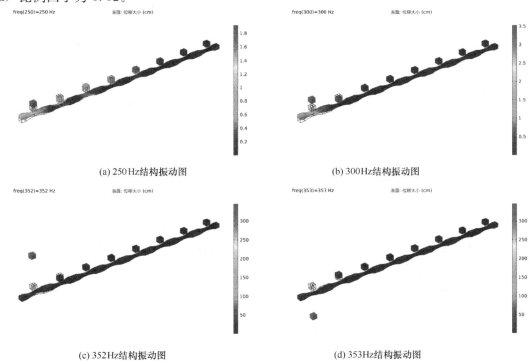

图 4-39　250Hz、300Hz、352Hz、353Hz 结构振动图

从图 4-39 中可以看到，从 250Hz 到 352Hz 的过程中，第一个振子振动方向与梁体结构振动方向相同，振动幅值逐渐增大，其余振子的位移逐渐减小，这说明在这个过程中，振子对梁体结构的能量吸收效果越来越强，仅通过少数几个振子就可以吸收掉原结构中的大部分能量。在 352～353Hz 时第一个振子振动方向改变，此后是振子共振引起的局域共振带隙，可以看到，声学黑洞型声子晶体带隙和局域共振型声子晶体带隙还是存在着一定的区别，虽然都是利用振子吸收能量来实现梁体结构的减振，但是声学黑洞型声子晶体更多地需要依赖声学黑洞结构来实现能量的汇集。

4.4.3　带隙影响规律

在对图 4-36 进行观察时发现，对于第一、第二带隙起始频率存在如下关系：

$$\frac{f_1' - f_1}{f_1' + f_1} + \frac{f_{22}' - f_{22}}{f_{22}' + f_{22}} \approx 0 \tag{4-65}$$

为了验证公式的正确性，通过改变声学黑洞参数和振子质量来改变带隙范围，将变化前后的两带隙起始频率代入到公式（4-65）中，观察结论是否始终成立。

4.4.3.1　改变声学黑洞参数

改变声学黑洞参数，使其最薄处尺寸分别为 $h_c = 0.14\text{cm}$，$h_c = 0.06\text{cm}$，$h_c = 0.02\text{cm}$，即其剖面关系中 ε 变为 0.095，0.105 和 0.11。计算后观察带隙起始频率变化情况，模型一、四能带图如图 4-40 所示。

仅改变黑洞参数，均匀梁部分厚度没有相应发生变化，因此梁体结构质量会有一定变化，会导致截止频率发生一定程度的上移，但变化幅度相对较小。当声学黑洞参数发生改变后，随着 h_c 的减小，声学黑洞对于能量的汇集效果更加强烈，第一带隙的起始频率也就随之显著变小，截止频率是振子和梁本体共同作用的结果，因此截止频率只有很小幅度的变化，故第一带隙宽度随着 h_c 的减小而不断增大。

在图 4-40（a）中，带隙范围为 296～488Hz 和 1279～2715Hz；在图 4-40（b）中，带隙范围为 1058～2716Hz，f_1 按照模型三能带图中的 355Hz，对式（4-65）进行计算：

$$\frac{f_1' - f_1}{f_1' + f_1} + \frac{f_{22}' - f_{22}}{f_{22}' + f_{22}} = \frac{296 - 355}{296 + 355} + \frac{1279 - 1058}{1279 + 1058} = 0.004 \tag{4-66}$$

在图 4-40（c）中，带隙范围为 157～491Hz 和 952～1605Hz；在图 4-40（d）中，带隙范围为 421～1605Hz，对式（4-65）进行计算：

$$\frac{f_1' - f_1}{f_1' + f_1} + \frac{f_{22}' - f_{22}}{f_{22}' + f_{22}} = \frac{157 - 355}{157 + 355} + \frac{952 - 421}{952 + 421} \approx 0 \tag{4-67}$$

在图 4-40（e）中，带隙范围为 43～458Hz 和 752～883Hz；在图 4-40（f）中，带隙范围为 116～739Hz，对式（4-65）进行计算：

$$\frac{f_1' - f_1}{f_1' + f_1} + \frac{f_{22}' - f_{22}}{f_{22}' + f_{22}} = \frac{43 - 355}{43 + 355} + \frac{752 - 116}{752 + 116} = -0.051 \tag{4-68}$$

通过计算可以看到，在 h_c 变化的过程中，公式（4-65）随着 h_c 的减小而减小，但计算结果始终比较接近，$h_c = 0.02\text{cm}$ 时比值存在误差是由于此时起始频率很低，因此微小误差都有可能导致较大的比值变化，但其差值本身也在允许范围内。

4.4.3.2　改变振子质量

通过改变振子质量进行分析，将振子体积调整为 $0.8\text{cm} \times 0.8\text{cm} \times 0.8\text{cm}$，$0.5\text{cm} \times 0.5\text{cm} \times 0.5\text{cm}$ 和 $0.3\text{cm} \times 0.3\text{cm} \times 0.3\text{cm}$，在计算后对比模型一、三能带图，观察其带隙起始频率变化情况。

在图 4-41（b）、（d）、（f）中，随着振子质量的减小，带隙起始频率增长速度大于截止频率增长速度，带隙宽度也越来越窄，符合振子质量变化对带隙的影响规律。在图 4-41（a）、（c）、（e）中可以看

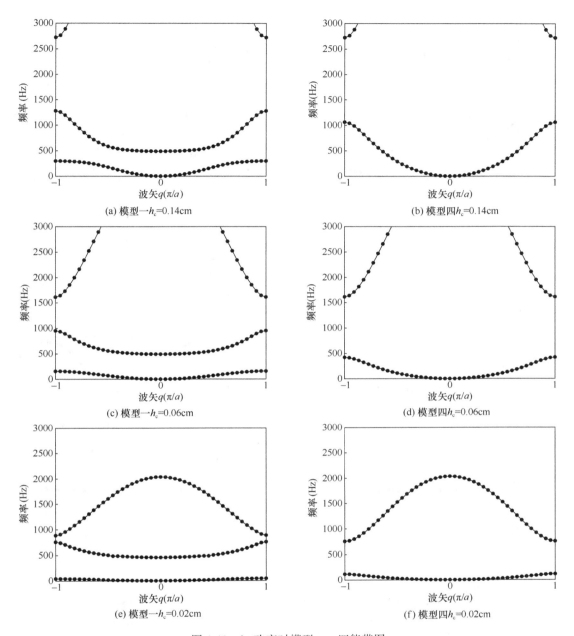

图 4-40　h_c 改变时模型一、四能带图

　　到，随着振子质量的减小，能带二不断上移，逐渐趋于一条平直带，虽然声学黑洞型声子晶体的第一带隙起始频率也是不断升高，但是起始频率增长速度远低于截止频率增长速度，所以第一带隙的宽度是随着振子质量的减小而增加的，这与传统局域共振型声子晶体的变化规律完全相反。

　　在图 4-41（a）中，带隙范围为 $334\sim602\mathrm{Hz}$ 和 $1109\sim2224\mathrm{Hz}$；在图 4-41（b）中，带隙范围为 $497\sim605\mathrm{Hz}$，第二带隙起始频率 f_{22} 按照模型四在能带图中的 $740\mathrm{Hz}$ 进行计算：

$$\frac{f_1'-f_1}{f_1'+f_1}+\frac{f_{22}'-f_{22}}{f_{22}'+f_{22}}=\frac{334-497}{334+497}+\frac{1109-740}{1109+740}=0.003 \tag{4-69}$$

　　在图 4-41（c）中，带隙范围为 $558\sim1064\mathrm{Hz}$ 和 $1343\sim2224\mathrm{Hz}$；在图 4-41（d）中，带隙范围为 $1004\sim1069\mathrm{Hz}$，对其进行计算：

$$\frac{f_1'-f_1}{f_1'+f_1}+\frac{f_{22}'-f_{22}}{f_{22}'+f_{22}}=\frac{558-1004}{558+1004}+\frac{1343-740}{1343+740}=0.004 \tag{4-70}$$

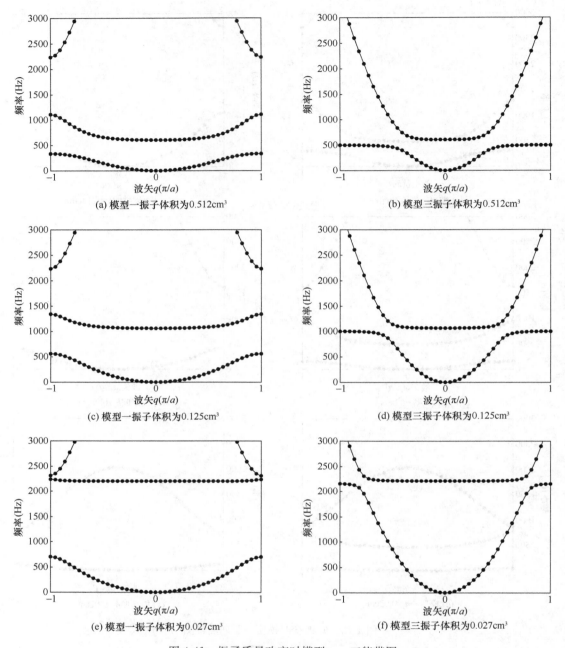

图 4-41   振子质量改变时模型一、三能带图

在图 4-41（e）中，带隙范围为 698～2197Hz 和 2224～2310Hz；在图 4-41（f）中，带隙范围为 2150～2208Hz，对其进行计算：

$$\frac{f_1' - f_1}{f_1' + f_1} + \frac{f_{22}' - f_{22}}{f_{22}' + f_{22}} = \frac{698 - 2150}{698 + 2150} + \frac{2224 - 740}{2224 + 740} = -0.009 \tag{4-71}$$

通过公式计算发现，在声学黑洞的作用下，当振子质量改变时，两带隙起始频率变化部分始终能够保持相近的比例，公式（4-65）始终成立，证明声学黑洞结构可以实现部分布拉格散射型带隙向局域共振型带隙的转化。这也从侧面反映出黑洞更好地实现了振子与梁体结构之间的结合，因此在声学黑洞型声子晶体结构中，通过减小布拉格散射型带隙可以实现更低频率的局域共振型带隙，且在振子质量越小时，其效果越明显。这为低振子质量下声子晶体的应用开辟了新的方向。

4.5 多耦合周期压电单梁的简谐波传播及其局部化

4.5.1 周期压电 Timoshenko 梁动态刚度矩阵的建立

图 4-42 所示为一周期性粘贴压电片的弹性梁。设压电周期结构中含有 n 个胞元，每个胞元中含有两个子结构，分别称为子结构 1 和子结构 2。为使问题简化，假设压电层和基梁完好连接无滑移，且具有相同的横向位移 $w_1(x,t)$ 和转角 $\psi_1(x,t)$，其中下标 1 代表子结构 1。

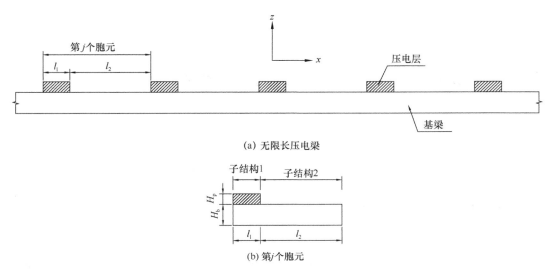

(a) 无限长压电梁

(b) 第 j 个胞元

图 4-42 周期压电梁示意图

将每层均作为 Timoshenko 梁考虑，弹性-压电双层梁（子结构 1）的变形见图 4-43。

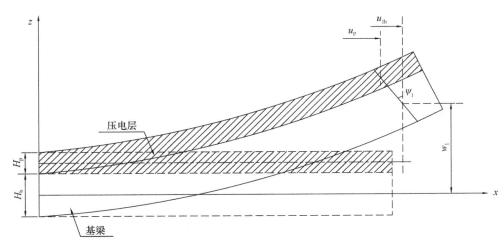

图 4-43 弹性-压电双层梁的变形图

4.5.1.1 压电梁的势能和动能

子结构 1 中基梁位移为：

$$u_{bx} = u_{1b} - z\psi_1, \quad u_{by} = 0, \quad u_{bz} = w_1 \tag{4-72}$$

压电层位移为：

$$u_{px} = u_p - \bar{z}\psi_1, \quad u_{py} = 0, \quad u_{pz} = w_1 \tag{4-73}$$

其中，u_{iix}，u_{iiy} 和 $u_{iiz}(ii=b，p)$ 分别代表基梁和压电层的 x、y 和 z 向位移。u_{1b} 和 u_p 分别为基梁和压电层中性轴的轴向位移。$\bar{z}$ 以压电层的中面开始算起，下标 b 和 p 分别表示基梁和压电层。

由界面处位移连续条件知：

$$u_p = u_{1b} - \frac{H_b + H_p}{2}\psi_1 \tag{4-74}$$

其中，H_b 和 H_p 分别为基梁和压电层的厚度。

子结构 1 中基梁和压电层的应变分别为：

$$\varepsilon_{xx1b} = \frac{\partial u_{1b}}{\partial x} - z\frac{\partial \psi_1}{\partial x}，\ r_{xz1b} = \frac{\partial w_1}{\partial x} - \psi_1，\ \varepsilon_{xxp} = \frac{\partial u_p}{\partial x} - \bar{z}\frac{\partial \psi_1}{\partial x}，\ r_{xzp} = \frac{\partial w_1}{\partial x} - \psi_1 \tag{4-75}$$

子结构 2 中基梁的应变可以表示为：

$$\varepsilon_{xx2b} = \frac{\partial u_{2b}}{\partial x} - z\frac{\partial \psi_2}{\partial x}，\ r_{xz2b} = \frac{\partial w_2}{\partial x} - \psi_2 \tag{4-76}$$

其中，u_{2b}、ψ_2 和 w_2 分别为子结构 2 的轴向位移、转角和横向位移。

压电材料在轴向力荷载作用下的本构方程为：

$$\begin{Bmatrix}\sigma_{xx}\\U\end{Bmatrix} = \begin{bmatrix}C_{11}^D & -h_{31}\\-h_{31} & \beta_{33}^S\end{bmatrix}\begin{Bmatrix}\varepsilon_{xx}\\D\end{Bmatrix} \tag{4-77}$$

式中，σ_{xx} 和 ε_{xx} 分别为 x 方向的应力和应变；D 和 U 分别为电位移和电场强度；C_{11}^D、β_{33}^S 和 h_{31} 分别为弹性刚度、介电常数和压电常数。

在零电场下（$U=0$），可得到电位移：

$$D = \frac{h_{31}\varepsilon_{xxp}}{\beta_{33}^S} \tag{4-78}$$

由于压电片很薄，电位移 D 沿厚度方向可视为一常数。利用式（4-74）和式（4-75），电位移 D 可表示为位移 u_{1b} 和 ψ_1 的函数，即：

$$D = \frac{h_{31}}{\beta_{33}^S}\left(\frac{\partial u_{1b}}{\partial x} - \frac{H_b + H_p}{2}\frac{\partial \psi_1}{\partial x}\right) \tag{4-79}$$

子结构 1 的势能 V_1 和动能 T_1 可以表达为：

$$V_1 = \frac{1}{2}\int_0^{l_1}\left[E_bA_b\left(\frac{\partial u_{1b}}{\partial x}\right)^2 + E_bI_b\left(\frac{\partial \psi_1}{\partial x}\right)^2 + \kappa_bG_bA_b\left(\psi_1 - \frac{\partial w_1}{\partial x}\right)^2\right]dx$$
$$+ \frac{1}{2}\int_0^{l_1}\left[C_{11}^DA_p\left(\frac{\partial u_p}{\partial x}\right)^2 + C_{11}^DI_p\left(\frac{\partial \psi_1}{\partial x}\right)^2 + \kappa_pG_pA_p\left(\psi_1 - \frac{\partial w_1}{\partial x}\right)^2\right]dx \tag{4-80}$$
$$+ \frac{1}{2}\int_0^{l_1}\left[-2A_ph_{31}D\frac{\partial u_p}{\partial x} + A_p\beta_3^SD^2\right]dx$$

$$T_1 = \frac{1}{2}\int_0^{l_1}\left[\rho_bA_b\left(\frac{\partial u_{1b}}{\partial t}\right)^2 + \rho_bA_b\left(\frac{\partial w_1}{\partial t}\right)^2 + \rho_bI_b\left(\frac{\partial \psi_1}{\partial t}\right)^2\right]dx$$
$$+ \frac{1}{2}\int_0^{l_1}\left[\rho_pA_p\left(\frac{\partial u_p}{\partial t}\right)^2 + \rho_pA_p\left(\frac{\partial w_1}{\partial t}\right)^2 + \rho_pI_p\left(\frac{\partial \psi_1}{\partial t}\right)^2\right]dx \tag{4-81}$$

其中，E_{ii}、A_{ii}、I_{ii}、ρ_{ii}、G_{ii} 和 κ_{ii} 分别为基梁和压电层的杨氏模量、横截面面积、惯性矩、密度、剪切模量和横截面抗剪形状系数。

子结构 2 的势能 V_2 和动能 T_2 可以表达为：

$$V_2 = \frac{1}{2}\int_0^{l_2}\left[E_bA_b\left(\frac{\partial u_{2b}}{\partial x}\right)^2 + E_bI_b\left(\frac{\partial \psi_2}{\partial x}\right)^2 + \kappa_bG_bA_b\left(\psi_2 - \frac{\partial w_2}{\partial x}\right)^2\right]dx \tag{4-82}$$

$$T_2 = \frac{1}{2}\int_0^{l_2}\left[\rho_bA_b\left(\frac{\partial u_{2b}}{\partial t}\right)^2 + \rho_bA_b\left(\frac{\partial w_2}{\partial t}\right)^2 + \rho_bI_b\left(\frac{\partial \psi_2}{\partial t}\right)^2\right]dx \tag{4-83}$$

4.5.1.2 有限单元法形函数

将各子结构的运动表示为位移自由度和形函数的级数：

$$u_{ib}(x,t) = \boldsymbol{N}_{iu}(x)\,\boldsymbol{\delta}_i(t) \quad (i=1,2) \tag{4-84}$$

$$w_i(x,t) = \boldsymbol{N}_{iw}(x)\,\boldsymbol{\delta}_i(t) \quad (i=1,2) \tag{4-85}$$

$$\psi_i(x,t) = \boldsymbol{N}_{i\psi}(x)\,\boldsymbol{\delta}_i(t) \quad (i=1,2) \tag{4-86}$$

式中，i 代表子结构编号。

利用有限元法，梁的形函数 $\boldsymbol{N}_{iu}(x)$、$\boldsymbol{N}_{iw}(x)$ 和 $\boldsymbol{N}_{i\psi}(x)$ 可以表示为：

$$\boldsymbol{N}_{iu}(x) = \left[\, 1-\frac{x}{l_i} \quad 0 \quad 0 \quad \frac{x}{l_i} \quad 0 \quad 0 \,\right] \tag{4-87}$$

$$\boldsymbol{N}_{iw}(x) = \left[\, 0 \quad \varphi_1(x) \quad \varphi_2(x) \quad 0 \quad \varphi_3(x) \quad \varphi_4(x) \,\right] \tag{4-88}$$

$$\boldsymbol{N}_{i\psi}(x) = \left[\, 0 \quad \varphi_1'(x) \quad \varphi_2'(x) \quad 0 \quad \varphi_3'(x) \quad \varphi_4'(x) \,\right]$$
$$+\frac{E_i I_i}{\kappa_i G_i A_i}\left[\, 0 \quad \varphi'''_1(x) \quad \varphi'''_2(x) \quad 0 \quad \varphi'''_3(x) \quad \varphi'''_4(x) \,\right] \tag{4-89}$$

式中，

$$\varphi_1(x) = \left[2\left(\frac{x}{l_i}\right)^3 - 3\left(\frac{x}{l_i}\right)^2 - \zeta\frac{x}{l_i} + (1+\zeta) \right]\Big/(1+\zeta)$$

$$\varphi_2(x) = \left[\frac{x^3}{l_i^2} - \left(2+\frac{\zeta}{2}\right)\frac{x^2}{l_i} + \left(1+\frac{\zeta}{2}\right)x \right]\Big/(1+\zeta)$$

$$\varphi_3(x) = \left[-2\left(\frac{x}{l_i}\right)^3 + 3\left(\frac{x}{l_i}\right)^2 + \zeta\frac{x}{l} \right]\Big/(1+\zeta) \tag{4-90}$$

$$\varphi_4(x) = \left[\frac{x^3}{l_i^2} - \left(1-\frac{\zeta}{2}\right)\frac{x^2}{l_i} - \frac{\zeta}{2}x \right]\Big/(1+\zeta)$$

$$\zeta = 12E_i I_i\big/(\kappa_i G_i A_i l_i^{\,2})$$

对于子结构 1，$E_i I_i = E_b I_b + \frac{1}{4}E_p A_p H^2 + C_{11}^D I_p$；$\kappa_i G_i A_i = \kappa_b G_b A_b + \kappa_p G_p A_p$；$E_p = C_{11}^D - h_{31}^2/\beta_{33}^S$，$H = H_b + H_p$。对于子结构 2，$E_i I_i = E_b I_b$；$\kappa_i G_i A_i = \kappa_b G_b A_b$。

4.5.1.3　形函数解析解

子结构 1 的势能密度函数可表示为：

$$V_e = \frac{1}{2}\left[E_b A_b + \left(C_{11}^D - \frac{h_{31}^2}{\beta_{33}^S}\right)A_p \right]\left(\frac{\partial u_{1b}}{\partial x}\right)^2 + \frac{1}{2}(\kappa_b G_b A_b + \kappa_p G_p A_p)\left(\frac{\partial w_1}{\partial x}\right)^2$$

$$+\frac{1}{2}(\kappa_b G_b A_b + \kappa_p G_p A_p)\psi_1^2 - (\kappa_b G_b A_b + \kappa_p G_p A_p)\psi_1\frac{\partial w_1}{\partial x}$$

$$+\frac{1}{2}\left[E_b I_b + \left(C_{11}^D - \frac{h_{31}^2}{\beta_{33}^S}\right)A_p\frac{(H_b + H_p)^2}{4} + C_{11}^D I_p \right]\left(\frac{\partial \psi_1}{\partial x}\right)^2$$

$$-\frac{1}{2}\left[\left(C_{11}^D - \frac{h_{31}^2}{\beta_{33}^S}\right)A_p(H_b + H_p) \right]\frac{\partial u_{1b}}{\partial x}\frac{\partial \psi_1}{\partial x} \tag{4-91}$$

子结构 1 的动能密度函数为：

$$T_e = \frac{1}{2}(\rho_b A_b + \rho_p A_p)\left(\frac{\partial u_{1b}}{\partial t}\right)^2 + \frac{1}{2}(\rho_b A_b + \rho_p A_p)\left(\frac{\partial w_1}{\partial t}\right)^2$$

$$+\frac{1}{2}\left[\rho_b I_b + \rho_p I_p + \frac{1}{4}\rho_p A_p(H_b + H_p)^2 \right]\left(\frac{\partial \psi_1}{\partial t}\right)^2 - \frac{1}{2}\rho_p A_p(H_b + H_p)\frac{\partial u_{1b}}{\partial t}\frac{\partial \psi_1}{\partial t} \tag{4-92}$$

引入拉格朗日函数：

$$L_e = T_e - V_e \tag{4-93}$$

则：

$$\frac{\partial L_e}{\partial\left(\dfrac{\partial u_{1b}}{\partial t}\right)}=(\rho_b A_b+\rho_p A_p)\frac{\partial u_{1b}}{\partial t}-\frac{1}{2}\rho_p A_p(H_b+H_p)\frac{\partial\psi_1}{\partial t}$$

$$\frac{\partial L_e}{\partial u_{1b}}=0$$

$$\frac{\partial L_e}{\partial\left(\dfrac{\partial u_{1b}}{\partial x}\right)}=-\left[E_b A_b+\left(C_{11}^D-\frac{h_{31}^2}{\beta_{33}^S}\right)A_p\right]\frac{\partial u_{1b}}{\partial x}+\frac{1}{2}\left[\left(C_{11}^D-\frac{h_{31}^2}{\beta_{33}^S}\right)A_p(H_b+H_p)\right]\frac{\partial\psi_1}{\partial x}$$

$$\left.\right\} \quad (4\text{-}94)$$

$$\frac{\partial L_e}{\partial\left(\dfrac{\partial w_1}{\partial t}\right)}=(\rho_b A_b+\rho_p A_p)\frac{\partial w_1}{\partial t}$$

$$\frac{\partial L_e}{\partial w_1}=0$$

$$\frac{\partial L_e}{\partial\left(\dfrac{\partial w_1}{\partial x}\right)}=-(\kappa_b G_b A_b+\kappa_p G_p A_p)\frac{\partial w_1}{\partial x}+(\kappa_b G_b A_b+\kappa_p G_p A_p)\psi_1$$

$$\left.\right\} \quad (4\text{-}95)$$

$$\frac{\partial L_e}{\partial\left(\dfrac{\partial\psi_1}{\partial t}\right)}=\left[\rho_b I_b+\rho_p I_p+\frac{1}{4}\rho_p A_p(H_b+H_p)^2\right]\frac{\partial\psi_1}{\partial t}-\frac{1}{2}\rho_p A_p(H_b+H_p)\frac{\partial u_{1b}}{\partial t}$$

$$\frac{\partial L_e}{\partial\psi_1}=-(\kappa_b G_b A_b+\kappa_p G_p A_p)\psi_1+(\kappa_b G_b A_b+\kappa_p G_p A_p)\frac{\partial w_1}{\partial x}$$

$$\frac{\partial L_e}{\partial\left(\dfrac{\partial\psi_1}{\partial x}\right)}=-\left[E_b I_b+\left(C_{11}^D-\frac{h_{31}^2}{\beta_{33}^S}\right)A_p\frac{(H_b+H_p)^2}{4}+C_{11}^D I_p\right]\frac{\partial\psi_1}{\partial x}$$

$$+\frac{1}{2}\left[\left(C_{11}^D-\frac{h_{31}^2}{\beta_{33}^S}\right)A_p(H_b+H_p)\right]\frac{\partial u_{1b}}{\partial x}$$

$$\left.\right\} \quad (4\text{-}96)$$

由高阶导数的泛函变分原理知：

$$\frac{\partial}{\partial t}\left[\frac{\partial L_e}{\partial\left(\dfrac{\partial u_{1b}}{\partial t}\right)}\right]-\frac{\partial L_e}{\partial u_{1b}}+\frac{\partial}{\partial x}\left[\frac{\partial L_e}{\partial\left(\dfrac{\partial u_{1b}}{\partial x}\right)}\right]=0 \quad (4\text{-}97)$$

$$\frac{\partial}{\partial t}\left[\frac{\partial L_e}{\partial\left(\dfrac{\partial w_1}{\partial t}\right)}\right]-\frac{\partial L_e}{\partial w_1}+\frac{\partial}{\partial x}\left[\frac{\partial L_e}{\partial\left(\dfrac{\partial w_1}{\partial x}\right)}\right]=0 \quad (4\text{-}98)$$

$$\frac{\partial}{\partial t}\left[\frac{\partial L_e}{\partial\left(\dfrac{\partial\psi_1}{\partial t}\right)}\right]-\frac{\partial L_e}{\partial\psi_1}+\frac{\partial}{\partial x}\left[\frac{\partial L_e}{\partial\left(\dfrac{\partial\psi_1}{\partial x}\right)}\right]=0 \quad (4\text{-}99)$$

将式(4-94)~式(4-96)代入式(4-97)~式(4-99)得到振动控制方程：

$$(E_b A_b+E_p A_p)\frac{\partial^2 u_{1b}}{\partial x^2}-\frac{1}{2}E_p A_p H\frac{\partial^2\psi_1}{\partial x^2}-(\rho_b A_b+\rho_p A_p)\frac{\partial^2 u_{1b}}{\partial t^2}+\frac{1}{2}\rho_p A_p H\frac{\partial^2\psi_1}{\partial t^2}=0$$

$$(4\text{-}100)$$

$$(\kappa_b G_b A_b+\kappa_p G_p A_p)\frac{\partial^2 w_1}{\partial x^2}-(\kappa_b G_b A_b+\kappa_p G_p A_p)\frac{\partial\psi_1}{\partial x}-(\rho_b A_b+\rho_p A_p)\frac{\partial^2 w_1}{\partial t^2}=0 \quad (4\text{-}101)$$

$$\left(E_b I_b+\frac{1}{4}E_p A_p H^2+C_{11}^D I_p\right)\frac{\partial^2\psi_1}{\partial x^2}-\frac{1}{2}E_p A_p H\frac{\partial^2 u_{1b}}{\partial x^2}+(\kappa_b G_b A_b+\kappa_p G_p A_p)\frac{\partial w_1}{\partial x}$$

$$-(\kappa_b G_b A_b+\kappa_p G_p A_p)\psi_1-\left(\rho_b I_b+\rho_p I_p+\frac{1}{4}\rho_p A_p H^2\right)\frac{\partial^2\psi_1}{\partial t^2}+\frac{1}{2}\rho_p A_p H\frac{\partial^2 u_{1b}}{\partial t^2}=0$$

$$(4\text{-}102)$$

由式（4-100）～式（4-102）可得到频域内的振动方程为：

$$(E_b A_b + E_p A_p)\frac{\partial^2 U_{1b}}{\partial x^2} - \frac{1}{2}E_p A_p H\frac{\partial^2 \Psi_1}{\partial x^2} + \omega^2(\rho_b A_b + \rho_p A_p)U_{1b} - \frac{1}{2}\omega^2 \rho_p A_p H\Psi_1 = 0$$

$$(4\text{-}103)$$

$$(\kappa_b G_b A_b + \kappa_p G_p A_p)\frac{\partial^2 W_1}{\partial x^2} - (\kappa_b G_b A_b + \kappa_p G_p A_p)\frac{\partial \Psi_1}{\partial x} + \omega^2(\rho_b A_b + \rho_p A_p)W_1 = 0 \quad (4\text{-}104)$$

$$\left(E_b I_b + \frac{1}{4}E_p A_p H^2 + C_{11}^D I_p\right)\frac{\partial^2 \Psi_1}{\partial x^2} - \frac{1}{2}E_p A_p H\frac{\partial^2 U_{1b}}{\partial x^2} + (\kappa_b G_b A_b + \kappa_p G_p A_p)\frac{\partial W_1}{\partial x}$$

$$- (\kappa_b G_b A_b + \kappa_p G_p A_p)\Psi_1 + \omega^2\left(\rho_b I_b + \rho_p I_p + \frac{1}{4}\rho_p A_p H^2\right)\Psi_1 - \frac{1}{2}\omega^2 \rho_p A_p H U_{1b} = 0$$

$$(4\text{-}105)$$

式（4-103）～式（4-105）的解可表示为：

$$U_{1b}(x) = \sum_{n=1}^{6} r_{1n}\alpha_n e^{-ik_n x} ,\ W_1(x) = \sum_{n=1}^{6} \alpha_n e^{-ik_n x} ,\ \Psi_1(x) = \sum_{n=1}^{6} r_{2n}\alpha_n e^{-ik_n x} \quad (4\text{-}106)$$

式中，α_n、r_{1n} 和 r_{2n} 为系数；k_n（$n=1, 2, \cdots, 6$）为波数。

将式（4-106）代入式（4-103）～式（4-105）中可得到：

$$\begin{bmatrix} 0 & z_{12} & z_{13} \\ z_{21} & 0 & z_{23} \\ z_{31} & z_{32} & z_{33} \end{bmatrix}\begin{Bmatrix} 1 \\ r_1 \\ r_2 \end{Bmatrix}\alpha = \begin{Bmatrix} 0 \\ 0 \\ 0 \end{Bmatrix} \quad (4\text{-}107)$$

式中，

$$z_{12} = -k^2(E_b A_b + E_p A_p) + \omega^2(\rho_b A_b + \rho_p A_p)$$

$$z_{13} = z_{32} = \frac{1}{2}k^2 E_p A_p H - \frac{1}{2}\omega^2 \rho_p A_p H$$

$$z_{21} = -k^2(\kappa_b G_b A_b + \kappa_p G_p A_p) + \omega^2(\rho_b A_b + \rho_p A_p) \quad (4\text{-}108)$$

$$z_{23} = -z_{31} = ik(\kappa_b G_b A_b + \kappa_p G_p A_p)$$

$$z_{33} = -k^2\left(E_b I_b + \frac{1}{4}E_p A_p H^2 + C_{11}^D I_p\right) - (\kappa_b G_b A_b + \kappa_p G_p A_p) + \omega^2\left(\rho_b I_b + \rho_p I_p + \frac{1}{4}\rho_p A_p H^2\right)$$

由式（4-107）可得出关于波数的方程：

$$A_1 k^6 + A_2 k^4 + A_3 k^2 + A_4 = 0 \quad (4\text{-}109)$$

式中，

$$A_1 = \left[(E_b A_b + E_p A_p)\left(E_b I_b + \frac{1}{4}E_p A_p H^2 + C_{11}^D I_p\right) - \frac{1}{4}(E_p A_p H)^2\right](\kappa_b G_b A_b + \kappa_p G_p A_p)$$

$$A_2 = \left\{\frac{1}{4}(\rho_b A_b + \rho_p A_p)(E_p A_p H)^2\right.$$

$$-(\kappa_b G_b A_b + \kappa_p G_p A_p)\left[\left(E_b I_b + \frac{1}{4}E_p A_p H^2 + C_{11}^D I_p\right)(\rho_b A_b + \rho_p A_p) - \frac{1}{2}E_p A_p \rho_p A_p H^2\right]$$

$$-(E_b A_b + E_p A_p)\left(E_b I_b + \frac{1}{4}E_p A_p H^2 + C_{11}^D I_p\right)(\rho_b A_b + \rho_p A_p)$$

$$\left.-(E_b A_b + E_p A_p)(\kappa_b G_b A_b + \kappa_p G_p A_p)\left(\rho_b I_b + \rho_p I_p + \frac{1}{4}\rho_p A_p H^2\right)\right\}\omega^2$$

$$A_3 = \left[\left(E_b I_b + \frac{1}{4}E_p A_p H^2 + C_{11}^D I_p\right)(\rho_b A_b + \rho_p A_p)^2\right.$$

$$+(\kappa_b G_b A_b + \kappa_p G_p A_p)(\rho_b A_b + \rho_p A_p)\left(\rho_b I_b + \rho_p I_p + \frac{1}{4}\rho_p A_p H^2\right)$$

$$-\frac{1}{2}E_p A_p \rho_p A_p H^2(\rho_b A_b + \rho_p A_p) - \frac{1}{4}(\kappa_b G_b A_b + \kappa_p G_p A_p)(\rho_p A_p H)^2$$

$$\left.+(E_b A_b + E_p A_p)(\rho_b A_b + \rho_p A_p)\left(\rho_b I_b + \rho_p I_p + \frac{1}{4}\rho_p A_p H^2\right)\right]\omega^4$$

$$-(E_b A_b + E_p A_p)(\kappa_b G_b A_b + \kappa_p G_p A_p)(\rho_b A_b + \rho_p A_p)\omega^2 \tag{4-110}$$

$$A_4 = \left[-(\rho_b A_b + \rho_p A_p)^2 (\rho_b I_b + \rho_p I_p + \frac{1}{4}\rho_p A_p H^2) + \frac{1}{4}(\rho_b A_b + \rho_p A_p)(\rho_p A_p H)^2 \right]\omega^6$$

$$+ (\kappa_b G_b A_b + \kappa_p G_p A_p)(\rho_b A_b + \rho_p A_p)^2 \omega^4$$

由式（4-109）可以得到6个波数：

$$k_{1,2} = \pm \sqrt{B_3 + B_4 - \frac{1}{3}\frac{A_2}{A_1}}$$

$$k_{3,4} = \pm \sqrt{-\frac{1}{2}(B_3 + B_4) - \frac{1}{3}\frac{A_2}{A_1} + i\frac{\sqrt{3}}{2}(B_3 - B_4)} \tag{4-111}$$

$$k_{5,6} = \pm \sqrt{-\frac{1}{2}(B_3 + B_4) - \frac{1}{3}\frac{A_2}{A_1} - i\frac{\sqrt{3}}{2}(B_3 - B_4)}$$

其中，

$$B_3 = \sqrt[3]{B_2 + \sqrt{B_1^3 + B_2^2}}$$

$$B_4 = \sqrt[3]{B_2 - \sqrt{B_1^3 + B_2^2}}$$

$$B_1 = \frac{1}{9}\left[3\frac{A_3}{A_1} - \left(\frac{A_2}{A_1}\right)^2 \right] \tag{4-112}$$

$$B_2 = \frac{1}{54}\left[9\frac{A_2 A_3}{A_1^2} - 27\frac{A_4}{A_1} - 2\left(\frac{A_2}{A_1}\right)^3 \right]$$

将波数 k_n（$n=1$，2，$\cdots$，6）代入方程（4-107）中可得到系数：

$$r_{1n} = \frac{\frac{1}{2}\omega^2 \rho_p A_p H - \frac{1}{2}E_p A_p H k_n^2}{\omega^2(\rho_b A_b + \rho_p A_p) - (E_b A_b + E_p A_p)k_n^2} r_{2n}$$

$$r_{2n} = i\frac{\omega^2(\rho_b A_b + \rho_p A_p) - (\kappa_b G_b A_b + \kappa_p G_p A_p)k_n^2}{(\kappa_b G_b A_b + \kappa_p G_p A_p)k_n} \tag{4-113}$$

将式（4-106）表示成向量的形式：

$$U_{1b}(x) = \boldsymbol{\varepsilon} \boldsymbol{r}_1 \boldsymbol{\alpha}, \quad W_1(x) = \boldsymbol{\varepsilon} \boldsymbol{\alpha}, \quad \Psi_1(x) = \boldsymbol{\varepsilon} \boldsymbol{r}_2 \boldsymbol{\alpha} \tag{4-114}$$

式中，

$$\boldsymbol{\varepsilon} = \begin{bmatrix} e^{-ik_1 x} & e^{-ik_2 x} & e^{-ik_3 x} & e^{-ik_4 x} & e^{-ik_5 x} & e^{-ik_6 x} \end{bmatrix}$$

$$\boldsymbol{\alpha} = \begin{bmatrix} \alpha_1 & \alpha_2 & \alpha_3 & \alpha_4 & \alpha_5 & \alpha_6 \end{bmatrix}^T \tag{4-115}$$

$$\boldsymbol{r}_1 = \mathrm{diag}[r_{1n}]$$

$$\boldsymbol{r}_2 = \mathrm{diag}[r_{2n}]$$

频域内节点自由度向量可表示为：

$$\boldsymbol{\delta}_1 = \begin{bmatrix} U_{1bL} & W_{1L} & \Psi_{1L} & U_{1R} & W_{1R} & \Psi_{1R} \end{bmatrix}^T$$

$$= \begin{bmatrix} U_{1b}(0) & W_{1L}(0) & \Psi_{1L}(0) & U_{1R}(l_1) & W_{1R}(l_1) & \Psi_{1R}(l_1) \end{bmatrix}^T \tag{4-116}$$

其中，下标 L 和 R 分别代表子结构 1 的左右节点。

将式（4-114）代入式（4-116）中得到：

$$\boldsymbol{\delta}_1 = \boldsymbol{H}_1 \boldsymbol{\alpha} \tag{4-117}$$

式中，

$$\boldsymbol{H}_1 = \begin{bmatrix} r_{11} & r_{12} & r_{13} & r_{14} & r_{15} & r_{16} \\ 1 & 1 & 1 & 1 & 1 & 1 \\ r_{21} & r_{22} & r_{23} & r_{24} & r_{25} & r_{26} \\ r_{11}\varepsilon_1 & r_{12}\varepsilon_2 & r_{13}\varepsilon_3 & r_{14}\varepsilon_4 & r_{15}\varepsilon_5 & r_{16}\varepsilon_6 \\ \varepsilon_1 & \varepsilon_2 & \varepsilon_3 & \varepsilon_4 & \varepsilon_5 & \varepsilon_6 \\ r_{21}\varepsilon_1 & r_{22}\varepsilon_2 & r_{23}\varepsilon_3 & r_{24}\varepsilon_4 & r_{25}\varepsilon_5 & r_{26}\varepsilon_6 \end{bmatrix} \tag{4-118}$$

其中，$\varepsilon_n = \mathrm{e}^{-\mathrm{i}k_n l_1}$。

由式（4-114）和式（4-117）可以消去系数向量 $\boldsymbol{\alpha}$，得到：

$$U_{1\mathrm{b}}(x) = \boldsymbol{N}_{1\mathrm{u}}(x,\omega)\,\boldsymbol{\delta}_1 \,,\, W_1(x) = \boldsymbol{N}_{1\mathrm{w}}(x,\omega)\,\boldsymbol{\delta}_1 \,,\, \Psi_1(x) = \boldsymbol{N}_{1\psi}(x,\omega)\,\boldsymbol{\delta}_1 \tag{4-119}$$

式中，$\boldsymbol{N}_{1\mathrm{u}}$、$\boldsymbol{N}_{1\mathrm{w}}$ 和 $\boldsymbol{N}_{1\psi}$ 为子结构 1 压电双层梁的精确形函数，即：

$$\boldsymbol{N}_{1\mathrm{u}}(x,\omega) = \boldsymbol{\varepsilon}\boldsymbol{r}_1\boldsymbol{H}^{-1} \,,\, \boldsymbol{N}_{1\mathrm{w}}(x,\omega) = \boldsymbol{\varepsilon}\boldsymbol{H}^{-1} \,,\, \boldsymbol{N}_{1\psi}(x,\omega) = \boldsymbol{\varepsilon}\boldsymbol{r}_2\boldsymbol{H}^{-1} \tag{4-120}$$

对于子结构 2，频域内的控制方程可由式（4-100）～式（4-102）消去压电项即可，其精确形函数表达式 $\boldsymbol{N}_{2\mathrm{u}}$、$\boldsymbol{N}_{2\mathrm{w}}$ 和 $\boldsymbol{N}_{2\psi}$ 见参考文献 [43]，这种求解精确形函数的方法也称谱单元法。

4.5.1.4　利用变分原理求解动态刚度矩阵

对应式（4-116），时域内节点自由度向量为：

$$\boldsymbol{\delta}_i(t) = [u_{i\mathrm{L}} \quad w_{i\mathrm{L}} \quad \psi_{i\mathrm{L}} \quad u_{i\mathrm{R}} \quad w_{i\mathrm{R}} \quad \psi_{i\mathrm{R}}]^{\mathrm{T}} \tag{4-121}$$

将式（4-84）～式（4-86）代入式（4-80）和式（4-81），并利用式（4-74）消除 u_p，可得子结构 1 的势能和动能：

$$V_1 = \frac{1}{2}\,\boldsymbol{\delta}_1\,(t)^{\mathrm{T}}\,\boldsymbol{K}_1\,\boldsymbol{\delta}_1\,(t) \tag{4-122}$$

$$T_1 = \frac{1}{2}\,\dot{\boldsymbol{\delta}}_1\,(t)^{\mathrm{T}}\,\boldsymbol{M}_1\,\dot{\boldsymbol{\delta}}_1\,(t) \tag{4-123}$$

同理，将式（4-84）～式（4-86）代入式（4-82）和式（4-83）可得子结构 2 的势能和动能：

$$V_2 = \frac{1}{2}\,\boldsymbol{\delta}_2\,(t)^{\mathrm{T}}\,\boldsymbol{K}_2\,\boldsymbol{\delta}_2\,(t) \tag{4-124}$$

$$T_2 = \frac{1}{2}\,\dot{\boldsymbol{\delta}}_2\,(t)^{\mathrm{T}}\,\boldsymbol{M}_2\,\dot{\boldsymbol{\delta}}_2\,(t) \tag{4-125}$$

式中，$\boldsymbol{K}_1$、$\boldsymbol{K}_2$、$\boldsymbol{M}_1$ 和 $\boldsymbol{M}_2$ 分别为子结构 1 和子结构 2 的刚度矩阵和质量矩阵：

$$
\begin{aligned}
\boldsymbol{K}_1 = &\int_0^{l_1} E_\mathrm{b}A_\mathrm{b}\left[\frac{\mathrm{d}\boldsymbol{N}_{1\mathrm{u}}}{\mathrm{d}x}\right]^{\mathrm{T}}\left[\frac{\mathrm{d}\boldsymbol{N}_{1\mathrm{u}}}{\mathrm{d}x}\right]\mathrm{d}x \\
&+ \int_0^{l_1}(E_\mathrm{b}I_\mathrm{b} + C_{11}^\mathrm{D}I_\mathrm{p})\left[\frac{\mathrm{d}\boldsymbol{N}_{1\psi}}{\mathrm{d}x}\right]^{\mathrm{T}}\left[\frac{\mathrm{d}\boldsymbol{N}_{1\psi}}{\mathrm{d}x}\right]\mathrm{d}x \\
&+ \int_0^{l_1}(\kappa_\mathrm{b}G_\mathrm{b}A_\mathrm{b} + \kappa_\mathrm{p}G_\mathrm{p}A_\mathrm{p})\left\{[\boldsymbol{N}_{1\psi}] - \left[\frac{\mathrm{d}\boldsymbol{N}_{1\mathrm{w}}}{\mathrm{d}x}\right]\right\}^{\mathrm{T}}\left\{[\boldsymbol{N}_{1\psi}] - \left[\frac{\mathrm{d}\boldsymbol{N}_{1\mathrm{w}}}{\mathrm{d}x}\right]\right\}\mathrm{d}x \\
&+ \int_0^{l_1}E_\mathrm{p}A_\mathrm{p}\left\{\left[\frac{\mathrm{d}\boldsymbol{N}_{1\mathrm{u}}}{\mathrm{d}x}\right] - \frac{H}{2}\left[\frac{\mathrm{d}\boldsymbol{N}_{1\psi}}{\mathrm{d}x}\right]\right\}^{\mathrm{T}}\left\{\left[\frac{\mathrm{d}\boldsymbol{N}_{1\mathrm{u}}}{\mathrm{d}x}\right] - \frac{H}{2}\left[\frac{\mathrm{d}\boldsymbol{N}_{1\psi}}{\mathrm{d}x}\right]\right\}\mathrm{d}x
\end{aligned}
\tag{4-126}
$$

$$
\begin{aligned}
\boldsymbol{M}_1 = &\int_0^{l_1}\{\rho_\mathrm{b}A_\mathrm{b}[\boldsymbol{N}_{1\mathrm{u}}]^{\mathrm{T}}[\boldsymbol{N}_{1\mathrm{u}}] + (\rho_\mathrm{b}A_\mathrm{b} + \rho_\mathrm{p}A_\mathrm{p})[\boldsymbol{N}_{1\mathrm{w}}]^{\mathrm{T}}[\boldsymbol{N}_{1\mathrm{w}}]\}\mathrm{d}x \\
&+ \int_0^{l_1}(\rho_\mathrm{b}I_\mathrm{b} + \rho_\mathrm{p}I_\mathrm{p})[\boldsymbol{N}_{1\psi}]^{\mathrm{T}}[\boldsymbol{N}_{1\psi}]\mathrm{d}x \\
&+ \int_0^{l_1}\rho_\mathrm{p}A_\mathrm{p}\left\{[\boldsymbol{N}_{1\mathrm{u}}] - \frac{H}{2}[\boldsymbol{N}_{1\psi}]\right\}^{\mathrm{T}}\left\{[\boldsymbol{N}_{1\mathrm{u}}] - \frac{H}{2}[\boldsymbol{N}_{1\psi}]\right\}\mathrm{d}x
\end{aligned}
\tag{4-127}
$$

$$
\begin{aligned}
\boldsymbol{K}_2 = &\int_0^{l_2}\left\{E_\mathrm{b}A_\mathrm{b}\left[\frac{\mathrm{d}\boldsymbol{N}_{2\mathrm{u}}}{\mathrm{d}x}\right]^{\mathrm{T}}\left[\frac{\mathrm{d}\boldsymbol{N}_{2\mathrm{u}}}{\mathrm{d}x}\right] + E_\mathrm{b}I_\mathrm{b}\left[\frac{\mathrm{d}\boldsymbol{N}_{2\psi}}{\mathrm{d}x}\right]^{\mathrm{T}}\left[\frac{\mathrm{d}\boldsymbol{N}_{2\psi}}{\mathrm{d}x}\right]\right\}\mathrm{d}x \\
&+ \int_0^{l_2}\kappa_\mathrm{b}G_\mathrm{b}A_\mathrm{b}\left\{[\boldsymbol{N}_{2\psi}] - \left[\frac{\mathrm{d}\boldsymbol{N}_{2\mathrm{w}}}{\mathrm{d}x}\right]\right\}^{\mathrm{T}}\left\{[\boldsymbol{N}_{2\psi}] - \left[\frac{\mathrm{d}\boldsymbol{N}_{2\mathrm{w}}}{\mathrm{d}x}\right]\right\}\mathrm{d}x
\end{aligned}
\tag{4-128}
$$

$$\boldsymbol{M}_2 = \int_0^{l_2}\{\rho_\mathrm{b}A_\mathrm{b}[\boldsymbol{N}_{2\mathrm{u}}]^{\mathrm{T}}[\boldsymbol{N}_{2\mathrm{u}}] + \rho_\mathrm{b}A_\mathrm{b}[\boldsymbol{N}_{2\mathrm{w}}]^{\mathrm{T}}[\boldsymbol{N}_{2\mathrm{w}}] + \rho_\mathrm{b}I_\mathrm{b}[\boldsymbol{N}_{2\psi}]^{\mathrm{T}}[\boldsymbol{N}_{2\psi}]\}\mathrm{d}x \tag{4-129}$$

当周期结构以频率 ω 振动时，利用式（4-126）～式（4-129）可得子结构 1 和子结构 2 的动态刚度矩阵：

$$\boldsymbol{K}_{\mathrm{d}1} = \boldsymbol{K}_1 - \omega^2 \boldsymbol{M}_1 \tag{4-130}$$

$$\boldsymbol{K}_{\mathrm{d}2} = \boldsymbol{K}_2 - \omega^2 \boldsymbol{M}_2 \tag{4-131}$$

4.5.2 结构中波传递矩阵的推导

根据动态刚度矩阵，第 j 个胞元中各个子结构的动态运动方程可表示为：

$$\begin{bmatrix} \boldsymbol{K}_{d1LL}^{(j)} & \boldsymbol{K}_{d1LR}^{(j)} \\ \boldsymbol{K}_{d1RL}^{(j)} & \boldsymbol{K}_{d1RR}^{(j)} \end{bmatrix} \left\{ \begin{array}{c} \boldsymbol{X}_{1L}^{(j)} \\ \boldsymbol{X}_{1R}^{(j)} \end{array} \right\} = \left\{ \begin{array}{c} \boldsymbol{F}_{1L}^{(j)} \\ \boldsymbol{F}_{1R}^{(j)} \end{array} \right\} \quad (j=1,2,\cdots,n) \tag{4-132}$$

$$\begin{bmatrix} \boldsymbol{K}_{d2LL}^{(j)} & \boldsymbol{K}_{d2LR}^{(j)} \\ \boldsymbol{K}_{d2RL}^{(j)} & \boldsymbol{K}_{d2RR}^{(j)} \end{bmatrix} \left\{ \begin{array}{c} \boldsymbol{X}_{2L}^{(j)} \\ \boldsymbol{X}_{2R}^{(j)} \end{array} \right\} = \left\{ \begin{array}{c} \boldsymbol{F}_{2L}^{(j)} \\ \boldsymbol{F}_{2R}^{(j)} \end{array} \right\} \quad (j=1,2,\cdots,n) \tag{4-133}$$

式中，$\boldsymbol{K}_{d1MN}^{(j)}$ 和 $\boldsymbol{K}_{d2MN}^{(j)}$（$M,N=L,R$）分别为 $\boldsymbol{K}_{d1}$ 和 $\boldsymbol{K}_{d2}$ 中的 3×3 阶子矩阵；$\boldsymbol{X}^{(j)}$ 和 $\boldsymbol{F}^{(j)}$ 为广义位移和广义力向量。

经调整，式（4-132）和式（4-133）可表达为：

$$\boldsymbol{Y}_{iR}^{(j)} = \boldsymbol{T}_i' \boldsymbol{Y}_{iL}^{(j)} \quad (i=1,2) \quad (j=1,2,\cdots,n) \tag{4-134}$$

式中，$\boldsymbol{Y}_{iL}^{(j)} = \begin{bmatrix} \boldsymbol{X}_{iL}^{(j)} & \boldsymbol{F}_{iL}^{(j)} \end{bmatrix}^{\mathrm{T}}$、$\boldsymbol{Y}_{iR}^{(j)} = \begin{bmatrix} \boldsymbol{X}_{iR}^{(j)} & \boldsymbol{F}_{iR}^{(j)} \end{bmatrix}^{\mathrm{T}}$ 分别为两个子结构左、右两端的状态向量；$\boldsymbol{T}_i'$ 为两个子结构的 6×6 阶传递矩阵：

$$\boldsymbol{T}_i' = \begin{bmatrix} -\boldsymbol{K}_{diLR}^{(j)-1}\boldsymbol{K}_{diLL}^{(j)} & \boldsymbol{K}_{diLR}^{(j)-1} \\ \boldsymbol{K}_{diRL}^{(j)}-\boldsymbol{K}_{diRR}^{(j)}\boldsymbol{K}_{diLR}^{(j)-1}\boldsymbol{K}_{diLL}^{(j)} & \boldsymbol{K}_{diRR}^{(j)}\boldsymbol{K}_{diLR}^{(j)-1} \end{bmatrix} \quad (i=1,2) \tag{4-135}$$

两个子结构界面处满足：

$$\boldsymbol{X}_{1R}^{(j)} = \boldsymbol{X}_{2L}^{(j)}, \quad \boldsymbol{F}_{1R}^{(j)} = -\boldsymbol{F}_{2L}^{(j)} \quad (j=1,2,\cdots,n) \tag{4-136}$$

式（4-136）可以表示为如下矩阵形式：

$$\boldsymbol{Y}_{1R}^{(j)} = \boldsymbol{J} \boldsymbol{Y}_{2L}^{(j)} \quad (j=1,2,\cdots,n) \tag{4-137}$$

其中，

$$\boldsymbol{J} = \begin{bmatrix} \boldsymbol{I} & 0 \\ 0 & -\boldsymbol{I} \end{bmatrix} \tag{4-138}$$

$\boldsymbol{I}$ 为 3 阶单位矩阵。

利用式（4-134）和式（4-137），可得到第 j 个胞元左右两端状态向量间的关系式为：

$$\boldsymbol{Y}_{2R}^{(j)} = \boldsymbol{T}' \boldsymbol{Y}_{1L}^{(j)} \quad (j=1,2,\cdots,n) \tag{4-139}$$

式中 $\boldsymbol{T}' = \boldsymbol{T}_2' \boldsymbol{J}^{-1} \boldsymbol{T}_1'$ 为第 j 个胞元中的传递矩阵。

第 $j-1$ 个胞元右端和第 j 个胞元左端界面处满足：

$$\boldsymbol{Y}_{1L}^{(j)} = \boldsymbol{J}^{-1} \boldsymbol{Y}_{2R}^{(j-1)} \quad (j=2,\cdots,n) \tag{4-140}$$

代入式（4-139）得第 $j-1$ 个胞元和第 j 个胞元状态向量间的关系式为：

$$\boldsymbol{Y}_{2R}^{(j)} = \boldsymbol{T}' \boldsymbol{J}^{-1} \boldsymbol{Y}_{2R}^{(j-1)} = \boldsymbol{T}^{(j)} \boldsymbol{Y}_{2R}^{(j-1)} \quad (j=2,\cdots,n) \tag{4-141}$$

由上式可见，$\boldsymbol{T}^{(j)} = \boldsymbol{T}' \boldsymbol{J}^{-1} = \boldsymbol{T}_2' \boldsymbol{J}^{-1} \boldsymbol{T}_1' \boldsymbol{J}^{-1}$ 即为两相邻胞元间的传递矩阵。

4.5.3 传播常数

对于谐调周期结构，所有相邻胞元间的传递矩阵保持不变，因此式（4-141）表达为：

$$\boldsymbol{Y}_{2R}^{(j)} = \boldsymbol{T} \boldsymbol{Y}_{2R}^{(j-1)} \tag{4-142}$$

通过求解矩阵 $\boldsymbol{T}$ 的特征值，可得到：

$$\boldsymbol{Y}_{2R}^{(j)} = c_n \boldsymbol{Y}_{2R}^{(j-1)} \quad (n=1,2,3,4,5,6) \tag{4-143}$$

式中，c_n 为与频率有关的特征值。这些特征值以互为倒数的关系成对出现，每对表示相同的波动沿着相反的方向传播的运动。通常地，c_n 表示为：

$$c_n = \mathrm{e}^{\mu_n} = \mathrm{e}^{\gamma_n + i\beta_n} \tag{4-144}$$

式中，μ_n 为传播常数；γ_n 代表状态向量间的幅值衰减程度，简称衰减常数；β_n 代表两相邻胞元间的相位差。根据传播常数的性质，它代表了不同形式的波。当 $\gamma_n \neq 0$ 时，该波为衰减波，相应的频率区域为禁带；当 $\gamma_n = 0$ 时，此波为传播波，相应的频率区域为通带。在这些传播常数对中，本书仅分析一对衰减程度最弱的波，因其代表了最主要的衰减形式。利用该传播常数分析谐调周期结构的频带特性，进而得到其波动传播规律。

4.5.4　Lyapunov 指数和局部化因子

Lyapunov 指数是对相空间中相邻相轨线的平均指数发散程度或收敛程度的度量，它定量地对动力系统的力学行为进行了有力的描述。研究周期结构中弹性波的传播和局部化时，引用 Lyapunov 指数的概念，可以提供一种关于弹性波幅值衰减程度的度量指标。局部化导致波动幅值沿失谐周期结构渐近地以空间指数形式衰减，而相应的波动幅值的空间指数衰减常数称为局部化因子。因此，局部化因子用来表示弹性波沿周期结构传播时，波动幅值的空间指数衰减程度。

根据周期结构的对称性，可以证明，Lyapunov 指数总是以互为相反数的关系成对出现。若结构传递矩阵的阶数 $2d \times 2d(d > 1)$，则可将 Lyapunov 指数按从大到小的顺序排列为：

$$\lambda_1 \geqslant \lambda_2 \geqslant \cdots \geqslant \lambda_d \geqslant 0 \geqslant \lambda_{d+1}(=-\lambda_d) \geqslant \lambda_{d+2}(=-\lambda_{d-1}) \geqslant \cdots \geqslant \lambda_{2d}(=-\lambda_1) \quad (4\text{-}145)$$

Lyapunov 指数中的最小正值 λ_d 代表了幅值衰减程度最小的波，它在结构中传播的距离最远，沿结构传输的能量也最远，刻画了系统中弹性波和振动的主要衰减特性。因此，最小正的 Lyapunov 指数定义为局部化因子。

Wolf 等给出了计算连续型动力系统中 Lyapunov 指数的方法，借鉴此方法，可以给出离散型系统中 Lyapunov 指数的计算方法。对于传递矩阵阶数为 $2d \times 2d$ 的结构，为了计算第 m ($1 \leqslant m \leqslant 2d$) 个 Lyapunov 指数，需选择 m 个正交的 $2d$ 阶初始单位状态向量 $\boldsymbol{u}_1^{(0)}, \boldsymbol{u}_2^{(0)}, \cdots, \boldsymbol{u}_m^{(0)}$，利用式（4-141）可计算出每次迭代的状态向量。对于第 j 次迭代：

$$\boldsymbol{Y}_{2R,k}^{(j)} = \boldsymbol{T}^{(j)} \boldsymbol{u}_k^{(j-1)} \quad (j=1,2,\cdots,n; k=1,2,\cdots,m) \quad (4\text{-}146)$$

式中，向量 $\boldsymbol{u}_k^{(j-1)}$ 为单位正交向量，但向量 $\boldsymbol{Y}_{2R,k}^{(j)}$ ($k=1,2,\cdots,m$) 并不正交，采用 Gram-Schmidt 标准正交化过程，将其标准正交化：

$$\hat{\boldsymbol{Y}}_{2R,1}^{(j)} = \boldsymbol{Y}_{2R,1}^{(j)}, \quad \boldsymbol{u}_1^{(j)} = \frac{\hat{\boldsymbol{Y}}_{2R,1}^{(j)}}{\parallel \hat{\boldsymbol{Y}}_{2R,1}^{(j)} \parallel}$$

$$\hat{\boldsymbol{Y}}_{2R,2}^{(j)} = \boldsymbol{Y}_{2R,2}^{(j)} - (\boldsymbol{Y}_{2R,2}^{(j)}, \boldsymbol{u}_1^{(j)})\boldsymbol{u}_1^{(j)}, \quad \boldsymbol{u}_2^{(j)} = \frac{\hat{\boldsymbol{Y}}_{2R,2}^{(j)}}{\parallel \hat{\boldsymbol{Y}}_{2R,2}^{(j)} \parallel} \quad (4\text{-}147)$$

$$\cdots$$

$$\hat{\boldsymbol{Y}}_{2R,m}^{(j)} = \boldsymbol{Y}_{2R,m}^{(j)} - (\boldsymbol{Y}_{2R,m}^{(j)}, \boldsymbol{u}_{m-1}^{(j)})\boldsymbol{u}_{m-1}^{(j)} - \cdots - (\boldsymbol{Y}_{2R,m}^{(j)}, \boldsymbol{u}_1^{(j)})\boldsymbol{u}_1^{(j)}, \quad \boldsymbol{u}_m^{(j)} = \frac{\hat{\boldsymbol{Y}}_{2R,m}^{(j)}}{\parallel \hat{\boldsymbol{Y}}_{2R,m}^{(j)} \parallel}$$

根据 Wolf 算法，第 m ($1 \leqslant m \leqslant 2d$) 个 Lyapunov 指数的表达式为：

$$\lambda_m = \lim_{n \to \infty} \frac{1}{n} \sum_{j=1}^{n} \ln \parallel \hat{\boldsymbol{Y}}_{2R,m}^{(j)} \parallel \quad (4\text{-}148)$$

式中，n 为周期结构的胞元数。

利用式（4-148），可以计算出 d 对互为相反的 Lyapunov 指数，第 d 个 Lyapunov 指数 λ_d 即为局部化因子。对于本章中的周期压电结构，其维数为 6×6，因此局部化因子为 λ_3。为方便书写，下文简称局部化因子为 λ。利用局部化因子即可分析失谐周期结构的振动局部化现象。

4.5.5　数值算例与分析讨论

根据上述理论模型，本节考虑不同结构尺寸和材料参数变化对周期压电梁结构波传播和局部化的影响。其中，基梁弹性材料采用铝和钢两种，压电材料采用 PKI 502，子结构的长度 $l_2 = 5l_1 = 0.5$ m，所用到的几何和材料参数如表 4-6 所示。

基梁和压电层的几何和材料参数表 表 4-6

参数	符号	弹性材料（铝）	弹性材料（钢）	压电材料	单位
宽度	b	0.0127	0.0127	0.0127	m
厚度	H	0.002286	0.002286	0.000762	m
密度	ρ	2700	7800	7600	kg/m³
杨氏模量	E	7.1	21	6.49	10^{10} N/m²
泊松比	υ	0.3	0.3	0.31	—
剪切模量	G	2.7308	8.0769	2.477	10^{10} N/m²
横截面抗剪形状系数	κ	5/6	5/6	5/6	—
压电常数	h_{31}	—	—	-8.0123	10^8 V/m
弹性刚度	C_{11}^D	—	—	7.4	10^{10} N/m²
介电常数	β_{33}^S	—	—	7.0547	10^7 Vm/C

4.5.5.1　VFT 法和 VAT 法的对比分析

为了证实 VFT 法（基于变分原理的有限单元法和传递矩阵法）分析模型的正确性，图 4-44 比较分析了谐调周期压电梁在 VFT 法模型和 VAT 法（基于变分原理的解析动态刚度矩阵法和传递矩阵法）模型下，传播常数随频率 $f = \omega/(2\pi)$ 的变化结果，其中弹性材料取铝。通过比较发现，对于谐调周期压电智能梁，两种方法计算结果吻合良好。因此，利用 VFT 法同样可以准确地描述谐调周期结构的波传播行为。同时，为提高计算效率，本章下文中计算方法均采用 VFT 法。

4.5.5.2　传播常数和局部化因子的比较

对于谐调周期压电梁中的波传播，利用局部化因子也可对其进行分析，即：使式（4-125）中相邻胞元间的传递矩阵 $T^{(j)}$ 保持不变。图 4-45 比较分析了传播常数实部与局部化因子的计算结果。

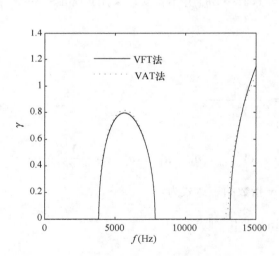

图 4-44　VFT 法解和 VAT 法解的对比

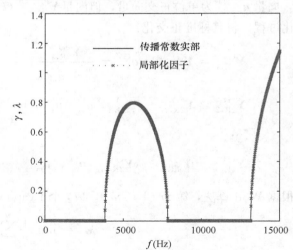

图 4-45　传播常数实部与局部化因子的比较

通过比较发现，对于谐调周期压电梁，传播常数计算结果与局部化因子计算结果完全吻合，相互证实了本章所提出的理论模型及其所编 matlab 代码的正确性。同时表明局部化因子同样也是一个表征谐调周期结构通、禁带特性的有效参量，可以用来描述周期结构的波传播行为。

4.5.5.3　谐调周期压电梁的波传播

利用传播常数分析结构参数对谐调周期压电梁波传播的影响。

（1）厚度比 $\mu = H_b / H_p$ 对频带的影响

在弹性材料为铝、压电材料厚度不变的情况下，考虑基梁与压电层厚度比 $\mu = 10$、20、30 和 40 对周期结构频带特性的影响，并将计算结果与作者基于 Bernoulli-Euler 梁理论得到的结果进行了对比。图 4-46 给出了传播常数实部随频率的变化曲线。

由图 4-46 可观察到，周期结构的厚度比 μ 对波传播的频率范围有较大的影响。如图 4-46（a）中所示，当 $\mu = 10$ 时，在频率区间 $f \in (4.27\mathrm{kHz}, 7.31\mathrm{kHz})$ 内，传播常数实部 $\gamma > 0$，该区间即为频率禁带；在频率范围 $f \in (7.31\mathrm{kHz}, 12.81\mathrm{kHz})$ 内，传播常数实部 $\gamma = 0$，该区间即为频率通带。在频率区间 $f \in (4.27\mathrm{kHz}, 7.31\,\mathrm{kHz})$ 内，随着厚度比的增加，禁带的位置和带宽发生了显著的变化，并且变化规律与频率密切相关：随着频率的增加，当 $\mu = 20$ 时，频带的左端部由通带迅速变为禁带；当 $\mu = 30$ 时，频带的中部由禁带迅速变为通带；当 $\mu = 40$ 时，频带的右端部由禁带迅速变为通带。这说明选择不同的厚度比，可以对通带和禁带频率进行调整。整体上，在低频范围内，禁带带宽较窄，传播常数实部峰值小；而在高频范围内，禁带带宽较宽，传播常数实部峰值较大，衰减较强。表明了压电周期结构能有效地控制高频波在结构中的传播。

比较图 4-46（a）和（b）发现，随着厚度比的增加，采用 Bernoulli-Euler 梁理论得到的结果与采用 Timoshenko 梁理论得到的结果存在明显偏差，特别地，当 $\mu = 40$ 时，采用 Bernoulli-Euler 梁理论得到的禁带频率 $f \in 0(4.42\mathrm{kHz}, 6.51\mathrm{kHz})$，而采用 Timoshenko 梁理论得到的禁带频率 $f \in (4.42\mathrm{kHz}, 5.78\mathrm{kHz})$，禁带带宽减小了 54%，这是由于梁的厚度增加时，弯曲变形引起的转动惯量和剪切效应影响变得不容忽视，因此，在分析周期压电深梁的滤波特性时，应采用 Timoshenko 梁理论模型。

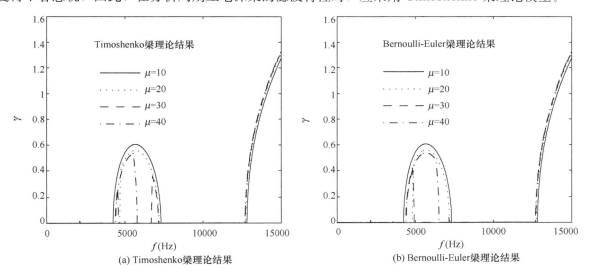

图 4-46 厚度比 μ 对周期结构滤波特性的影响

（2）不同弹性材料和长度比 $\gamma = l_2 / l_1$ 对频带的影响

当弹性材料分别为铝和钢、子结构 1 的长度保持不变时，分别考虑子结构 2 和子结构 1 的长度比 $\gamma = 3$、4 和 5 对周期结构频带特性的影响，计算结果见图 4-47。

由图 4-47 可知，不同的弹性材料对周期压电结构滤波特性影响不同，钢梁的第一个禁带带宽略小于铝梁的禁带带宽。长度比对禁带频率有较大的影响，但两种弹性材料的禁带带宽和位置变化趋势相同。随着长度比的降低，传播常数峰值明显减小，禁带内衰减减弱，并且禁带频率范围逐渐地向高频移动。特别地，当长度比降至 3 时，在所考虑的频率范围内，仅出现一个禁带，这种禁带频率上的变化对设计滤波器有一定的意义。

（3）压电材料的弹性刚度 C_{11}^D 和压电常数 h_{31} 对频带的影响

为了分析压电材料参数对波传播特性的影响，图 4-48、图 4-49 分析了弹性材料为铝，压电材料的

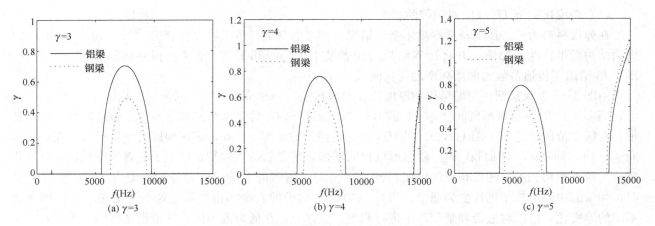

图 4-47　长度比 γ 对周期压电铝、钢梁滤波特性的影响

弹性刚度和压电常数分别选取不同值时，传播常数随频率的变化曲线。

　　由图 4-48 可见，在频率范围 3k～8kHz 内，尽管压电材料的弹性刚度不同，但禁带起始频率保持不变，随着弹性刚度的增加，低频禁带带宽和传播常数幅值依次增大，而高频情况则刚好相反。比较图 4-48 和图 4-49 发现，压电常数的影响与弹性刚度的影响相反，随着压电常数的增加，低频禁带带宽减小。因此可以通过调谐压电材料的弹性刚度和压电常数来改变波传播特性。

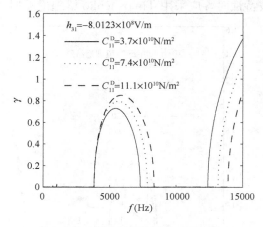

图 4-48　压电材料的弹性刚度 C_{11}^{D}
对周期结构滤波特性的影响

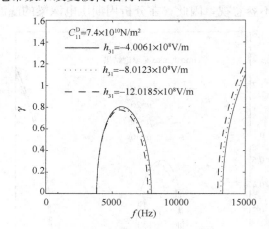

图 4-49　压电常数 h_{31} 对周期
结构滤波特性的影响

4.5.5.4　随机失谐周期压电梁的波动局部化

利用局部化因子分析参数失谐对周期压电梁波动局部化的影响。

（1）长度 l_2 失谐

基梁弹性材料为铝，考虑子结构 2 的长度 l_2 失谐，设其服从均值为 $l_2' = 0.5\,\mathrm{m}$，变异系数为 δ 的均匀分布，则 l_2 的取值范围可表示为：

$$l_2 \in \left[l_2'(1-\sqrt{3}\delta), l_2'(1+\sqrt{3}\delta)\right] \tag{4-149}$$

引入一服从标准均匀分布的随机变量 $\eta \in (0,1)$，则 l_2 可表示为：

$$l_2 = l_2'\left[1+\sqrt{3}\delta(2\eta-1)\right] \tag{4-150}$$

　　图 4-50 给出了长度 l_2 失谐，变异系数 δ 取不同值时，局部化因子随频率的变化曲线，其中 $\delta=0$ 对应谐调周期结构。

　　由图 4-50 可观察到，与传播常数实部类似，当变异系数 $\delta=0$ 时，谐调周期结构存在明显的频率通带和禁带，在频率区间 $f \in (0, 3.84\mathrm{kHz})$ 内，局部化因子 $\lambda=0$，该区间即为频率通带；在频率范围

$f\in(3.84\text{kHZ},7.86\text{kHZ})$ 内，局部化因子 $\lambda>0$，该区间即为频率禁带。当变异系数 $\delta>0$ 时，对应 $\delta=0$ 为频率通带的区间边界，局部化因子大于零，出现波动局部化现象，表明失谐周期结构在特定频率范围内能控制波在结构中的传播。随着变异系数的增加，禁带的宽度和通带边界局部化因子的幅值逐渐增加，该区间的局部化程度相应地增强。因此可以设计不同的变异系数来调整结构的频带区间和局部化程度。

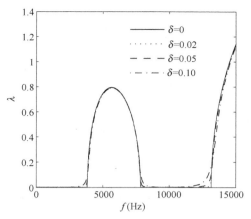

图 4-50　长度失谐下局部化因子随频率的变化

（2）压电材料弹性刚度 C_{11}^{D} 失谐

基梁弹性材料分别为铝和钢，考虑压电材料的弹性刚度失谐，即 $C_{11}^{\text{D}}=C_{11}^{\text{D}'}[1+\sqrt{3}\delta(2\eta-1)]$，此时，弹性刚度均值仍取 $C_{11}^{\text{D}'}=7.4\times10^{10}\,\text{N/m}^2$，分析变异系数不同时压电材料的弹性刚度失谐对周期结构振动局部化的影响，计算结果见图 4-51。

由图 4-51 可知，不同的基梁弹性材料对周期压电结构频带特性影响显著，尽管曲线形状类似，但在第一个禁带区间，钢梁的禁带带宽和局部化因子幅值都小于铝梁，表明在此频率范围内，波动在铝梁中的衰减程度更大。因此，可以根据实际需要选择不同的基梁弹性材料，以达到对结构进行有效的振动控制。比较图 4-51 中的 4 个子图可以发现，周期压电结构的局部化行为对压电材料弹性刚度失谐不够敏感，在特定频率范围内，弹性波不仅可以在谐调周期结构中传播，也可在失谐周期结构中传播。这种现象可能是由于压电材料为压电陶瓷材料，其弹性模量和密度等参数都较大，在此周期结构中占弹性刚度较大的组分，因此其变化对结构的局部化影响很小，可以通过调整基梁及压电材料的弹性刚度比以使得振动控制效应更为显著。

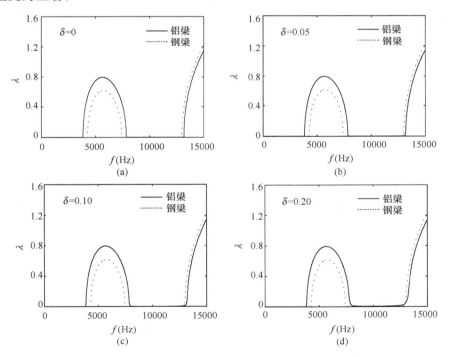

图 4-51　压电材料弹性刚度失谐下局部化因子随频率的变化

（3）压电参数对振动局部化的影响

基梁弹性材料为铝，当长度 l_2 失谐且其变异系数 $\delta=0.1$，压电材料的压电参数变化，即压电常数 h_{31} 及介电常数 β_{33}^{S} 分别选取不同值时，局部化因子随频率的变化曲线如图 4-52 所示。

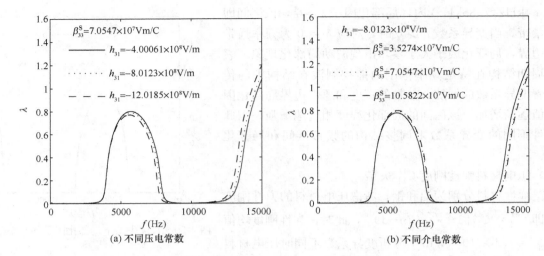

(a) 不同压电常数　　　　　　　　　　(b) 不同介电常数

图 4-52　不同压电参数下局部化因子随频率的变化

由图 4-52 可见，对于同一失谐度，不同压电常数和介电常数的结构在低频区内，局部化因子曲线保持不变；在整个频率范围内，频率通带和禁带带宽几乎相同。但随着压电常数的增加，局部化因子的峰值在第一个禁带降低，而在第二个禁带则增加；介电常数的变化规律与其则刚刚相反。因此，可以通过改变压电材料的压电参数来改变波的传播特性。

4.5.5.5　有限元仿真验证

为了验证理论分析模型的正确性，利用 ANSYS 计算了 6 个谐调周期压电铝梁模型的变形情况，结构材料和几何参数见表 4-6。其中，基梁和压电层均采用 SOLID 单元，有限元模型如图 4-53 所示。在梁的一端施加幅值大小为 1，方向垂直于压电梁的位移激励，频率为 0～10kHz，运用谐响应分析计算了谐调周期压电梁的振动特性。同时，选择图 4-44 实线中所示的通带频率 $f = 325\text{Hz}(\omega = 2040\text{rad/s})$ 及禁带频率 $f = 5032\text{Hz}\ (\omega = 31620\text{rad/s})$ 以描述周期压电梁的波传播行为。

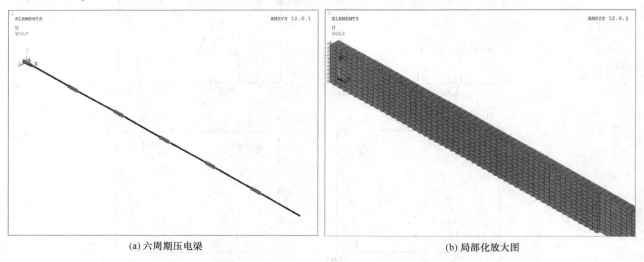

(a) 六周期压电梁　　　　　　　　　　(b) 局部化放大图

图 4-53　ANSYS 有限元模型

图 4-54 给出了通频和禁频两种工况下六周期压电梁的变形情况。可以发现，当激振频率处于通频区域时，波动可以沿着结构自由地传播，而当激振频率位于禁带区域时，波动沿着结构发生衰减。因此，ANSYS 有限元分析结果证实了理论分析模型的正确性，同时验证了谐调周期压电梁存在频率通带和禁带的特性。

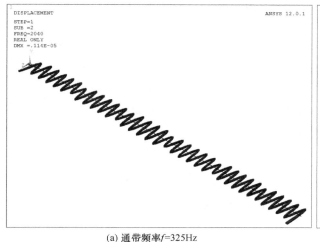

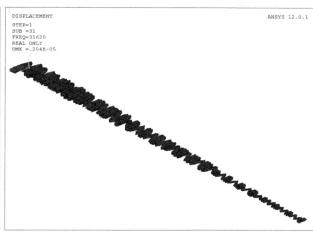

(a) 通带频率f=325Hz　　　　　　　　　　　　(b) 禁带频率f=5032Hz

图 4-54　ANSYS 有限元计算振动情况

4.6　弹性地基上含双自由度周期振子的上下双层梁带隙特性研究

4.6.1　弹性地基上的双层欧拉梁模型

图 4-55 给出了弹性地基上双自由度双层欧拉梁结构简图，上下梁之间通过双自由度振子相连。每个振子 m 用四个弹簧连接，上下弹簧刚度系数分别为 k_1、k_2，弹簧之间的距离为 $2l_1$，晶格常数为 a。振子的两个自由度分别为沿着 y 向的竖向位移 z 和关于质心的转动位移 θ。

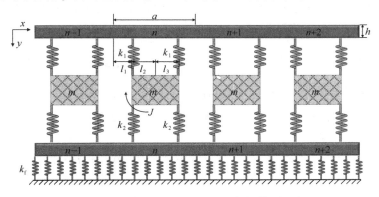

图 4-55　双自由度振子的双层欧拉梁模型示意图

对于图 4-55 所示的边界自由的双层欧拉梁模型，设上下两层梁截面和材料特性相同，其位移场函数分别为 $y_1(x,t)$、$y_2(x,t)$，振子的位移场函数为 $z(x,t)$、$\theta(x,t)$，则双层梁结构的弯曲振动方程和振子运动方程为：

$$
\begin{cases}
EI\,\dfrac{\partial^4 y_1(x,t)}{\partial x^4} + \rho A\,\dfrac{\partial^2 y_1(x,t)}{\partial t^2} = f_{n1} + f_{n2} \\[2mm]
EI\,\dfrac{\partial^4 y_2(x,t)}{\partial x^4} + \rho A\,\dfrac{\partial^2 y_2(x,t)}{\partial t^2} = f_{n3} + f_{n4} - k_{\mathrm{f}} y_2(x,t) \\[2mm]
f_{n1} + f_{n2} + f_{n3} + f_{n4} = -\, m\ddot{z}(x,t) \\[2mm]
(-f_{n1} + f_{n3})l_2 + (f_{n2} - f_{n4})l_3 = -\, J\ddot{\theta}(x,t)
\end{cases}
\tag{4-151}
$$

其中，EI、ρ 和 A 分别为梁的抗弯刚度、密度和横截面面积；f_{n1} 和 f_{n2} 分别表示振子在上层梁上两连接点处所受的力；f_{n3} 和 f_{n4} 分别表示振子在下层梁上两连接点处所受的力；m 和 J 分别为振子的质量和转动惯量；k_f 为弹性地基刚度。

令 $x_1 = na + l_1$，$x_2 = na + l_1 + l_2$，$x_3 = na + l_1 + l_2 + l_3$，则 f_{n1}、f_{n2}、f_{n3}、f_{n4} 分别可写为：

$$\begin{cases} f_{n1} = \sum k_1 [z(x_2,t)\delta(x-x_2) - y_1(x_1,t)\delta(x-x_1) - l_2\theta(x_2,t)\delta(x-x_2)] \\ f_{n2} = \sum k_1 [z(x_2,t)\delta(x-x_2) - y_1(x_3,t)\delta(x-x_3) + l_3\theta(x_2,t)\delta(x-x_2)] \\ f_{n3} = \sum k_2 [z(x_2,t)\delta(x-x_2) - y_2(x_1,t)\delta(x-x_1) + l_2\theta(x_2,t)\delta(x-x_2)] \\ f_{n4} = \sum k_2 [z(x_2,t)\delta(x-x_2) - y_2(x_3,t)\delta(x-x_3) - l_3\theta(x_2,t)\delta(x-x_2)] \end{cases}$$
(4-152)

设梁和振子振动方程的解为：

$$y_1(x,t) = Y_1(x)e^{i\omega t}，y_2(x,t) = Y_2(x)e^{i\omega t}，Z(x,t) = Z(x)e^{i\omega t}，\theta(x,t) = \theta(x)e^{i\omega t}$$
(4-153)

将公式（4-152）和公式（4-153）代入到公式（4-151）中可以得到：

$$\begin{cases} EI\dfrac{\partial^4 Y_1(x)}{\partial x^4} - \omega^2\rho A Y_1(x) = \\ \sum k_1 [2Z(x_2)\delta(x-x_2) - Y_1(x_1)\delta(x-x_1) - Y_1(x_3)\delta(x-x_3) - (l_2-l_3)\Theta(x_2)\delta(x-x_2)] \\ EI\dfrac{\partial^4 Y_2(x)}{\partial x^4} + (k_f - \omega^2\rho A)Y_2(x) = \\ \sum k_2 [2Z(x_2)\delta(x-x_2) - Y_2(x_1)\delta(x-x_1) - Y_2(x_3)\delta(x-x_3) + (l_2-l_3)\Theta(x_2)\delta(x-x_2)] \\ 2(k_1+k_2)Z(x_2) - k_1[Y_1(x_1)+Y_1(x_3)] - k_2[Y_2(x_1)+Y_2(x_3)] - (k_1-k_2)(l_2-l_3) = m\omega^2 Z(x_2) \\ (k_1-k_2)(-l_2+l_3)Z(x_2) + k_1 l_2 Y_1(x_1) - k_2 l_2 Y_2(x_1) - k_1 l_3 Y_1(x_3) \\ + k_2 l_3 Y_2(x_3) + (k_1+k_2)(l_2^2+l_3^2)\Theta(x_2) = \omega^2 J\Theta(x_2) \end{cases}$$
(4-154)

由于双层梁结构的晶胞结构沿 x 方向周期排列，因此系统的位移场也具有周期性，可根据 Bloch 定理将 $Y_1(x)$，$Y_2(x)$ 写成 Fourier 级数形式：

$$Y_1(x) = \sum_{G'} Y_1(G')e^{i(q+G')x}，Y_2(x) = \sum_{G'} Y_2(G')e^{i(q+G')x}$$
(4-155)

将公式（4-155）代入到公式（4-154）中得到公式（4-156）：

$$\begin{cases} EI\sum_{G'}Y_1(G')e^{i(q+G')x}(q+G')^4 - \omega^2\rho A\sum_{G'}Y_1(G')e^{i(q+G')x} = \\ \dfrac{k_1}{a}\Big[2\sum_{G'}Z(l_1+l_2)e^{i(q+G')(x-l_1-l_2)} - 2\sum_{G'}Y_1(G')e^{i(q+G')x} - (l_1-l_2)\Theta(l_1+l_2)\sum_{G'}e^{i(q+G')(x-l_1-l_2)}\Big] \\ EI\sum_{G'}Y_2(G')e^{i(q+G')x}(q+G')^4 + (k_f-\omega^2\rho A)\sum_{G'}Y_2(G')e^{i(q+G')x} = \\ \dfrac{k_2}{a}\Big[2\sum_{G'}Z(l_1+l_2)e^{i(q+G')(x-l_1-l_2)} - 2\sum_{G'}Y_2(G')e^{i(q+G')x} + (l_1-l_2)\Theta(l_1+l_2)\sum_{G'}e^{i(q+G')(x-l_1-l_2)}\Big] \\ 2(k_1+k_2)Z(l_1+l_2) - (k_1\sum_{G'}Y_1(G') + k_2\sum_{G'}Y_2(G'))[e^{i(q+G')l_1} + e^{i(q+G')(l_1+l_2+l_3)}] + \\ (k_2-k_1)(l_2-l_3)\Theta(l_1+l_2) = m\omega^2 Z(l_1+l_2)[k_1\sum_{G'}Y_1(G') + k_2\sum_{G'}Y_2(G')] \\ (k_1+k_2)(l_1+l_2)\Theta(l_1+l_2) + [k_1\sum_{G'}Y_1(G') - k_2\sum_{G'}Y_2(G')][e^{i(q+G')l_1} - e^{i(q+G')(l_1+l_2+l_3)}] = \\ \omega^2 J\Theta(l_1+l_2) \end{cases}$$
(4-156)

令：

$$\begin{cases} G_1 = e^{-i(q+G')(l_1+l_2)} \\ G_2 = e^{i(q+G')l_1} \\ G_3 = e^{i(q+G')(l_1+l_2+l_3)} \end{cases}$$

可将公式（4-156）写为矩阵形式：

$$\boldsymbol{B} \begin{Bmatrix} Y_1(G') \\ Y_2(G') \\ Z(l_1+l_2) \\ \Theta(l_1+l_2) \end{Bmatrix} = \omega^2 \boldsymbol{C} \begin{Bmatrix} Y_1(G') \\ Y_2(G') \\ Z(l_1+l_2) \\ \Theta(l_1+l_2) \end{Bmatrix} \tag{4-157}$$

其中：

$$\boldsymbol{B} = \begin{bmatrix} aEI(q+G')^4 + 2k_1 & 0 & -2k_1G_1 & k_1(l_2-l_3)G_1 \\ 0 & aEI(q+G')^4 + 2k_2 + k_{\mathrm{f}}a & -2k_2G_1 & -k_2(l_2-l_3)G_1 \\ -k_1[G_2+G_3] & -k_2[G_2+G_3] & 2(k_1+k_2) & (k_2-k_1)(l_2-l_3) \\ k_1l_2G_2 - k_1l_3G_3 & -k_2l_2G_2 + k_2l_3G_3 & (k_2-k_1)(l_2-l_3) & (k_1+k_2)(l_2^2+l_3^2) \end{bmatrix}$$

$$\boldsymbol{C} = \begin{bmatrix} a\rho A & 0 & 0 & 0 \\ 0 & a\rho A & 0 & 0 \\ 0 & 0 & m & 0 \\ 0 & 0 & 0 & J \end{bmatrix}$$

式（4-157）中 q 为第一 Brillouin 区的 Bloch 波矢，而 G' 遍历该周期结构倒格矢空间。选取 N 个倒格矢进行计算，式（4-156）将变为 $(2N+2) \times (2N+2)$ 阶矩阵特征值求解问题。对于每个波矢 q，均可以求出其相应的特征频率 ω，若求出的 ω 为实数，代表频率为 ω 的弹性波可以在结构中稳定传播，相反地，非实数的 ω 构成能带带隙。

4.6.2　带隙形成机理研究

晶格长度 a、矩形梁宽度 b、梁高度 h、振子参数等如表 4-7 所示。选取铝作为双层欧拉梁的主体材料，铁为振子的材料，具体参数如表 4-8 所示，单个周期中梁质量为 $m_{\text{梁}} = 2600 \times 0.02 \times 0.01 \times 0.07 = 0.0364\text{kg}$。

结构几何参数表　　　　表 4-7

参数	数值
晶格长度 a	0.07m
梁宽 b	0.02m
梁高 h	0.01m
弹簧刚度 $k_1 = k_2$	200kN·m^{-1}
地基刚度 k_{f}	1000 kN·m^{-2}
振子质量 m	0.28kg
转动惯量 J	7.29×10^{-5} kg·m^2
弹簧到元胞边缘距离 l_1	0.01m
弹簧到振子中心水平距离 $l_2 = l_3$	0.025m

材料参数表　　　　表 4-8

材料	密度 ρ（kg·m^{-3}）	弹性模量 E（×10^{9}Pa）	泊松比 μ
铝	2600	70	0.3
铁	7860	206	0.27

4.6.2.1 能带结构

利用 matlab 软件按平面波展开法编写程序计算并画出满足表 4-7 和表 4-8 参数的双层欧拉梁的能带结构图，结果如图 4-56 所示。

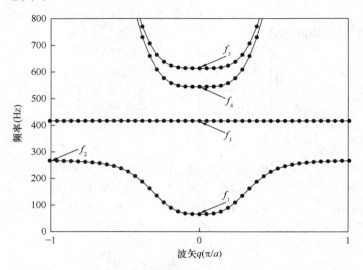

图 4-56　弹性地基上双层欧拉梁能带结构图

从图 4-56 可以看出，弹性地基上双层欧拉梁在 0～65.7Hz 之间存在一条完全带隙，在 267.6～544.1Hz 之间也存在两条被频率 416.8Hz 的平直通带分隔所形成的带隙。f_5 处频率为 613.5Hz。

4.6.2.2 振动模态

为研究带隙形成机理，需要对带隙起始、截止频率附近的结构振动模态进行研究。利用有限元软件 ANSYS 建立双层梁晶胞单元的有限元模型，其结构为两根梁之间放置一个质量块，质量块分别通过两个弹簧与上下梁连接，在下梁中添加弹性地基条件，求得其特征频率及其对应的固有模态，可以发现各起始、截止频率附近存在的固有频率和模态如图 4-57 所示。

从图 4-57（a）可以看出，对于第一带隙截止频率 f_1 点，双层梁和振子作为一个整体一起发生振动，这是因为弹性地基的存在，使得双层梁有一个从零开始的完全带隙；图 4-57（b）中第二带隙起始频率 f_2 点梁几乎不发生振动，振动主要集中在振子上，且振子的振动方向与梁轴线垂直，体现了振子竖向自由度，即振子的共振模式产生了结构的局域共振带隙；图 4-57（c）中关键频率 f_3 点梁仍然不发生振动，而振子发生转动，表明该点的振型是因为振子的转动惯量引起的，即振子的旋转共振产生了 f_3 点的平直能带；图 4-57（d）中第三带隙截止频率 f_4 点，振动主要集中在双层梁上，且上下两梁做的是方向相反的运动，而振子几乎不发生振动。相对振子来看，该点振动属于对称振动模态。图 4-57（e）中 f_5 点振动形式与图 4-57（d）中相似，振子也几乎不发生振动，但双层梁是做同方向运动，相对质量块来看，是反对称振动模态。因此可以发现第三、第四两条能带分别对应于 f_4 点的对称振动模态和 f_5 点的反对称振动模态。综上，周期双层梁的带隙起始和截止频率位置是由所对应的单胞共振模态的固有频率所决定。

为了验证带隙范围内的振动衰减性能，在模态分析的基础上，建立 14 个有限周期单元梁结构进行计算。该有限周期结构由两根铝梁均匀连接 48 根弹簧和 14 个质量块，梁、质量块以及弹簧参数如表4-7和表 4-8 所示。在上层梁的左端中点施加垂直于梁轴向（即 y 方向）的单位位移激励，双层梁有限元模型和激励点位置如图 4-58 所示。

从数值模拟结果中分别取 60Hz、100Hz、250Hz、300Hz、416Hz、540Hz、550Hz、710Hz 下的位移响应云图，如图 4-59 所示。

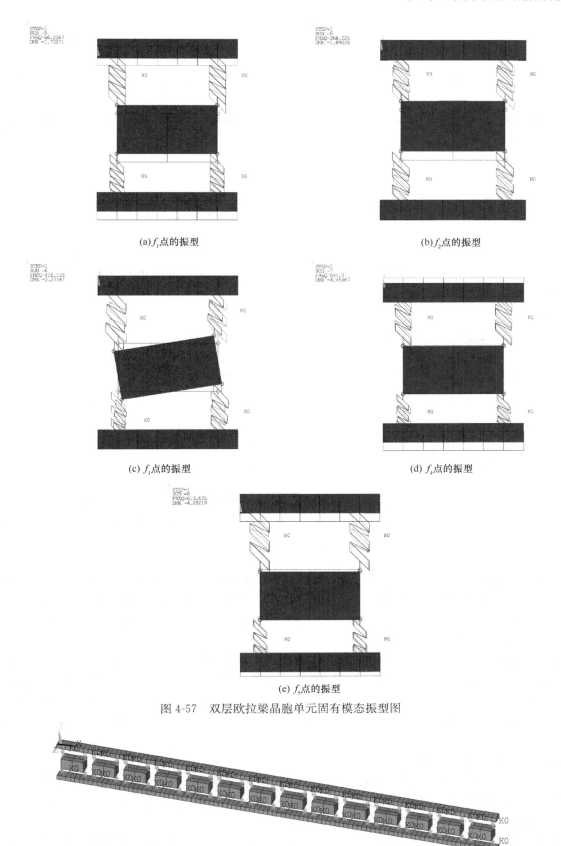

(a)f_1点的振型　　　　　　　　　　　　(b)f_2点的振型

(c) f_3点的振型　　　　　　　　　　　　(d) f_4点的振型

(e) f_5点的振型

图 4-57　双层欧拉梁晶胞单元固有模态振型图

图 4-58　双层欧拉梁有限元仿真模型示意图

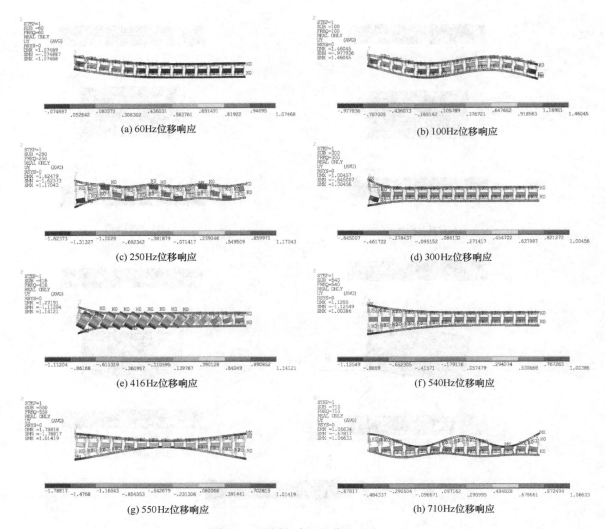

(a) 60Hz位移响应

(b) 100Hz位移响应

(c) 250Hz位移响应

(d) 300Hz位移响应

(e) 416Hz位移响应

(f) 540Hz位移响应

(g) 550Hz位移响应

(h) 710Hz位移响应

图 4-59　不同频率下的位移响应云图

从图 4-59 可以看出，在 60Hz 时，由于弹性地基的影响，两根梁经过几个周期的波动后逐渐保持静止，振动被完全抑制；在 300Hz 时，由于局域共振，两根梁的波动衰减更加迅速，且振动主要集中在第一个振子上；在带隙截止频率附近，即 540Hz 时，两梁对称振动衰减明显且振子几乎不发生振动；100Hz 和 250Hz 为通带频率，波动在通带频率下可以传遍整个结构而不会发生衰减，其中 100Hz 为反对称振动模式，上下两梁的位移均较大，振子的振动与梁保持一致，250Hz 时上下两梁的位移较小，振子上下振动；416Hz 在 f_3 处附近，振子发生剧烈转动，转动经过多个周期后趋于静止，证明该能带确由振子转动引起；550Hz 接近对称振动模式，上下两梁振动幅度均较大，但下梁较上梁幅度大一些；710Hz 时是通带，与 550Hz 时两根梁以反向振动不完全相同，此时上梁保持振动，而下梁的运动未受到上梁的太大影响。

4.6.2.3　振动传输特性曲线

为了验证能带结构以及有限元模拟结构振动模式的正确性，进一步采用有限元法计算了图 4-58 所示有限周期结构的振动传输特性。在上层梁的左端施加位移激励，分别选择上层梁右端（同侧）和下层梁右端（异侧）作为响应拾取点，结果如图 4-60 所示。

图 4-60 中阴影部分对应为带隙区域，可以看出不管响应拾取点是在激励点的同侧还是异侧，频率区间与图 4-56 能带结构图中的带隙频率范围吻合良好。在 0～67Hz 和 267～544Hz 频率范围内弯曲振动在双层欧拉梁中传播时均存在很强的衰减，最大衰减幅值甚至可以超过 110dB。振动传输特性曲线在

带隙的起止频率处均出现突变，衰减急速
变为 80dB，符合局域共振特性；在 416Hz
附近出现的共振峰则对应能带结构中 f_3 所
在的平直能带。

4.6.3　简化计算公式

在分析出各个能带结构的振动模式和
传输特性之后，为了进一步弄清带隙影响
规律以及形成机理，需要对带隙各个起始
和截止频率进行深入研究。下面结合简化
模型即结构振动示意图给出带隙起始、截
止频率近似计算公式及推导过程。

f_1 对应振动模态为梁与振子一起上下
振动，此时截止频率 f_1 就是将梁与振子视
为一个整体的单振子弹簧系统共振频
率，即：

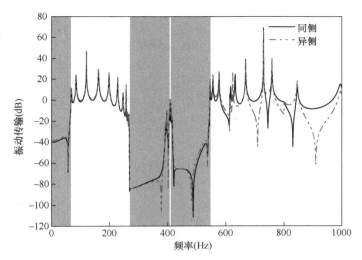

图 4-60　振动传输特性曲线

$$f_1 = \frac{1}{2\pi}\sqrt{\frac{k_f a}{2m_梁 + m}} \tag{4-158}$$

f_2 处对应振动形式主要为梁静止而振子上下振动，因此起始频率就是单振子弹簧系统共振频
率，即：

$$f_2 = \frac{1}{2\pi}\sqrt{\frac{2(k_1 + k_2)}{m}} \tag{4-159}$$

f_3 处振子发生转动，而梁不发生振动，利用 $y(x,t) = 0$ 可得到 f_3 处的振子共振频率为：

$$f_3 = \frac{1}{2\pi}\sqrt{\frac{2(k_1 + k_2)l^2}{J}} \tag{4-160}$$

截止频率 f_4 为对称弯曲振动模式，振动模态显示为梁发生对称振动，振子存在轻微振动，其振动
方向与上梁保持相同，下梁振动幅度大于上梁。假设在弹簧的某个中间点固定不动，从而将弹簧 k_1 分
为 l_1 和 l_2，k_2 分为 l_3 和 l_4。截止频率计算方法见图 4-61。

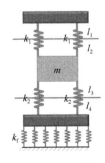

图 4-61　截止频率 f_4
梁振动示意图

借助振动示意图 4-61 可以写出结构振动截止频率计算公式：

$$\begin{cases} \dfrac{1}{l_1} + \dfrac{1}{l_2} = \dfrac{1}{k_1} \\[2mm] \dfrac{1}{l_3} + \dfrac{1}{l_4} = \dfrac{1}{k_2} \\[2mm] l_1 = ak_f + l_4 \\[2mm] \dfrac{2l_1}{m_梁} = \dfrac{2|l_2 - l_3|}{m} \end{cases} \tag{4-161}$$

求解方程组后代入公式中可以得到：

$$f_4 = \frac{1}{2\pi}\sqrt{\frac{2l_1}{m_梁}} \tag{4-162}$$

f_5 对应反对称弯曲振动模式能带，振子向下移动，上下双梁同时向上移动，但上梁移动幅度大于
下梁。同样使用图 4-61 进行分析，写出计算公式（4-163）：

$$\begin{cases} \dfrac{1}{l_1} + \dfrac{1}{l_2} = \dfrac{1}{k_1} \\[2mm] \dfrac{1}{l_3} + \dfrac{1}{l_4} = \dfrac{1}{k_2} \\[2mm] l_1 = ak_f + l_4 \\[2mm] \dfrac{2l_1}{m_{梁}} = \dfrac{2(l_2 + l_3)}{m} \end{cases} \qquad (4\text{-}163)$$

求解方程组后代入公式中可以得到：

$$f_5 = \frac{1}{2\pi}\sqrt{\frac{2l_1}{m_{梁}}} \qquad (4\text{-}164)$$

对于弹性地基上双层欧拉梁而言，图 4-56 能带结构图显示其带隙 $f_1 = 65.7\text{Hz}$，起始频率 $f_2 = 267.6\text{Hz}$，$f_3 = 416.8\text{Hz}$，截止频率 $f_4 = 544.1\text{Hz}$，$f_5 = 613.5\text{Hz}$，而通过式（4-158）、式（4-159）、式（4-160）、式（4-162）、式（4-164）计算得到的起始、截止频率分别为 $f_1 = 70.9\text{Hz}$、$f_2 = 269.0\text{Hz}$、$f_3 = 416.8\text{Hz}$、$f_4 = 529.4\text{Hz}$、$f_5 = 592.3\text{Hz}$。可以发现这与能带结构图中带隙边界处的频率相差不大，误差不超过 3.5%，因此说明估算公式（4-158）、式（4-159）、式（4-160）、式（4-162）、式（4-164）的准确性。综上，起始频率和截止频率可以分别通过计算公式计算得到。

4.6.4　带隙影响规律

为了研究带隙特性的影响因素，下面研究了弹性地基上双层欧拉梁各参数对能带结构的影响，主要参数有一侧梁宽度 b、弹簧刚度 k_2、地基刚度 k_f、振子质量 m 和一侧弹簧到振子中心的水平距离 l_3，带隙起始和截止频率随参数变化曲线如图 4-62（a）～（f）所示。

由图 4-62（a）可见，改变一侧梁的宽度，发现起始频率 f_1 存在轻微下降，f_2 与 f_3 则保持不变，而截止频率 f_4 逐渐降低，导致第三带隙逐渐变窄；这是由于梁尺寸的变化引起梁质量 $m_{梁}$ 增加，但并未影响质量块的质量，梁体质量相较于振子质量低了一个数量级，故梁体质量变化未对 f_1 产生较大影响，f_2、f_3 处由简化公式可以看到，其振动与振子质量无关，相应地就保持不变，在 f_4 的计算公式（4-162）中需要考虑梁体质量的增加，因此 f_4 逐渐减小。

由图 4-62（b）发现，随着一侧弹簧刚度 k_2 的增加，带隙频率 f_1 不变，频率 f_2 和 f_3 迅速增加，截止频率 f_4 先迅速增加后逐渐保持不变，f_5 先几乎保持不变后快速上升，这使得第三带隙先增大后减小。

由图 4-62（c）所示，可以发现地基刚度增大，频率 f_1 是缓慢增加的，频率 f_2、f_3 不发生改变，而截止频率 f_4 略有增加、f_5 增加较快，故第三带隙是随着地基刚度的增加而增加的，但增加幅度较小。从计算公式可以看出，f_2、f_3 与 k_f 无关，随着 k_f 的增大，f_1、f_4、f_5 逐渐增大，其中 f_4 与 f_5 受到的弹簧力作用方向不同，导致其变化规律也不尽相同。

通过图 4-62（d）发现随振子质量 m 的增大，f_1、f_5 逐渐减小，f_2、f_3 迅速下降，f_4 几乎保持不变，从而使第三带隙随着振子质量的增大而增大。引起该变化的原因为：振子转动惯量受振子质量影响，当振子质量增加而梁质量并未改变时，频率 f_1 下降速率就比 f_2 及 f_3 小。从公式（4-161）和公式（4-163）可以看出，f_4、f_5 都与振子质量有关系，但因弹簧力对其作用方向不同，f_4 比 f_5 变化更小。

如图 4-62（e）所示，当改变一侧弹簧到振子中心的距离时可以看到，之前由振子的转动产生的平直带此时是一条具有一定宽度的通带，当 $l_3 = 0.005$ 时，此通带下端对应频率小于 f_2，令该频率为 f_3^*。从图 4-62（e）、（f）可以看出，随着 l_3 的增加，f_1、f_2、f_5 没有发生变化，f_4 有着轻微的下降，而 f_3 和 f_3^* 明显增加，初始 f_3^* 小于 f_2，后随着 l_3 的增加 f_3^* 超过 f_2，当 $l_3 = 0.025$ 时，$f_3 = f_3^*$，此时振子转动中心在振子中心处。

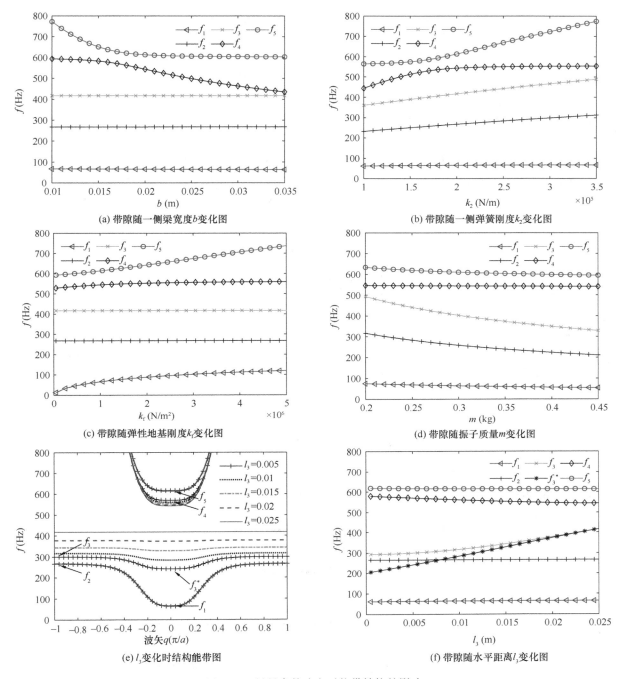

(a) 带隙随一侧梁宽度 b 变化图

(b) 带隙随一侧弹簧刚度 k_2 变化图

(c) 带隙随弹性地基刚度 k_f 变化图

(d) 带隙随振子质量 m 变化图

(e) l_3 变化时结构能带图

(f) 带隙随水平距离 l_3 变化图

图 4-62　材料参数改变对能带结构的影响

4.6.5　带隙拓宽

基于上述结论，考虑到梁本身具有质量，可作为振子进行减振降噪，在图 4-55 模型的基础上，添加弹簧，使其直接连接上下两根梁，观察其带隙变化规律。结构如图 4-63 所示。

取用弹簧刚度 $k_3 = 200 \ \mathrm{kN \cdot m^{-1}}$，其他参数不变，其计算公式变为：

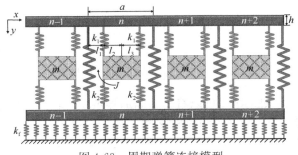

图 4-63　周期弹簧连接模型

$$\begin{cases} EI\,\dfrac{\partial^4 y_1(x,t)}{\partial x^4}+\rho A\,\dfrac{\partial^2 y_1(x,t)}{\partial t^2}=f_{n1}+f_{n2}+f_{n5} \\[2mm] EI\,\dfrac{\partial^4 y_2(x,t)}{\partial x^4}+\rho A\,\dfrac{\partial^2 y_2(x,t)}{\partial t^2}=f_{n3}+f_{n4}-f_{n5}-k_f y_2(x,t) \\[2mm] f_{n1}+f_{n2}+f_{n3}+f_{n4}=-m\,\ddot{Z}(x,t) \\[2mm] (-f_{n1}+f_{n3})l_2+(f_{n2}-f_{n4})l_3=-J\,\ddot{\theta}(x,t) \end{cases} \tag{4-165}$$

其中,

$$f_{n5}=\sum k_3\big[y_2(na,t)-y_1(na,t)\big]\delta(x-na) \tag{4-166}$$

运用 4.6.1 节中相同的计算方法,公式(4-165)经过计算、化简和整理可以写为矩阵形式:

$$\boldsymbol{B}'\begin{Bmatrix} Y_1(G') \\ Y_2(G') \\ Z\left(\dfrac{a}{2}\right) \\ \theta\left(\dfrac{a}{2}\right) \end{Bmatrix}=\omega^2 \boldsymbol{C}'\begin{Bmatrix} Y_1(G') \\ Y_2(G') \\ Z\left(\dfrac{a}{2}\right) \\ \theta\left(\dfrac{a}{2}\right) \end{Bmatrix} \tag{4-167}$$

其中,

$$\boldsymbol{B}'=\begin{bmatrix} aEI\,(q+G')^4+2k_1+k_3 & -k_3 & -2k_1 G_1 & k_1(l_2-l_3)\theta(l_1+l_2)G_1 \\ -k_3 & aEI\,(q+G')^4+2k_2+k_3+k_f a & -2k_2 G_1 & -k_2(l_2-l_3)\theta(l_1+l_2)G_1 \\ -k_1[G_2+G_3] & -k_2[G_2+G_3] & 2(k_1+k_2) & (k_2-k_1)(l_2-l_3) \\ k_1 l_2 G_2-k_1 l_3 G_3 & -k_2 l_2 G_2+k_2 l_3 G_3 & (k_2-k_1)(l_2-l_3) & (k_1+k_2)(l_2^2+l_3^2) \end{bmatrix}$$

$$\boldsymbol{C}'=\begin{bmatrix} a\rho A & 0 & 0 & 0 \\ 0 & a\rho A & 0 & 0 \\ 0 & 0 & m & 0 \\ 0 & 0 & 0 & J \end{bmatrix}$$

用 matlab 按平面波展开法编写程序计算并画出图 4-64。

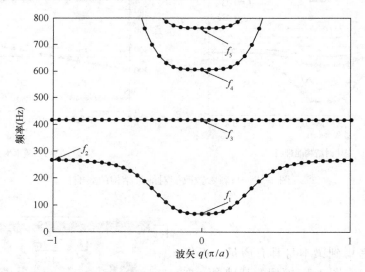

图 4-64   弹性地基上周期弹簧连接双层欧拉梁能带结构图

从图 4-64 可以看出,添加弹簧 k_3 后,弹性地基上双层欧拉梁在 0~67Hz 之间仍存在一条完全带隙,在 267.6~416.8Hz 和 416.8~606.4Hz 之间也存在两条完全带隙,仍被一条频率为 416.8Hz 的直线所分隔。对比图 4-56 可以发现因为 f_1 增加到 67Hz,变化不大,f_4 从图 4-56 中的 544.1Hz 增加到

606.4Hz，f_5 也随之从 613.5Hz 增加到 762.6Hz。除弹性地基引起的带隙外，第三带隙被拓宽 62.3Hz，宽度增加 22.5%，此时 800Hz 以下的带隙总宽度为 405.8Hz。增加带隙宽度的效果明显。

使用 ANSYS 作振动传输特性图来验证 matlab 计算的准确性，如图 4-65 所示。

可以看到在图 4-65 中，带隙起始频率在振动传输特性曲线中都有明显的突变，符合局域共振声子晶体的特性，其中 $f_1=77$Hz、$f_2=257$Hz、$f_3=408$Hz、$f_4=611$Hz、$f_5=756$Hz，与用 matlab 计算得到的各个特征值都极接近，进一步验证了 matlab 软件计算的正确性。

为了研究 k_3 变化对各个带隙的影响，使用 matlab 软件进行计算，得到图 4-66。

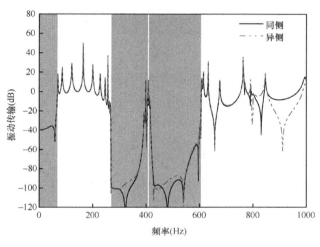

图 4-65　有限元法计算结构的振动传输特性

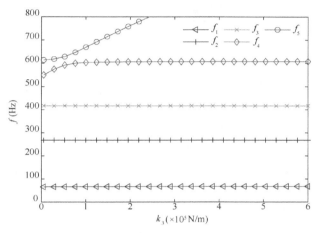

图 4-66　带隙随弹簧刚度变化图

可以看到，随着 k_3 的增加，f_1、f_2、f_3 没有变化，f_4 是先增加后保持不变，f_5 则是先缓慢增加，后迅速增加。这从结构的振动模态中可以分析出来，当 $k_3=0$ 时，f_4 对应对称振动模式，此时两梁之间距离增加，通过增加 k_3 刚度可以有效抑制双梁振动，故截止频率增加，而 f_5 对应反对称振动模式，此时增加 k_3 刚度就几乎不存在效果，但当 f_4 大于 f_5 时，按照较低的频率称为 f_4、高的频率称为 f_5 的规律作图就会出现两能带发生位置交换的情况。故带隙先增大，后保持不变。

4.7　含双自由度周期振子的平行并联梁带隙特性研究

4.7.1　平行并联梁模型

平行并联梁通过两根弹簧与双自由度振子 m 周期相连，左右弹簧刚度系数分别为 k_1、k_2，两梁轴心的间距为 l_3，晶格常数为 a，如图 4-67 所示。

设左右两梁截面和材料特性相同，仅考虑梁在竖向的振动，其位移场函数分别为 $y_1(x,t)$、$y_2(x,t)$，振子的位移场函数为 $z(x,t)$、$\theta(x,t)$，则并联欧拉梁结构的弯曲振动方程和振子运动方程为：

$$\begin{cases} EI\dfrac{\partial^4 y_1(x,t)}{\partial x^4}+\rho A\dfrac{\partial^2 y_1(x,t)}{\partial t^2}=f_{n1} \\[2mm] EI\dfrac{\partial^4 y_2(x,t)}{\partial x^4}+\rho A\dfrac{\partial^2 y_2(x,t)}{\partial t^2}=f_{n2} \\[2mm] f_{n1}+f_{n2}=-m\ddot{Z}(x,t) \\[2mm] (-f_{n1}+f_{n2})\cdot\dfrac{l_3}{2}=-J\ddot{\theta}(x,t) \end{cases} \quad (4\text{-}168)$$

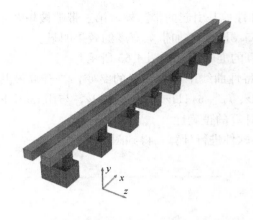

(a) 三维立体图

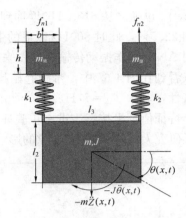

(b) 局域共振结构受力图

图 4-67　含周期振子的平行并联梁模型示意图

采用平面波展开法对公式（4-168）进行计算可以得到：

$$
\begin{cases}
EI \sum_{G'} Y_1(G') \mathrm{e}^{\mathrm{i}(q+G')x} (q+G')^4 - \omega^2 \rho A \sum_{G'} Y_1(G') \mathrm{e}^{\mathrm{i}(q+G')x} = \dfrac{k_1}{a} \sum_{G'} \mathrm{e}^{\mathrm{i}(q+G')\left(x-\frac{a}{2}\right)} \left[Z\left(\dfrac{a}{2}\right) - Y_1(G') \mathrm{e}^{\mathrm{i}(q+G')\left(\frac{a}{2}\right)} - \dfrac{l_3}{2} \Theta\left(\dfrac{a}{2}\right) \right] \\[2mm]
EI \sum_{G'} Y_2(G') \mathrm{e}^{\mathrm{i}(q+G')x} (q+G')^4 - \omega^2 \rho A \sum_{G'} Y_2(G') \mathrm{e}^{\mathrm{i}(q+G')x} = \dfrac{k_2}{a} \sum_{G'} \mathrm{e}^{\mathrm{i}(q+G')\left(x-\frac{a}{2}\right)} \left[Z\left(\dfrac{a}{2}\right) - Y_2(G') \mathrm{e}^{\mathrm{i}(q+G')\left(\frac{a}{2}\right)} + \dfrac{l_3}{2} \Theta\left(\dfrac{a}{2}\right) \right] \\[2mm]
(k_1+k_2) Z\left(\dfrac{a}{2}\right) - k_1 \sum_G Y_1(G') \mathrm{e}^{\mathrm{i}(q+G')x} - k_2 \sum_G Y_2(G') \mathrm{e}^{\mathrm{i}(q+G')x} + (-k_1+k_2)\dfrac{l_3}{2}\Theta\left(\dfrac{a}{2}\right) = m\omega^2 Z\left(\dfrac{a}{2}\right) \\[2mm]
(-k_1+k_2) Z\left(\dfrac{a}{2}\right) + k_1 \sum_G Y_1(G') \mathrm{e}^{\mathrm{i}(q+G')x} - k_2 \sum_G Y_2(G') \mathrm{e}^{\mathrm{i}(q+G')x} + (k_1+k_2)\dfrac{l_3}{2}\Theta\left(\dfrac{a}{2}\right) = \omega^2 J \Theta\left(\dfrac{a}{2}\right)\cdot\dfrac{2}{l_3}
\end{cases}
\tag{4-169}
$$

令 $H = EI(q+G')^4$，$\mathrm{e}^* = \mathrm{e}^{\mathrm{i}(q+G')\frac{a}{2}}$，将式（4-169）写成矩阵形式：

$$
B \left\{ \begin{array}{c} Y_1(G') \\ Y_2(G') \\ Z\left(\dfrac{a}{2}\right) \\ \Theta\left(\dfrac{a}{2}\right) \end{array} \right\} = \omega^2 C \left\{ \begin{array}{c} Y_1(G') \\ Y_2(G') \\ Z\left(\dfrac{a}{2}\right) \\ \Theta\left(\dfrac{a}{2}\right) \end{array} \right\}
\tag{4-170}
$$

其中，

$$
B = \begin{bmatrix}
H + \dfrac{k_1}{a} & 0 & -\dfrac{k_1}{a\mathrm{e}^*} & \dfrac{k_1}{a}\cdot\dfrac{l_3}{2\mathrm{e}^*} \\[3mm]
0 & H + \dfrac{k_2}{a} & -\dfrac{k_2}{a\mathrm{e}^*} & -\dfrac{k_2}{a}\cdot\dfrac{l_3}{2\mathrm{e}^*} \\[3mm]
-k_1\mathrm{e}^* & -k_2\mathrm{e}^* & k_1+k_2 & (-k_1+k_2)\cdot\dfrac{l_3}{2} \\[3mm]
k_1\mathrm{e}^* & -k_2\mathrm{e}^* & -k_1+k_2 & (k_1+k_2)\cdot\dfrac{l_3}{2}
\end{bmatrix}
$$

$$
C = \begin{bmatrix}
\rho A & 0 & 0 & 0 \\
0 & \rho A & 0 & 0 \\
0 & 0 & m & 0 \\
0 & 0 & 0 & J\dfrac{2}{l_3}
\end{bmatrix}
$$

4.7.2　弯曲振动带隙特性

选取铝作为并联欧拉梁的材料，梁横截面尺寸为 1cm×1cm，两梁轴心的间距为 3cm。选取铁作为振子的材料，其尺寸为 2cm×2cm×3cm。所用到的材料参数如表 4-9 所示，结构几何尺寸如表 4-10 所示。

材料参数表　　　　　　　　　　　　　　　　　　　　　　　　　　表 4-9

材料	密度 ρ（kg・m^{-3}）	弹性模量 E（×10^{9}Pa）	泊松比 μ
铝	2600	70	0.3
铁	7860	206	0.27

结构几何参数表　　　　　　　　　　　　　　　　　　　　　　　　表 4-10

参数	数值
晶格长度 a	0.06m
梁宽 b＝梁高 h	0.01m
弹簧刚度 $k_1=k_2$	40kN・m^{-1}
振子质量 m	0.09432kg
振子宽 l_1＝振子高 l_2	0.02m
振子长 l_3	0.03m

利用 matlab 编写程序并画出满足表 4-9 和表 4-10 参数的并联周期梁结构的能带结构，结果如图 4-68（a）所示。

从图 4-68（a）能带结构中可以看出，在 800Hz 范围内存在四条能带，其中第四条能带被第三条能带完全包裹，与图 4-56 具有相同的规律。同时在频率 210.9～294Hz 范围内存在一个完全带隙，这与上下双梁结构中存在一条平直旋转振动能带存在明显的差别，其原因在于第二能带发生弯曲，不再保持平直。

利用 ANSYS 软件，建立 8 个周期单元有限长并联梁结构模型，其中两根并联梁采用 Beam54 单元，弹簧采用 Combin14 单元，质量块采用 Solid45 单元，每根梁划分 49 个节点，48 个单元，每根弹簧划分 2 个节点，1 个单元，每个质量块划分 18 个节点，4 个单元，模型一共 242 个节点，144 个单元。在左侧梁一端施加垂直位移激励，分别选择并联梁另一端的同侧和异侧作为响应拾取点研究其振动传输特性曲线，结果如图 4-68（b）所示。

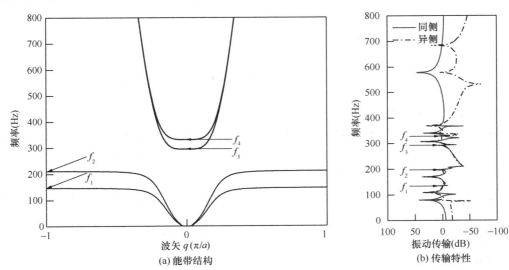

图 4-68　并联周期梁结构的能带结构和传输特性图

比较振动传输曲线可以发现，无论响应拾取点位于激励点同侧还是异侧，在频率 210.9～294Hz 内弯曲振动传播时存在衰减；该衰减区域与能带结构带隙频率范围正好吻合。值得注意的是，由于两梁关联性较差，在高频范围内异侧梁几乎无振动，因此传输特性呈衰减曲线。

4.7.3　带隙拓宽

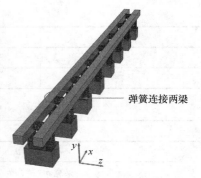

因并联梁的双梁之间关联性差，基于将梁作为振动单元以拓宽带隙的原理，使用弹簧 k_3 连接左右两梁，如图 4-69 所示。

4.7.3.1　能带结构

取双梁之间弹簧刚度 $k_3 = 80kN/m$，计算并联周期梁结构的能带结构及其对应的传输特性图，结果如图 4-70 所示。

从图 4-70 (a) 可以看出，两梁之间添加弹簧后，由原来的一个带隙增加为现在的两个带隙，分别为 146.3～186.1Hz 和 210.9～

图 4-69　使用弹簧连接的平行并联周期梁模型示意图

294Hz。由于增加了两梁之间的横向联系，从而有效抑制振子转动使得第二条能带变得较为平缓；而两梁之间的耦合作用增强使得第四条能带也发生巨大的上移。由图 4-70 (b) 可知，带隙范围内振动存在较大衰减，但由于响应拾取点位于位移零点，带隙外也会出现衰减峰值。因连接弹簧刚度 k_3 未达到两梁之间的刚接刚度，两梁在高频耦合较差，因此激励点同侧和异侧振动传输特性存在差异。

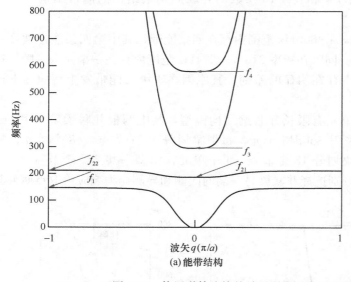

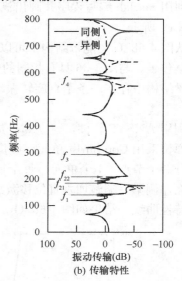

图 4-70　使用弹簧连接的并联周期梁结构能带结构和传输特性图

4.7.3.2　模态分析和变形模式

为研究带隙形成机理，需要对带隙起始、截止频率附近的晶胞单元振动模态与有限长周期梁振动特性进行研究。利用 ANSYS 建立平行并联梁晶胞单元的有限元模型，每根梁划分 7 个节点，6 个单元，每根弹簧划分 2 个节点，1 个单元，质量块划分 18 个节点，4 个单元，模型一共 32 个节点，19 个单元。在两根梁的两端分别施加相同的滑动支座约束（只沿 y 向运动）或者固定铰支座约束（只在 xy 平面内转动），分析发现低频范围内，滑动支座约束下存在 186.09Hz，293.96Hz 和 578.27Hz 三个固有频率，固定铰支座约束下存在 146.35Hz 和 210.91Hz 两个固有频率，带隙起止频率分别与上述两种约束下的单胞模型固有频率对应。其相应的模态振型，如图 4-71 所示。

从图 4-71 可以看出，在频率 f_1 处振子发生上下振动，振动能量主要集中在振子，梁不发生振动，振子的竖向自由度产生第一共振带隙；在第一带隙截止频率 f_{21}，系统达到动态稳定，梁开始发生上下振动，振子沿着中心轴发生转动。在频率 f_{22}，梁不发生振动，振动仍然局限在振子中，但振子发生转

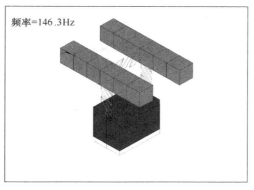

(a)f_1频率下的振动模态

(b)f_{21}频率下的振动模态

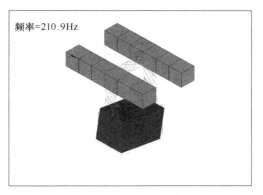

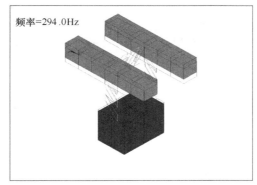

(c)f_{22}频率下的振动模态

(d)f_3频率下的振动模态

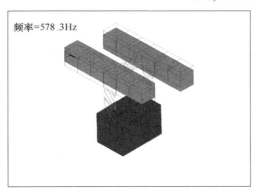

(e)f_4频率下的振动模态

图 4-71　平行并联梁晶胞单元固有模态图

动，因而振子的转动自由度引起了结构的第二能带；在第二带隙截止频率 f_3，振子上下振动，平行并联梁发生同向对称弯曲振动，但在 f_4 振子轻微转动，平行并联梁发生反对称弯曲振动。

　　利用 ANSYS 软件建立 8 个周期单元的有限长并联梁结构模型，计算结构在不同频率 100Hz、145Hz、170Hz、186Hz、210Hz、250Hz、294Hz、578Hz 时的变形，如图 4-72 所示。

　　从图 4-72 可以看出在通带 100Hz 处，两梁上下弯曲振动，且振动基本保持一致，振子的振动方向与梁相同，波动传遍整个周期结构而未发生衰减；而 145Hz 位于第一带隙起始频率附近，振子发生明显的上下振动，而梁保持静止。170Hz 处于带隙范围内，振动仅局限在振源附近，经过几个周期的传播之后消失。186Hz 位于第一带隙截止频率处，梁发生轻微振动，振子出现转动。在第二带隙起始频率 210Hz 处，梁静止而振子出现明显的转动，两个带隙起始频率代表了振子竖向振动和转动两种不同的振动模式。在带隙频率在 250Hz 处，波传播发生衰减。在第二带隙截止频率 294Hz 处，两梁保持同幅

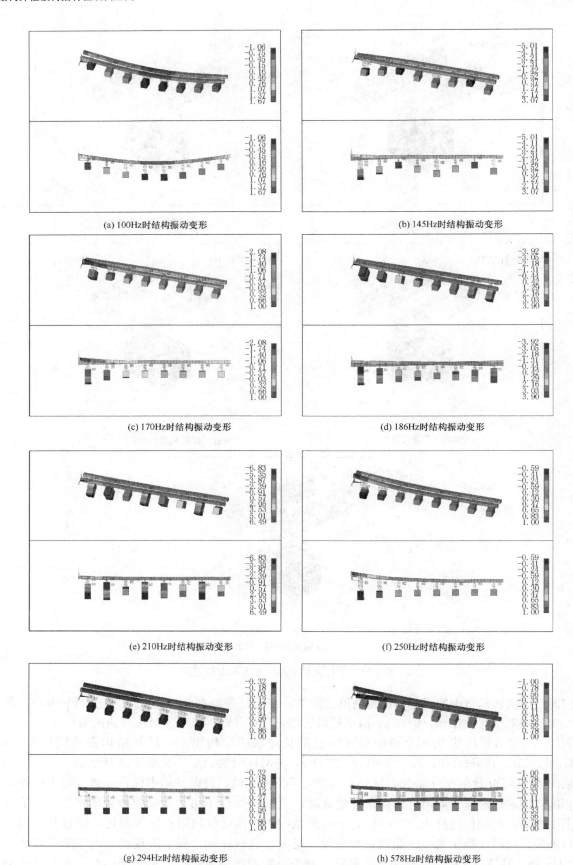

(a) 100Hz时结构振动变形

(b) 145Hz时结构振动变形

(c) 170Hz时结构振动变形

(d) 186Hz时结构振动变形

(e) 210Hz时结构振动变形

(f) 250Hz时结构振动变形

(g) 294Hz时结构振动变形

(h) 578Hz时结构振动变形

图 4-72　有限周期结构在不同频率下的振动变形图

值对称振动，而在 $f_4 = 578\text{Hz}$，两梁保持同幅值反对称振动。有限长并联梁结构的变形模式分析结果进一步验证了无限梁结构在频率范围 $146.3 \sim 186.1\text{Hz}$ 和 $210.9 \sim 294\text{Hz}$ 发生波动衰减，在其他频段发生波动传递的频带特性。

4.7.3.3　简化计算公式

为弄清带隙范围，结合简化模型即弹簧振子示意图给出带隙起始、截止频率近似计算公式及推导过程：第一带隙起始频率 f_1 对应的振动形式为梁静止而振子上下振动，相当于以梁为基础的弹簧振子模型，因此起始频率就是单弹簧振子系统共振频率，即：

$$f_1 = \frac{1}{2\pi}\sqrt{\frac{k_1 + k_2}{m}} \tag{4-171}$$

在第一带隙截止频率 f_{21}，振子发生转动，梁仅存在轻微振动，侧面图的振动效果如图 4-73（a）所示。

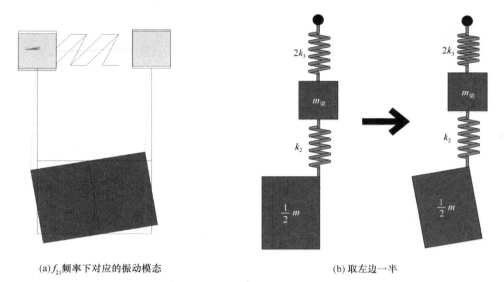

(a) f_{21} 频率下对应的振动模态　　　　　(b) 取左边一半

图 4-73　f_{21} 频率处弹簧振子模型示意图

为简化计算，不考虑梁的振动，可将其分为对称的左右两部分，其简化振动模型如图 4-73（b）所示，故：

$$f_{21} = \frac{1}{2\pi}\sqrt{\frac{2l_3^2}{J(1/k_2 + 1/2k_3)}} \tag{4-172}$$

f_{22} 处振子发生转动，而梁不发生振动，利用 $y(x, t) = 0$ 可得此处振子共振频率：

$$f_{22} = \frac{1}{2\pi}\sqrt{\frac{(k_1 + k_2)(l_3/2)^2}{J}} \tag{4-173}$$

f_3 振动模态显示为梁同时发生弯曲振动，振子上下振动，假设在弹簧的某个中间点固定不动，从而将弹簧 k_1、k_2 分为两段 k_s 和 k_s'。可按照图 4-74 所示进行计算。

$$\begin{cases} \dfrac{k_s}{m_梁} = \dfrac{2k_s'}{m} \\[2mm] \dfrac{1}{k_s} + \dfrac{1}{k_s'} = \dfrac{1}{k_1} = \dfrac{1}{k_2} \end{cases} \tag{4-174}$$

求解 k_s 即可得到截止频率：

$$f_3 = \frac{1}{2\pi}\sqrt{\frac{k_s}{m_梁}} \tag{4-175}$$

f_4 振动模态显示为两侧梁发生反向弯曲振动，振子略轻微转动，假设在弹簧的某个中间点固定不

动，可按照图 4-75 所示进行计算

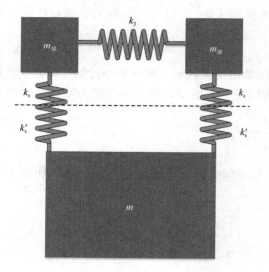

图 4-74　f_3 频率处弹簧振子
模型示意图

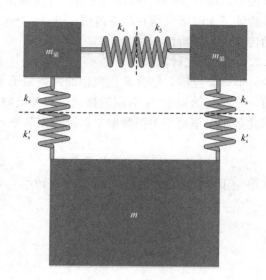

图 4-75　f_4 频率处弹簧振子
模型示意图

借助振动示意图 4-75 可以写出结构振动频率计算方程组：

$$\begin{cases} \dfrac{k_s + k_4}{m_{梁}} = \dfrac{k_s + k_5}{m_{梁}} \\[2mm] \dfrac{k_s + k_4}{m_{梁}} = \dfrac{2k'_s \, (l_3/2)^2}{J} \\[2mm] \dfrac{1}{k_s} + \dfrac{1}{k'_s} = \dfrac{1}{k_1} = \dfrac{1}{k_2} \\[2mm] \dfrac{1}{k_4} + \dfrac{1}{k_5} = \dfrac{1}{k_3} \end{cases} \tag{4-176}$$

推导解出 k_s、k_4 即可得：

$$f_4 = \frac{1}{2\pi} \sqrt{\frac{k_s + k_4}{m_{梁}}} \tag{4-177}$$

对于平行并联梁而言，图 4-70 能带结构图显示其带隙 $f_1 = 146.3\mathrm{Hz}$，$f_{21} = 186\mathrm{Hz}$，$f_{22} = 210.9\mathrm{Hz}$，$f_3 = 294\mathrm{Hz}$，$f_4 = 578.3\mathrm{Hz}$，而通过式（4-171）、式（4-172）、式（4-173）、式（4-175）、式（4-177）计算得到的起始、截止频率分别为 $f_1 = 146.6\mathrm{Hz}$，$f_{21} = 188.9\mathrm{Hz}$，$f_{22} = 211.2\mathrm{Hz}$，$f_3 = 294\mathrm{Hz}$，$f_4 = 578.6\mathrm{Hz}$。可以发现这与能带结构图中带隙边界处的频率几乎一致，因此验证了估算公式的准确性。

4.7.4　带隙影响规律

为了研究带隙特性的影响因素，本节分析了带隙起止频率随梁晶格常数 a，弹簧刚度 k_1 和 k_2 以及振子质量 m 的变化规律，如图 4-76 所示。

由图 4-76（a）可知，当周期梁的晶格常数 a 发生变化时，f_1、f_{21}、f_{22} 保持不变，第一带隙不会发生改变，随着 a 的增大 f_3 逐渐减小，第二带隙带宽随之减小。这是因为 a 增加引起梁质量增加，只有式（4-175）、式（4-177）与梁自重有关，故 f_1、f_{21}、f_{22} 不变，f_3、f_4 减小。

由图 4-76（b）可知，随着弹簧刚度 k_1、k_2 的增加，5 个频率均有增加。当 $k_1 = k_2 < 130\mathrm{kN/m}$ 时，$f_{21} > f_1$，结构中存在两个带隙，且随着弹簧刚度的增加，第一带隙宽度逐渐降低，而第二带隙宽度逐渐增加；继续增加弹簧刚度时结构由两个带隙变成一个带隙，但带隙宽度迅速增加。

图 4-76（c）显示振子质量的增加会导致 5 个频率减小，f_{21} 减小速率稍大于 f_1，使得第一带隙宽度

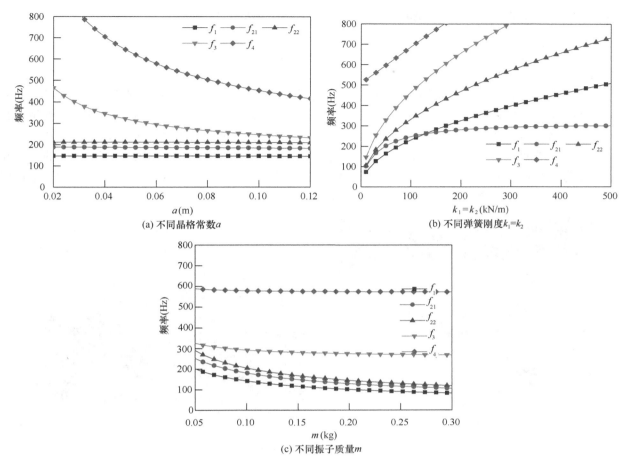

图 4-76　带隙随晶格常数、弹簧刚度和振子质量变化图

略微减小，f_3 减小速率小于 f_{22}，第二带隙宽度明显增加，带隙总宽度增加。这是因为 $J = m \times [(l_3^2) + (l_2^2)]/12$，故 f_1、f_{21}、f_{22} 逐渐减小；f_3 和 f_4 隐式表达式与 m 和 J 有关，因此也随之减小。

　　为了直观地展示连接弹簧从无到有以及刚度变化对带隙的影响规律，图 4-77 给出了连接弹簧刚度 k_3 变化时的能带结构图以及带隙变化图。

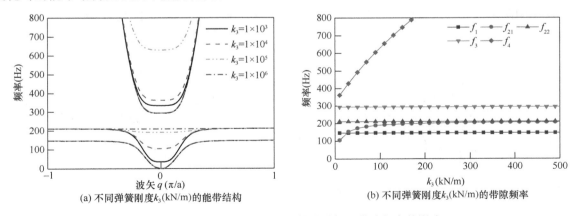

图 4-77　连接弹簧刚度变化对能带结构和带隙频率的影响

　　可以发现，k_3 的变化只对 f_{21}、f_4 产生影响，随着 k_3 的增加 f_{21} 从 0 迅速增至 $f_1 = 146\text{Hz}$，第一带隙逐渐出现且带宽随之增加；k_3 继续增加时，两梁之间相当于刚接，f_{21} 增至 f_{22}，第二能带变成一条平直带，这与上下双梁中振子转动共振引起平直能带结论一致。同时由于 f_4 隐式表达式与 k_3 有关，k_3 增

加引起 f_4 快速增加，这也是引入连接弹簧后第四能带向上移动的原因。

4.7.5 试验验证

4.7.5.1 试验设计

为验证理论计算和有限元仿真结果的正确性，按照表 4-10 所列尺寸制作模型试件，基体梁为 1cm×1cm×48cm 的铝材，振子块由钢材制作成 2cm×2cm×3cm 的标准尺寸。弹簧采用高强度合金弹簧，其中与振子相连的高强度合金弹簧刚度为 40kN/m，两根梁之间的弹簧刚度为 80kN/m，由定制加工得到，为验证高强度合金弹簧的刚度，对其进行试验验证，选出最接近的 16 个刚度为 40kN/m 的弹簧和 8 个刚度为 80kN/m 的弹簧。为尽量保证试验材料与理论研究模型的高度一致性，模型制作过程中使用 502 胶粘剂进行胶合，静置 12h 以确保完全固化，试验系统如图 4-78 所示。

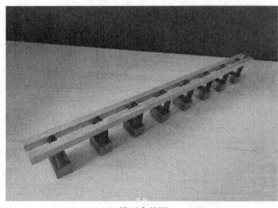

(a) 模型实体图   (b) 模型试验图

图 4-78　模型试件测试系统图

试验时将双梁结构吊起，在梁一端沿其竖直高度方向施加单位位移激励 u_1，另一端接收竖直位移响应 u_2，激振点与响应拾取点处信号通过附着在梁表面的加速度传感器获得。

4.7.5.2 结果分析

按照公式 $S = 20 \times \log_{10}(u_2/u_1)$ 处理数据即可得振动传输特性曲线，将其与有限元模拟的结果放在一起进行比较，如图 4-79 所示。

图 4-79 中阴影部分为试验得到的振动衰减部分，其中图 4-79（a）阴影区域为 150～184Hz 和200～

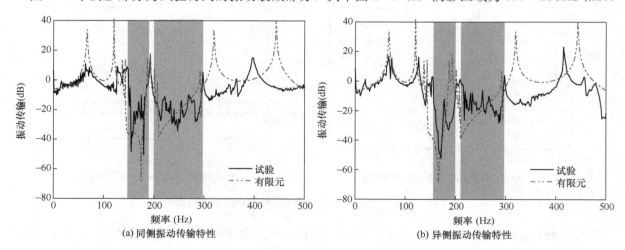

(a) 同侧振动传输特性   (b) 异侧振动传输特性

图 4-79　试验和有限元仿真计算振动传输特性

295Hz，图 4-79（b）中阴影区域为 156～198Hz 和 216～295Hz。与图 4-70 进行比较可以发现，试验测得各带隙起止频率与理论计算结果基本吻合，误差最大不超过 5%。而且，不管是同侧还是异侧，试验所测最大衰减幅度都达到了 50dB。因此，无论从带隙起止频率还是振动衰减幅值来看，试验结果验证了理论计算与有限元模拟预测带隙特性的准确性。

4.8　周期声学黑洞平行并联梁的带隙特性

4.8.1　声学黑洞平行并联梁模型

结构中梁的尺寸与 4.4 节中的模型一和模型三保持一致，单元胞梁质量 $m=0.00882$kg，振子尺寸设为 0.01cm×0.01cm×0.03cm，振子转动惯量计算可得 $J=1.965\times10^{-6}$ kg·m^2，弹簧刚度仍为 4×10^4kN/m。结构模型如图 4-80 所示。

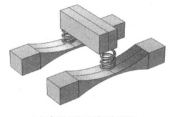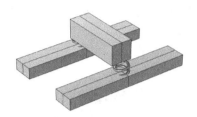

(a) 声学黑洞平行并联梁　　　　　　　　　(b) 传统平行并联梁

图 4-80　结构模型示意图

4.8.2　带隙分析

4.8.2.1　能带结构

使用有限元软件 COMSOL 对模型进行分析，将模型以软件自带的超细化进行网格划分，声学黑洞平行并联梁结构包含 16861 个域单元、4742 个边界单元和 721 个边单元，传统平行并联梁结构包含 15079 个域单元、4068 个边界单元和 630 个边单元。声学黑洞结构更复杂，所以单元数相应地有所增加。

对模型进行能带计算，取波矢步长设为 $\pi/(22a)$，频率范围取为 0～1000Hz，模型能带结构图如图 4-81 所示。

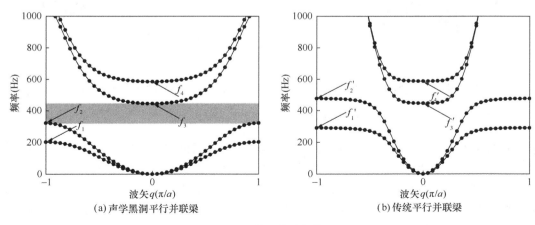

(a) 声学黑洞平行并联梁　　　　　　　　　(b) 传统平行并联梁

图 4-81　模型能带结构图

因为两梁之间不存在弹簧连接，故能带图与 4.7.2 节中的能带图相同，第二条能带均不是一条平直通带。在图 4-81（a）中声学黑洞平行并联梁的带隙起始频率为 $f_2 = 322Hz$，截止频率为 $f_3 = 445Hz$，带隙宽度为 123Hz，如图中阴影部分所示。在图 4-81（b）中传统平行并联梁因受第二能带的影响，带隙起始频率 $f_2' = 477Hz$ 高于截止频率 $f_3' = 448Hz$，故不存在带隙。使用式（4-172）和式（4-173）进行计算，起始频率为 481Hz，截止频率为 448Hz，有限元法与简化公式互相验证，有效地证明了计算的正确性。

与传统平行并联梁相比，周期声学黑洞平行并联梁截止频率并没有明显变化，而起始频率大幅下降，降幅高达 155Hz。从图中可以看出，不只是第二能带发生改变，第一能带同样出现下降。根据第 3 章的内容可以知道，当两梁之间使用一定强度的弹簧连接后，第二能带可以变为一条平直能带，此时起始频率取决于第一能带，而受到声学黑洞的影响，第一能带从 290Hz 降为 203Hz，降幅高达 30%，这充分证明声学黑洞可以用于降低局域共振类声子晶体对振子质量的要求，同时为实现低频范围内获得更宽带隙提供了前进方向和理论依据。

4.8.2.2　振动模态

选取带隙起始、截止频率处的模型关键振动模态进行分析，如图 4-82 所示。

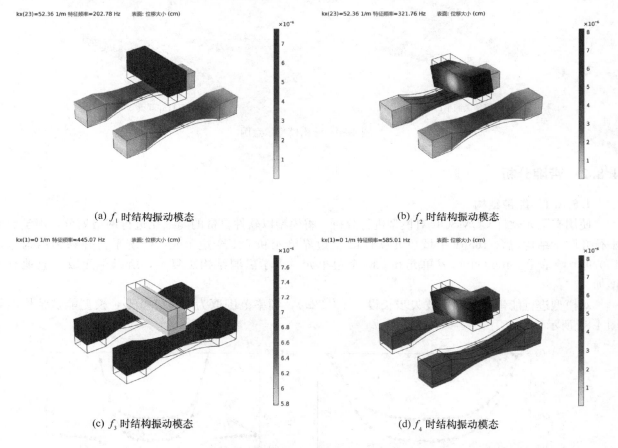

图 4-82　关键频率下结构振动模态

与平行并联梁的振动模态对比可以发现，声学黑洞平行并联梁在振动模态上并没有变化，振动形式完全相同，但 f_1 和 f_2 处振动模态中振子与梁结构之间的联系更加紧密，与图 4-37（a）、（c）的分析结果相同。因而可以得到结论，将原有梁结构改变为声学黑洞的形式并没有改变结构的振动方式，只是通过增强梁与振子之间振动的关联性，便可实现起始频率向低频的移动，从而得到更宽的带隙。

4.8.2.3　振动传输特性曲线

对周期声学黑洞平行并联梁模型进行八周期的振动传输分析，在梁一端沿其竖直高度方向施加单位位移，在梁的另一端提取相应竖直位移响应，频率范围为 0~1000Hz，步长为 1Hz，即振动传输特性曲线如图 4-83 所示。

图 4-81（a）中带隙区域在图 4-83 中对应为灰色阴影部分，其范围为 306~448Hz，与能带图相近，同侧振动传输最大衰减超过 85dB，异侧振动传输达 95dB。在衰减范围内，振动传输曲线出现先突降至 -63dB，这符合局域共振类声子晶体振动传输曲线的特征，进一步证明该带隙的性质，之后衰减由弱到强，与图 4-38（a）中观察到的现象保持一致。浅灰色阴影框选区域为带隙外振动衰减，从图 4-83可以看到，同侧和异侧振动传输在带隙之前和之后都存在较宽频率范围内的通带衰减。

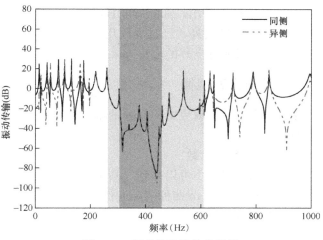

图 4-83   振动传输特性曲线图

针对这一现象绘制结构在 290Hz、306Hz、440Hz、448Hz、500Hz 时的振动示意图，如图 4-84所示。

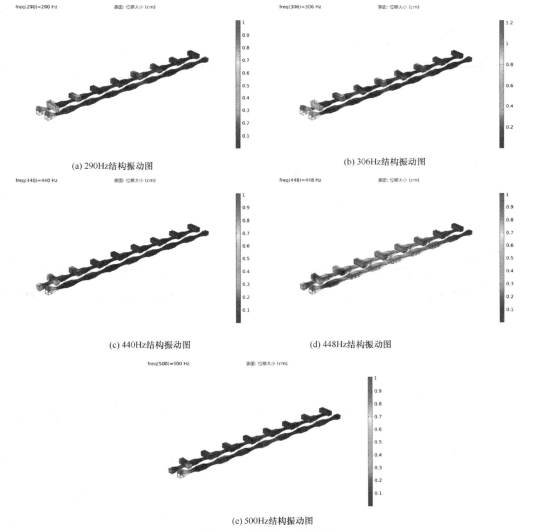

(a) 290Hz结构振动图

(b) 306Hz结构振动图

(c) 440Hz结构振动图

(d) 448Hz结构振动图

(e) 500Hz结构振动图

图 4-84   结构振动示意图

从图 4-84 可以看出，306～448Hz 为振动传输衰减区域，结构中存在必然的明显衰减。但 290Hz 和 500Hz 是在带隙之外，经过少数几个周期之后结构中振动也明显减弱，且不存在位移零点，这要归功于声学黑洞对能量良好的汇集效果，使结构在带隙之外仍然可以保持较好的振动衰减特性。

4.8.3 带隙影响规律

为了探究如何形成更宽的低频带隙，下面从晶格常数、弹簧刚度和振子质量三个方面研究各因素对带宽的影响。

4.8.3.1 晶格常数

在第 3 章的研究中可以得到，晶格常数对声子晶体的带隙宽度有很大影响，现选取 $a=4$cm，$a=5$cm，$a=7$cm，$a=8$cm 四种情况进行对比，在 0～3000Hz 范围内分析晶格常数对声学黑洞型声子晶体带隙的影响程度，如图 4-85 所示。

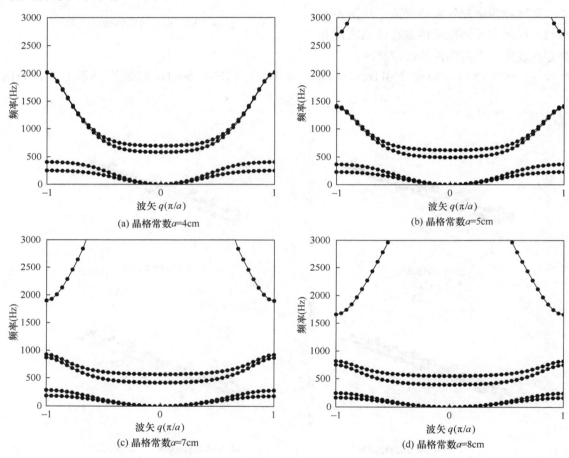

图 4-85　改变晶格常数时结构能带图

在图 4-85 中，当晶格常数 a 增加时，第一带隙起始频率 f_2 和截止频率 f_3 均下降，但截止频率下降幅度高于起始频率，故第一带隙逐渐变小。受结构周期性变化产生的布拉格散射带隙同样受到晶格常数影响，与第一带隙具有相同的规律，但变化程度更大。在对本模型进行模态分析时，该模型在第一带隙的起始、截止频率处的振动模态与平行并联梁完全相同，故其简化公式应结构相似，即在第一带隙不受晶格常数影响，但在声学黑洞平行并联梁中第一带隙起始、截止频率随着晶格常数的增加而降低，这一规律与传统平行并联梁完全不一样，反而与布拉格散射类声子晶体的性质相同，这说明声学黑洞平行并联梁既具有局域共振的特点又具有布拉格散射的特点，声学黑洞是联系局域共振和布拉格散射的桥梁。

4.8.3.2　弹簧刚度

从第 2 章和第 3 章内容可以看出弹簧是调节能带、控制带隙宽度的关键因素之一。通过改变声学黑洞上与振子相连的弹簧刚度，研究其对带隙的影响规律，取弹簧刚度为 $1\times10^4\,\mathrm{kN/m}$，$1\times10^5\,\mathrm{kN/m}$，$1\times10^6\,\mathrm{kN/m}$，$1\times10^7\,\mathrm{kN/m}$，如图 4-86 所示。

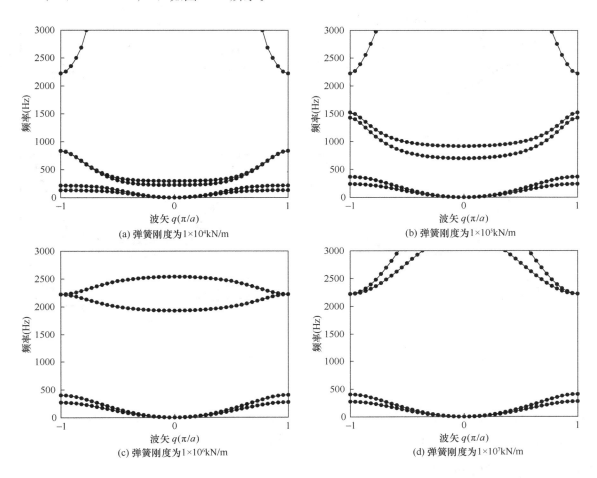

图 4-86　改变弹簧刚度时结构能带图

从图 4-86 可以看出，在弹簧刚度从 $1\times10^4\,\mathrm{kN/m}$ 变到 $1\times10^5\,\mathrm{kN/m}$ 的过程中，在第一布里渊区边缘波矢为 π/a 处，第一能带和第二能带都发生明显上移，分别从 131Hz 和 213Hz 涨到 238Hz 和 366Hz，涨幅分别为 82% 和 72%。而弹簧刚度从 $1\times10^5\,\mathrm{kN/m}$ 变到 $1\times10^7\,\mathrm{kN/m}$ 的过程中，第一能带和第二能带并未发生明显较大改变，这说明弹簧刚度使第一带隙起始频率先增加后逐渐趋于不变；对于第三、四能带，当弹簧刚度从 $1\times10^4\,\mathrm{kN/m}$ 变到 $1\times10^7\,\mathrm{kN/m}$ 时，能带逐渐从下凹形式变为上凸形式，在这个过程中，第三、四能带先是整体向上移动，后在第一布里渊区边界处能带保持不变，始终是 2224Hz，其余部位能带继续上移。在此机理作用下，第一带隙随着弹簧刚度的增加，先是迅速增加，后保持不变。当弹簧刚度为 $1\times10^7\,\mathrm{kN/m}$ 时，局域共振带隙的起始频率为 403Hz，此时带宽高达 1821Hz。

4.8.3.3　振子质量

从 4.4.3 节可以看到，在声学黑洞声子晶体结构中振子质量是带隙宽度和起始频率大小的决定性因素之一，为了分析振子质量对声学黑洞平行并联梁的带隙影响规律，选取振子质量为 0.02kg、0.03kg、0.04kg 和 0.05kg 四组参数分析局域共振带隙的变化规律，如图 4-87 所示。

如图 4-87 所示，在振子质量增加的过程中局域共振带隙起始、截止频率均下降，在振子质量从 0.02kg 增加到 0.05kg 的过程中带隙起始频率从 346Hz 减小到 228Hz，截止频率从 462Hz 减小到

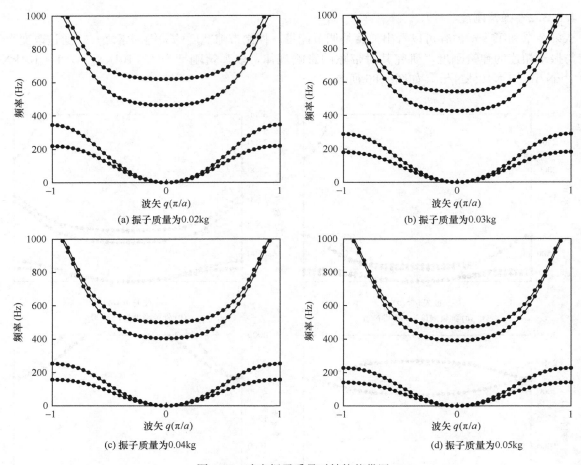

图 4-87　改变振子质量时结构能带图

392Hz，带隙宽度下降了 48Hz。起始频率下降 34％，而截止频率仅下降 15％，这表明通过增加振子质量来实现声学黑洞型声子晶体在低频范围内的相对宽频带隙是可行的。

4.8.4　带隙转化规律验证

4.4 节提出并验证了声学黑洞型声子晶体单梁结构中布拉格散射带隙向局域共振带隙的转化规律，现选取振子质量为 0.05kg，探讨带隙转化规律在平行并联梁中的可行性。计算周期声学黑洞平行并联梁和传统平行并联梁在 0～3000Hz 的结构能带图，如图 4-88 所示。

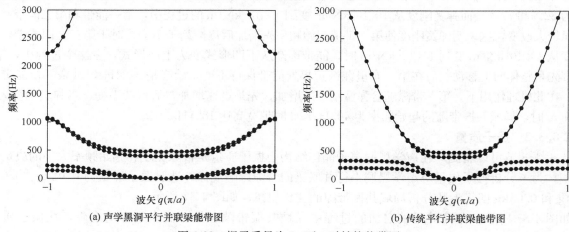

图 4-88　振子质量为 0.05kg 时结构能带图

图 4-88（a）中声学黑洞平行并联梁带隙的频率范围为 227.6～391.5Hz 和 1071.6～2223.8Hz，图 4-88（b）中传统平行并联梁带隙的频率范围为 327.4～393.6Hz，局域共振带隙起始频率明显降低，而截止频率几乎保持不变。按照公式（4-65）进行计算，当不存在振子时，结构为两根无关联的单梁，故其中布拉格散射带隙的起始频率以图 4-36（d）中的起始频率 740Hz 为准。

$$\frac{227.6-327.4}{227.6+327.4}+\frac{1071.6-740}{1071.6+740}=0.003 \tag{4-178}$$

从计算结果可以看到，带隙转化规律对声学黑洞平行并联梁同样适用，这表明该经验公式在不同模型中都是适用的，也从侧面印证了经验公式的正确性。

参 考 文 献

［1］ Luo W L, Xia Y, Zhou X Q. A general closed-form solution to a Timoshenko beam on elastic foundation under moving harmonic line load[J]. Structural Engineering and Mechanics, 2018, 66(3)：387-397.

［2］ Wang T, Sheng M, Guo Z, et al. Flexural wave suppression by an acoustic metamaterial plate[J]. Applied Acoustics, 2016, 114：118-124.

［3］ 肖勇. 局域共振型结构的带隙调控与减振降噪特性研究[D]. 长沙：国防科学技术大学，2012.

［4］ Yu D, Wen J, Shen H, et al. Propagation of flexural wave in periodic beam on elastic foundations[J]. Physics Letters A, 2012, 376(4)：626-630.

［5］ 文岐华，左曙光，魏欢. 多振子梁弯曲振动中的局域共振带隙[J]. 物理学报，2012，61(03)：240-246.

［6］ 吴旭东，左曙光，倪天心，等. 并联双振子声子晶体梁结构带隙特性研究[J]. 振动工程学报，2017，30(001)：79-85.

［7］ Ding L, Ye Z, Wu Q Y. Flexural vibration band gaps in periodic Timoshenko beams with oscillators in series resting on flexible supports[J]. Advances in Structural Engineering, 2020, 23(1)：1710140108.

［8］ 胡海岩. 机械振动基础[M]. 北京：北京航空航天大学出版社，2005.

［9］ Wang G, Wen J H, Wen X S. Quasi-one-dimensional phononic crystals studied using the improved lumped-mass method：application to locally resonant beams with flexural wave band gap[J]. Physical Review B, 2005, 71(10)：104302.

［10］ Xiao Y, Wen J H, Yu D L, Wen X S. Flexural wave propagation in beams with periodically attached vibration absorbers：band-gap behavior and band formation mechanisms[J]. Journal of Sound and Vibration, 2013, 332(4)：867-893.

［11］ Hussein M I, Leamy M J, Ruzzene M. Dynamics of phononic materials and structures：historical origins, recent progress, and future outlook[J]. Applied Mechanics Reviews, 2014, 66(4)：040802.

［12］ Wang Z Y, Zhang P, Zhang Y Q. Locally resonant band gaps in flexural vibrations of a Timoshenko beam with periodically attached multioscillators[J]. Mathematical Problems in Engineering, 2013：146975.

［13］ Yu D L, Liu Y Z, Zhao H G, et al. Flexural vibration band gaps in Euler-Bernoulli beams with locally resonant structures with two degrees of freedom[J]. Physical Review B, 2006, 73(6)：064301.

［14］ Chen J S, Sharma B, Sun C T. Dynamic behaviour of sandwich structure containing spring-mass resonators[J]. Composite Structures, 2011, 93(8)：2120-2125.

［15］ Sharma B, Sun C T. Local resonance and Bragg bandgaps in sandwich beams containing periodically inserted resonators[J]. Journal of Sound and Vibration, 2016, 364：133-146.

［16］ 涂静，史治宇. 双层欧拉梁声子晶体弯曲振动带隙特性研究[J]. 机械制造与自动化，2020，49(2)：69-73.

［17］ Chen J S, Huang Y J. Wave propagation in sandwich structures with multiresonators[J]. Journal of Vibration and Acoustics, 2016, 138(4)：041009.

［18］ Chen H, Li X P, Chen Y Y, et al. Wave propagation and absorption of sandwich beams containing interior dissipative multi-resonators[J]. Ultrasonics, 2017, 76：99-108.

［19］ Thorp O, Ruzzene M, Baz A. Attenuation and localization of wave propagation in rods with periodic shunted piezoelectric patches[J]. Smart Materials and Structures，2001，10(5)：979-989.

[20]　Mead D J. Wave propagation and natural modes in periodic systems：I. mono-coupled systems[J]. Journal of Sound and Vibration，1975，40(1)：1-18.

[21]　Mead D J. Wave propagation and natural modes in periodic systems：II. multi-coupled systems，with and without damping[J]. Journal of Sound and Vibration，1975，40(1)：19-39.

[22]　李凤明. 结构中弹性波与振动局部化问题的研究[D]. 哈尔滨：哈尔滨工业大学，2003.

[23]　张锦，刘晓平. 叶轮机振动模态分析理论及数值方法[M]. 北京：国防工业出版社，2001.

[24]　Kuang J H，Huang B W. The effect of blade crack on mode localization in rotating bladed disks[J]. Journal of Sound and Vibration，1999，227(1)：85-103.

[25]　Bladh R，Castanier M P，Pierre C. Component-mode-based reduced order modeling techniques for mistuned bladed disks-Part II：application[J]. ASME，Journal of Engineering for Gas Turbines and Power，2001，123(1)：100-108.

[26]　Romeo F，Paolone A. Wave propagation in three-coupled periodic structures[J]. Journal of Sound and Vibration，2007，301(3-5)：635-648.

[27]　Castanier M P，Pierre C. Lyapunov exponents and localization phenomena in multi-coupled nearly periodic systems[J]. Journal of Sound and Vibration，1995，183(3)：493-515.

[28]　Xie W C，Ibrahim A. Buckling mode localization in rib-stiffened plates with misplaced stiffeners-a finite strip approach[J]. Chaos, Solitons and Fractals，2000，11(10)：1543-1558.

[29]　Baz A. Active control of periodic structures[J]. ASME，Journal of Vibration and Acoustics，2001，123(4)：472-479.

[30]　Li F M，Wang Y S，Chen A L. Wave localization in randomly disordered periodic piezoelectric rods[J]. Acta Mechanica Solida Sinica，2006，19(1)：50-57.

[31]　Li F M，Wang Y S. Study on wave localization in disordered periodic layered piezoelectric composite structures[J]. International Journal of Solids and Structures，2005，42(24-25)：6457-6474.

[32]　Wang Y Z，Li F M，Huang W H，et al. The propagation and localization of Rayleigh waves in disordered piezoelectric phononic crystals[J]. Journal of the Mechanics and Physics of Solids，2008，56(4)：1578-1590.

[33]　Spadoni A，Ruzzene M，Cunefare K. Vibration and wave propagation control of plates with periodic arrays of shunted piezoelectric patches[J]. Journal of Intelligent Material Systems and Structures，2009，20(8)：979-990.

[34]　Chen S B，Wen J H，Wang G，et al. Improved modeling of rods with periodic arrays of shunted piezoelectric patches[J]. Journal of Intelligent Material Systems and Structures，2012，23(14)：1613-1621.

[35]　Lin Y K，Mcdaniel T J. Dynamics of beam-type periodic structures[J]. Journal of Engineering for Industry，1969，91(4)：1133-1141.

[36]　Yeh J Y，Chen L W. Wave propagations of a periodic sandwich beam by FEM and the transfer matrix method[J]. Composite Structures，2006，73(1)：53-60.

[37]　Solaroli S，Gu Z，Baz A，et al. Wave propagation in periodic stiffened shells：spectral finite element modeling and experiments[J]. Journal of Vibration and Control，2003，9(9)：1057-1081.

[38]　Lee U，Kim J. Dynamics of elastic-piezoelectric two-layer beams using spectral element method[J]. International Journal of Solids and Structures，2000，37(32)：4403-4417.

[39]　诸葛荣，陈全公. 桁架振动的有限元分析——Timoshenko 梁理论的应用[J]. 上海海运学院学报，1982，3(4)：9-24.

[40]　Lee U. Spectral Element Method in Structural Dynamics[J]. Singapore：John Wiley & Sons，2009.

[41]　Bouzit D，Pierre C. Wave localization and conversion phenomena in multi-coupled multi-span beams[J]. Chaos, Solitons and Fractals，2000，11(10)：1575-1596.

[42]　陈阿丽，李凤明，汪越胜. 失谐压电周期结构中波动的局部化[J]. 振动工程学报，2005，18(3)：272-275.

[43]　Wolf A，Swift J B，Swinney H L，et al. Determining Lyapunov exponents from a time series[J]. Physica D，1985，16(3)：285-317.

[44]　Lee U，Kim J. Spectral element modeling for the beams treated with active constrained layer damping[J]. International Journal of Solids and Structures，2001，38(32-33)：5679-5702.

[45] Ding L，Zhu H P，Yin T．Wave propagation in a periodic elastic-piezoelectric axial-bending coupled beam[J]．Journal of Sound and Vibration，2013，332(24)：6377-6388.

[46] Smith D R，Pendry J B，Wiltshire M C K．Metamaterials and negative refractive index[J]．Science，2004，305(5685)：788-792.

[47] Xiao Y，Wen J H，Wen X S．Flexural wave band gaps in locally resonant thin plates with periodically attached spring-mass resonators[J]．Journal of Physics D：Applied Physics，2012，45(19)：195401.

[48] 李锁斌，窦益华，陈天宁，等．局域共振型周期结构振动带隙形成机理[J]．西安交通大学学报，2019，53(6)：169-175.

[49] He F Y，Shi Z Y，Qian D H，et al．Flexural wave bandgap properties in metamaterial dual-beam structure[J]．Physics Letters A，2022，429：127950.

[50] Krylov V V，Winward R E T B．Experimental investigation of the acoustic black hole effect for flexural waves in tapered plates[J]．Journal of Sound and Vibration，2007，300(1-2)：43-49.

[51] Denis V，Pelat A，Gautier F，et al．Modal overlap factor of a beam with an acoustic black hole termination[J]．Journal of Sound and Vibration，2014，333(12)：2475-2488.

[52] 李敬，朱翔，李天匀，等．基于平面波展开法的声学黑洞梁弯曲波带隙研究[J]．哈尔滨工程大学学报，2022，43(1)：32-40.

[53] Ji H L，Han B，Cheng L，et al．Frequency attenuation band with low vibration transmission in a finite-size plate strip embedded with 2D acoustic black holes[J]．Mechanical Systems and Signal Processing，2022，163：108149.

[54] 赵楠，王禹，陈林，等．分布式声学黑洞浮筏系统隔振性能研究[J]．振动与冲击，2022，41(13)：75-80.

第5章

周期叠层橡胶隔震支座力学特性和振动传递

5.1 引言

叠层橡胶隔震支座（也称叠层橡胶支座）作为一种有效的隔震装置，在近 20 年来得到了广泛的应用，其力学性能对基础隔震结构的地震响应分析有着重要的影响，因此叠层橡胶支座精确模型的建立显得尤为必要。叠层橡胶支座力学特性的研究最早是基于 Haringx 理论，即将钢板层和橡胶层组成的叠层结构简化为等价的均匀连续柱，同时考虑弯曲变形和剪切变形的影响。在此基础上，Ravari 等利用该理论研究了端部固定转角对叠层橡胶支座力学特性的影响。Bazant 以及 Kelly 和 Marsico 用试验验证了该理论的有效性。为了简化计算，Koh 和 Kelly 提出了双自由度弹簧力学模型，研究了叠层橡胶支座在大水平位移情况下的力学性能。接着，Kikuchi 等扩展该双自由度力学模型至三维空间，得到了更为符合实际的支座弹簧模型。Nagarajaiah 和 Ferrell 改进了双自由度力学模型，提出了一种非线性的解析力学模型，能够更加准确地预测支座的水平刚度和屈曲荷载。Iizuka 针对不同的荷载条件，较为系统地建立了橡胶隔震支座各种力学性能的计算理论和评价方法。然而，上述模型均是基于 Haringx 均匀柱，无法有效地处理内部各层橡胶之间的力学行为，同时不能考虑各层厚度、材料特性及层与层间边界条件的影响。

为了解决上述问题，本章在前人研究的基础上，基于周期结构模型，分别利用 Haringx 理论和刚体运动理论建立橡胶层和钢板层的控制方程，采用传递矩阵法推导了叠层橡胶支座各层端部的状态向量以及任意截面的内力和位移表达式，从而能够容易且精确地分析支座的力学特性，为叠层橡胶支座的力学特性研究提供了有力的算法工具。

通常在设计和分析周期结构时，假设其具有完好理想的周期性，但是，在实际工程中，由于材料、几何缺陷和制造误差等原因，实际周期结构总是不可避免地同理想周期结构之间存在一定的偏差，致使周期结构的各个子结构间具有某种程度的不统一性，称之为失谐。失谐可对周期结构的力学特性产生很大的影响，造成弹性波或振动的局部化现象。因此，考虑周期结构的失谐对于准确分析结构的动力特性尤为关键。目前为止，很少有文献涉及周期叠层橡胶支座中单元失谐对结构地震响应和振动传递特性的影响。

鉴于此，本章基于周期系统特征波导纳特性和失谐单元两端节点导纳的概念，推导了任意边界条件下，具有一个失谐单元的有限单耦合周期系统的波动传递表达式。学者 Mead 和 Bansal 曾利用该方法研究了失谐对无限长刚性支撑周期梁的波动传播的影响。结合周期结构原理和导纳方法分析了失谐叠层橡胶隔震支座的地震响应和振动传递特性。将上部房屋结构和叠层橡胶隔震支座分别简化为带集中质量的有限周期结构，根据 Euler-Bernoulli 梁理论来建立上部结构墙体模型，将楼板简化为集中质量；并分别利用剪切梁理论模型和集中质量模型来模拟支座中的橡胶层和钢板层，同时通过间接导纳和传播常数来建立上部结构的点阻抗，特别地探讨了叠层橡胶支座中橡胶层剪切模量和厚度失谐对地震响应和波动传递特性的影响。分析结果为研究现有支座的失谐及人为地引进失谐以调整结构的传递特性提供了理论支撑。

5.2　基于传递矩阵法的叠层橡胶支座力学特性分析

5.2.1　叠层橡胶支座理论模型

5.2.1.1　橡胶层控制方程

橡胶支座由橡胶层和钢板周期交替组合而成，因此每个周期单元含有一层橡胶和一层钢板。以第 j 个单元中的橡胶层为研究对象，且截取高度为 x（$0 < x < t_r$，t_r 为一层橡胶的厚度）的隔离体，其受力和变形如图 5-1 所示，$v(x)$ 和 $\varphi(x)$ 分别为橡胶层任一截面 x 处的水平位移和转角，$V(x)$ 和 $M(x)$ 分别为该处的剪力和弯矩，则本构方程为：

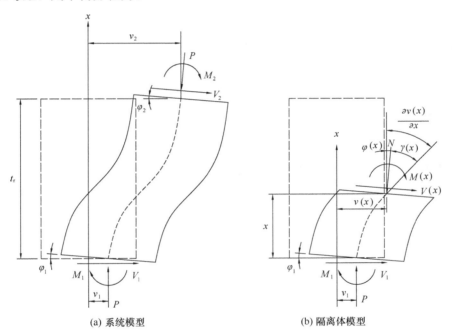

(a) 系统模型　　　　　　　　　　(b) 隔离体模型

图 5-1　橡胶层的几何和荷载模型

$$M(x) = EI\,\frac{\partial \varphi(x)}{\partial x} \tag{5-1a}$$

$$V(x) = GA\left[\frac{\partial v(x)}{\partial x} - \varphi(x)\right] \tag{5-1b}$$

式中，EI、G 和 A 分别为橡胶层的有效弯曲刚度、材料剪切模量和横截面面积。

由图 5-1 可知隔离体的剪力和弯矩平衡方程，并代入式（5-1）得：

$$EI\,\frac{\partial \varphi(x)}{\partial x} + P[v(x) - v_1] + M_1 - V_1 x = 0 \tag{5-2a}$$

$$GA\left[\frac{\partial v(x)}{\partial x} - \varphi(x)\right] - P\varphi(x) + V_1 = 0 \tag{5-2b}$$

式中，P、V_1、M_1 和 v_1 分别为橡胶层底部（$x = 0$）的轴向力、水平力、弯矩和水平位移。

由式（5-2b），可得 $\partial v(x)/\partial x$ 与 $\varphi(x)$ 的以下关系式：

$$\frac{\partial v(x)}{\partial x} = \frac{P + GA}{GA}\varphi(x) - \frac{V_1}{GA} \tag{5-3}$$

对 $\varphi(x)$ 进行求导后代入式（5-2a），并利用式（5-3）得：

$$\frac{\partial^2 v(x)}{\partial x^2} + \alpha^2 v(x) = \alpha^2 v_1 - \frac{\alpha^2 M_1}{P} + \frac{\alpha^2 V_1 x}{P} \tag{5-4a}$$

$$\frac{\partial^2 \varphi(x)}{\partial x^2} + \alpha^2 \varphi(x) = \frac{\alpha^2 V_1}{P} \tag{5-4b}$$

式中，参数 α 由下式确定：

$$\alpha^2 = \frac{P(P+GA)}{EIGA} \tag{5-5}$$

微分方程（5-4）的解为：

$$v(x) = A\cos(\alpha x) + B\sin(\alpha x) + v_1 - \frac{M_1}{P} + \frac{V_1}{P}x \tag{5-6a}$$

$$\varphi(x) = \alpha\beta B\cos(\alpha x) - \alpha\beta A\sin(\alpha x) + \frac{V_1}{P} \tag{5-6b}$$

式中，β 为：

$$\beta = \frac{GA}{P+GA} \tag{5-7}$$

把式（5-6）分别代入式（5-1）和式（5-2）得到：

$$M(x) = -PA\cos(\alpha x) - PB\sin(\alpha x) \tag{5-8a}$$

$$V(x) = P\alpha\beta B\cos(\alpha x) - P\alpha\beta A\sin(\alpha x) \tag{5-8b}$$

由位移边界条件可知：

$$v(0) = v_1 \tag{5-9a}$$

$$\varphi(0) = \varphi_1 \tag{5-9b}$$

将式（5-9）代入式（5-6），可得到系数 A 和 B 的表达式为：

$$A = \frac{M_1}{P} \tag{5-10a}$$

$$B = \frac{P\varphi_1 - V_1}{P\alpha\beta} \tag{5-10b}$$

将式（5-10）代入式（5-6）和式（5-8）可得：

$$v(x) = v_1 + \frac{\sin(\alpha x)}{\alpha\beta}\varphi_1 + \left[\frac{x}{P} - \frac{\sin(\alpha x)}{P\alpha\beta}\right]V_1 + \left[\frac{\cos(\alpha x)}{P} - \frac{1}{P}\right]M_1 \tag{5-11a}$$

$$\varphi(x) = \cos(\alpha x)\varphi_1 + \left[\frac{1}{P} - \frac{\cos(\alpha x)}{P}\right]V_1 - \frac{\alpha\beta\sin(\alpha x)}{P}M_1 \tag{5-11b}$$

$$V(x) = P\cos(\alpha x)\varphi_1 - \cos(\alpha x)V_1 - \alpha\beta\sin(\alpha x)M_1 \tag{5-11c}$$

$$M(x) = -\frac{P\sin(\alpha x)}{\alpha\beta}\varphi_1 + \frac{\sin(\alpha x)}{\alpha\beta}V_1 - \cos(\alpha x)M_1 \tag{5-11d}$$

式（5-11）可表达为如下的矩阵形式：

$$\boldsymbol{Y}^j(x) = \boldsymbol{T}_1(x)\boldsymbol{Y}_b^j \tag{5-12}$$

其中，$\boldsymbol{Y}^j(x)$ 和 $\boldsymbol{Y}_b^j$ 分别为第 j 个单元中橡胶层任一截面 x 处和底部的状态向量，即：

$$\boldsymbol{Y}^j(x) = \left\{\begin{array}{c} v(x) \\ \varphi(x) \\ V(x) \\ M(x) \end{array}\right\} \tag{5-13a}$$

$$\boldsymbol{Y}_b^j = \left\{\begin{array}{c} v_1 \\ \varphi_1 \\ V_1 \\ M_1 \end{array}\right\} \tag{5-13b}$$

$$\boldsymbol{T}_1(x) = \begin{bmatrix} 1 & \dfrac{\sin(\alpha x)}{\alpha\beta} & \dfrac{x}{P} - \dfrac{\sin(\alpha x)}{P\alpha\beta} & \dfrac{\cos(\alpha x)}{P} - \dfrac{1}{P} \\ 0 & \cos(\alpha x) & \dfrac{1}{P} - \dfrac{\cos(\alpha x)}{P} & \dfrac{-\alpha\beta\sin(\alpha x)}{P} \\ 0 & P\cos(\alpha x) & -\cos(\alpha x) & -\alpha\beta\sin(\alpha x) \\ 0 & -\dfrac{P\sin(\alpha x)}{\alpha\beta} & \dfrac{\sin(\alpha x)}{\alpha\beta} & -\cos(\alpha x) \end{bmatrix} \tag{5-14}$$

特别地，当 $x = t_r$，$\boldsymbol{Y}^j(x) = \boldsymbol{Y}_t^j$ 即为第 j 个单元中橡胶层顶部的状态向量，表达式如下：

$$\boldsymbol{Y}_t^j = \begin{Bmatrix} v_2 \\ \varphi_2 \\ V_2 \\ M_2 \end{Bmatrix} \tag{5-15}$$

且 $\boldsymbol{T}_1(x) = \boldsymbol{T}_1(t_r)$ 为橡胶层的传递矩阵。

5.2.1.2　支座系统的传递矩阵

如前所述，一个周期单元包含一层橡胶和一层钢板，如图 5-2 所示。假设结构的变形主要由橡胶层的变形所致，而钢板呈现刚体运动，则根据图 5-2 可得到钢板顶部的变形及内力为：

$$\overline{v}_2 = v_2 + t_s\varphi_2 \tag{5-16a}$$

$$\overline{\varphi}_2 = \varphi_2 \tag{5-16b}$$

$$\overline{V}_2 = V_2 \tag{5-16c}$$

$$\overline{M}_2 = -V_2 t_s + M_2 - P t_s \varphi_2 \tag{5-16d}$$

式中，t_s 为钢板的厚度。将式（5-16）写成矩阵形式，可得钢板顶部的状态向量 $\overline{\boldsymbol{Y}}_t^j$ 与橡胶层顶部的状态向量 $\boldsymbol{Y}_t^j$ 之间的关系式：

$$\overline{\boldsymbol{Y}}_t^j = \boldsymbol{T}_2(t_s) \boldsymbol{Y}_t^j \tag{5-17}$$

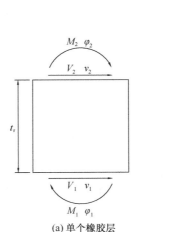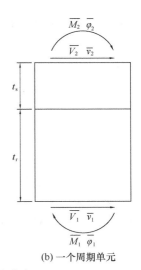

(a) 单个橡胶层　　(b) 一个周期单元

图 5-2　荷载和自由度

式中：

$$\overline{\boldsymbol{Y}}_t^j = \begin{Bmatrix} \overline{v}_2 \\ \overline{\varphi}_2 \\ \overline{V}_2 \\ \overline{M}_2 \end{Bmatrix} \tag{5-18a}$$

$$\boldsymbol{T}_2(t_s) = \begin{bmatrix} 1 & t_s & 0 & 0 \\ 0 & 1 & 0 & 0 \\ 0 & 0 & 1 & 0 \\ 0 & -P t_s & -t_s & 1 \end{bmatrix} \tag{5-18b}$$

将式（5-17）代入式（5-12），可得钢板顶部和橡胶层底部状态向量的关系式：

$$\overline{\boldsymbol{Y}}_t^j = \boldsymbol{T}' \overline{\boldsymbol{Y}}_b^j \tag{5-19}$$

式中：

$$\boldsymbol{T}' = \boldsymbol{T}_2(t_s) \boldsymbol{T}_1(t_r) \tag{5-20a}$$

$$\overline{\boldsymbol{Y}}_b^j = \begin{Bmatrix} \overline{v}_1 \\ \overline{\varphi}_1 \\ \overline{V}_1 \\ \overline{M}_1 \end{Bmatrix} \tag{5-20b}$$

且 $\overline{\boldsymbol{Y}}_{\mathrm{b}}^{j} = \boldsymbol{Y}_{\mathrm{b}}^{j}$。

第 j 个单元和第 $j+1$ 个单元界面处满足：

$$\overline{\boldsymbol{Y}}_{\mathrm{t}}^{j} = \boldsymbol{J}\,\overline{\boldsymbol{Y}}_{\mathrm{b}}^{j+1} \tag{5-21}$$

式中：

$$\boldsymbol{J} = \begin{bmatrix} \boldsymbol{I} & 0 \\ 0 & -\boldsymbol{I} \end{bmatrix} \tag{5-22}$$

$\boldsymbol{I}$ 为 2 阶单位矩阵。

将式（5-21）代入式（5-19）得到第 j 个单元和第 $j+1$ 个单元底部状态向量间的关系式：

$$\overline{\boldsymbol{Y}}_{\mathrm{b}}^{j+1} = \boldsymbol{J}^{-1}\,\boldsymbol{T}_2(t_{\mathrm{s}})\,\boldsymbol{T}_1(t_{\mathrm{r}})\,\overline{\boldsymbol{Y}}_{\mathrm{b}}^{j} \tag{5-23}$$

式中，$\boldsymbol{T} = \boldsymbol{J}^{-1}\,\boldsymbol{T}_2(t_{\mathrm{s}})\,\boldsymbol{T}_1(t_{\mathrm{r}})$ 为第 j 个单元中的传递矩阵。

叠层橡胶支座由 $N+1$ 层橡胶、N 层钢板和顶底部封板构成，则系统的传递矩阵为：

$$\boldsymbol{T}_{\mathrm{S}} = \boldsymbol{T}_2(t_{\mathrm{s0}})\,\boldsymbol{T}_1(t_{\mathrm{r}})\,\boldsymbol{T}^{N}\,\boldsymbol{T}_2(t_{\mathrm{s0}}) \tag{5-24}$$

式中，t_{s0} 为顶底部封板的厚度。支座顶底部的状态向量关系式可写为：

$$\overline{\boldsymbol{Y}}_{\mathrm{t}}^{N+1} = \boldsymbol{T}_{\mathrm{S}}\,\overline{\boldsymbol{Y}}_{\mathrm{b}}^{0} \tag{5-25a}$$

或者

$$\begin{Bmatrix} \overline{v}_{N+1} \\ \overline{\varphi}_{N+1} \\ \overline{V}_{N+1} \\ \overline{M}_{N+1} \end{Bmatrix} = \begin{bmatrix} T_{\mathrm{S11}} & T_{\mathrm{S12}} & T_{\mathrm{S13}} & T_{\mathrm{S14}} \\ T_{\mathrm{S21}} & T_{\mathrm{S22}} & T_{\mathrm{S23}} & T_{\mathrm{S24}} \\ T_{\mathrm{S31}} & T_{\mathrm{S32}} & T_{\mathrm{S33}} & T_{\mathrm{S34}} \\ T_{\mathrm{S41}} & T_{\mathrm{S42}} & T_{\mathrm{S43}} & T_{\mathrm{S44}} \end{bmatrix} \begin{Bmatrix} \overline{v}_0 \\ \overline{\varphi}_0 \\ \overline{V}_0 \\ \overline{M}_0 \end{Bmatrix} \tag{5-25b}$$

5.2.1.3 边界条件

为了模拟工程中的叠层橡胶隔震支座，可认为支座底面固定无转动，顶面沿水平方向滑动但无转动，由式（5-25b）可以容易求出支座顶底部的未知量，即：

$$\overline{M}_0 = -T_{\mathrm{S24}}^{-1}\,T_{\mathrm{S23}}\,\overline{V}_0 \tag{5-26a}$$

$$\overline{v}_{N+1} = T_{\mathrm{S13}}\,\overline{V}_0 + T_{\mathrm{S14}}\,\overline{M}_0 \tag{5-26b}$$

$$\overline{V}_{N+1} = T_{\mathrm{S33}}\,\overline{V}_0 + T_{\mathrm{S34}}\,\overline{M}_0 \tag{5-26c}$$

$$\overline{M}_{N+1} = T_{\mathrm{S43}}\,\overline{V}_0 + T_{\mathrm{S44}}\,\overline{M}_0 \tag{5-26d}$$

进而，利用单元的传递矩阵，可得到支座各层的状态向量以及任意截面处的变形和内力。

5.2.2 叠层橡胶支座的力学特性

利用上述周期结构模型研究叠层橡胶支座的力学特性，考察实际工程中所采用的圆形橡胶隔震支座，并考虑橡胶层和钢板数目的影响，其参数如表 5-1 所示，橡胶层总厚度取 200mm 且直径 300mm（橡胶保护层厚度 10mm），橡胶剪切模量 0.611MPa，封板厚 21mm。

不同工况下橡胶层和钢板层数目及对应的厚度　　　　　　　　　　　　　　　表 5-1

工况	1	2	3	4
橡胶层数 n_{r}	15	20	25	30
单层橡胶厚度 t_{r} (mm)	40/3	10	8	20/3
钢板层数 n_{s}	14	19	24	29
单层钢板厚度 t_{s} (mm)	2	2	2	2
周期数 N	14	19	24	29

5.2.2.1 水平刚度

为了验证本书所提出的周期结构模型（TMM 模型）的正确性，在橡胶层总厚度保持 200mm 固定不变的情况下（表 5-1），考虑单层橡胶厚度变化对支座水平刚度的影响，并将计算结果与 Haringx 理论模型得到的结果进行对比。图 5-3 给出了水平刚度随轴向压力的变化曲线。通过比较发现，对于不同工况的支座，两种模型计算结果吻合良好。因此，周期结构模型能够准确地预测叠层橡胶支座的力学特性，并且仅需改变周期单元的数目和各层的厚度即可实现不同工况的计算。同时，随着压力的增加，橡胶层数目 n_r 对水平刚度的影响越发显著。在压力一定的情况下，随着橡胶层数目 n_r 的增加，即增加了钢板的数目 n_s 和橡胶支座的总高度，支座的水平刚度增强，这种现象是由于尽管支座高度越高，P-Δ 影响越显著，但薄的橡胶层将会导致形状系数增大，单元的抗弯刚度增加，从而提高了支座的水平刚度及屈曲荷载。

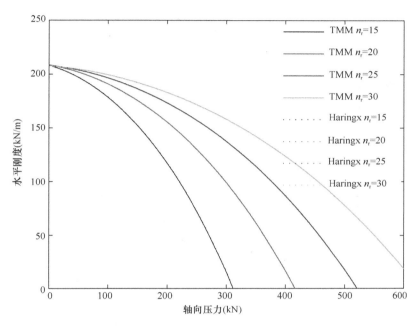

图 5-3　不同橡胶层数下水平刚度随轴向压力的变化图

5.2.2.2　变形及内力分布

图 5-4～图 5-7 给出了表 5-1 对应不同工况下，任意截面的水平位移、转角、剪力和弯矩随支座高

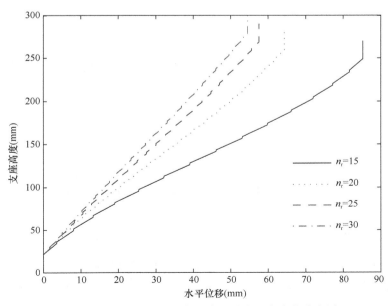

图 5-4　不同橡胶层数下水平位移随支座高度的分布图

度的变化关系图，其中 $P=200\text{kN}$ 和 $V=10\text{kN}$。观察发现，在橡胶层总厚度一定的情况下，橡胶层数越多，支座的变形和内力越小。然而，随着橡胶层数的增加，变形和内力减小的速率逐渐降低，表明当橡胶层数增加到某一恒定值时，变形和内力分布几乎保持不变，这是由于薄的橡胶层和 $P\text{-}\Delta$ 两者所产生的效应相互抵消的结果。

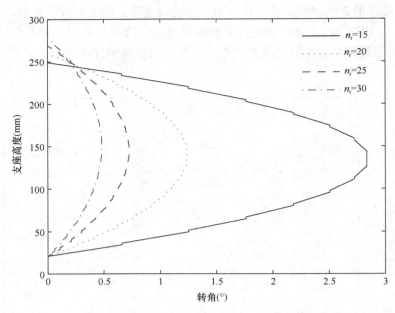

图 5-5　不同橡胶层数下转角随支座高度的分布图

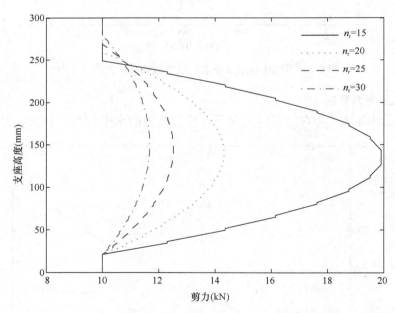

图 5-6　不同橡胶层数下剪力随支座高度的分布图

5.2.3　基础隔震系统的隔震效率

设叠层橡胶隔震支座的水平刚度为 $k(1+i\eta)$，η 为隔震层材料的耗散系数，若将其简化为剪切弹簧，阻抗为 $Z=k(1+i\eta)$；与隔震层相连的上部结构输入点的阻抗为 Z_q，它是频率的相关函数，则基础隔震系统的隔震效率为：

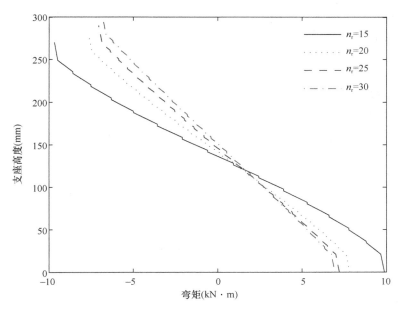

图 5-7   不同橡胶层数下弯矩随支座高度的分布图

$$R = \frac{(Z/Z_q)^2}{(1 + Z/Z_q)^2} \tag{5-27}$$

引入无量纲量阻抗比 $\zeta = \dfrac{\text{隔震器阻抗 } Z}{\text{上部结构输入点阻抗 } Z_q}$，则：

$$R = \frac{\zeta^2}{(1 + \zeta)^2} \tag{5-28}$$

上式表示了由于地面水平运动，基础隔震系统隔震效率 R 与无量纲量 ζ 的关系。可以看出，基础隔震系统的隔震效率不仅与隔震器本身的结构参数有关，而且还与上部结构的频率特性有关。对于一给定震源和上部结构，减少隔震器的刚度，即减小阻抗比 ζ，可以很明显地提高隔震效果。相反，增大上部结构阻抗可以使震源输入到结构的能量降低。由于上部结构阻抗是一个很复杂的量，它不仅与结构本身参数有关，而且还取决于振动频率，因此单纯依靠增大阻抗是不现实的。一般地，隔震器阻抗远远小于上部结构阻抗，因此对于多层建筑结构，安装叠层橡胶隔震支座可以取得较好的隔震效果。在实际工程中，应该根据上部结构的点阻抗特性，考虑橡胶隔震支座的承载能力，选择适当的阻抗比 ζ，这将是非常重要的。

5.3 基于导纳法的谐调叠层橡胶支座振动传递特性研究

5.3.1 有限谐调周期结构中波的传播原理

5.3.1.1 特征波导纳

仅考虑一个特征自由波在无限周期结构中传播，定义特征自由波导纳为耦合坐标处力与位移的比值。图 5-8 中耦合坐标处力 F_l 与位移 q_l 的关系可由方程（5-29）得：

$$q_l = (\alpha_{ll} - e^\mu \alpha_{lr})F_l \tag{5-29}$$

特征波导纳 α_w 为：

$$\alpha_w = q_l/F_l = \alpha_{ll} - e^\mu \alpha_{lr} = \alpha_{ll} - \alpha_{lr}\cosh\mu - \alpha_{lr}\sinh\mu \tag{5-30}$$

特殊地，对于线性对称单元，由方程（2-37）给出 $\cosh\mu$，那么方程（5-30）变为：

$$\alpha_w = -\alpha_{lr}\sinh\mu \tag{5-31}$$

有限周期结构的波运动由一组特征波导纳为 α_{w+} 的正向波和一组特征波导纳为 α_{w-} 的负向波组成。本章定义正向波为正向传播能量的波，因此：

$$\alpha_{w+} = \alpha_{lr}\sinh\mu \tag{5-32a}$$

$$\alpha_{w-} = -\alpha_{w+} \tag{5-32b}$$

5.3.1.2 节点导纳

图 5-8 所示为一具有任意边界条件的有限周期结构，该结构含有 n 个周期单元，在 A 点处受激励 F_A 作用，并且假设边界 A 没有与结构相连，在节点 n 处有任意边界条件 B，由导纳特性 α_B 确定。有限周期结构中的波传播可看成是由一组正向传播的特征自由波和一组负向传播的特征自由波组成。用 q_{0+} 和 q_{0-} 分别表示这两组波在 0 点处的位移值，节点 0 的总位移为：

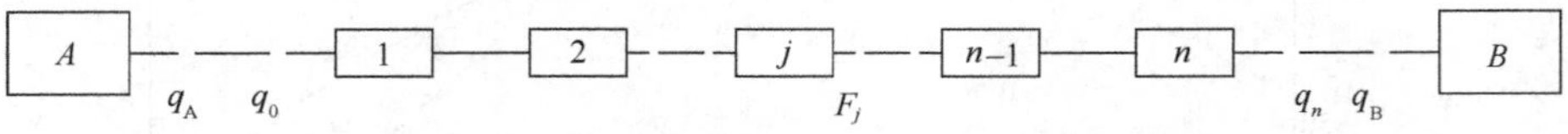

图 5-8 具有任意边界条件的有限周期结构

$$q_0 = q_{0+} + q_{0-} \tag{5-33}$$

波运动从节点 0 处至节点 n 处的位移为：

$$q_n = q_{n+} + q_{n-} \tag{5-34}$$

并且：

$$q_{n+} = q_{0+}e^{-n\mu} \tag{5-35a}$$

$$q_{n-} = q_{0-}e^{n\mu} \tag{5-35b}$$

根据特征波导纳的定义式（5-30）得：

$$F_0 = F_{0+} + F_{0-} = q_{0+}/\alpha_{w+} + q_{0-}/\alpha_{w-} \tag{5-36a}$$

$$F_n = F_{n+} + F_{n-} = -(q_{0+}e^{-n\mu}/\alpha_{w+} + q_{0-}e^{n\mu}/\alpha_{w-}) \tag{5-36b}$$

由端点 B 的边界条件得：

$$F_B + F_n = 0, \quad q_B = q_n \tag{5-37}$$

将 $q_B = \alpha_B F_B$ 代入方程（5-34）和方程（5-35）得：

$$q_{0-} = -\frac{(\alpha_{w+} - \alpha_B)e^{-2n\mu}}{\alpha_{w+} + \alpha_B}q_{0+} \tag{5-38}$$

定义节点导纳为：

$$\alpha_{j0} = \frac{q_j}{F_0} = \frac{q_{0+}e^{-j\mu} + q_{0-}e^{j\mu}}{F_{0+} + F_{0-}} = \frac{\alpha_{w+}\alpha_{w-}(q_{0+}e^{-j\mu} + q_{0-}e^{j\mu})}{q_{0+}\alpha_{w-} + q_{0-}\alpha_{w+}} \tag{5-39}$$

将式（5-38）代入式（5-39）得：

$$\alpha_{j0} = \alpha_{w+}\left\{\frac{\alpha_B\cosh[(n-j)\mu] + \alpha_{w+}\sinh[(n-j)\mu]}{\alpha_B\sinh(n\mu) + \alpha_{w+}\cosh(n\mu)}\right\} \tag{5-40}$$

如果 B 端为自由端，$\alpha_B \to \infty$，则：

$$\alpha_{j0} = \alpha_{w+}\frac{\cosh[(n-j)\mu]}{\sinh(n\mu)} \tag{5-41}$$

5.3.1.3 节点阻抗

将方程（5-38）代入式（5-35）得：

$$\frac{q_{n+}}{q_{n-}} = -\frac{\alpha_B + \alpha_{w+}}{\alpha_B - \alpha_{w+}} = \beta \tag{5-42}$$

定义节点阻抗：

$$Z_{j0} = \frac{F_j}{q_0} = \frac{F_{0+}e^{-j\mu} + F_{0-}e^{j\mu}}{q_{0+} + q_{0-}} \tag{5-43}$$

将方程（5-36）和方程（5-38）代入上式得：

$$Z_{j0} = \frac{\alpha_{w+}\cosh\big[(n-j)\mu\big] + \alpha_B\sinh\big[(n-j)\mu\big]}{\alpha_{w+}\big[\alpha_{w+}\sinh(n\mu) + \alpha_B\cosh(n\mu)\big]} \tag{5-44}$$

当 $Z_{j0} \rightarrow \infty$ 时，可得到有限周期结构自振频率的表达式：

$$\alpha_{w+}\sinh(n\mu) + \alpha_B\cosh(n\mu) = 0 \tag{5-45}$$

有限周期结构有无数组自振频率，每一组自振频率数目与周期单元数目 n 相等。如果有限周期结构端点为固定端或者自由端，那么这 n 个自振频率都落在传播域内。特别地，如果 B 端为自由端，则 $\alpha_B \rightarrow \infty$，那么方程（5-44）化简为：

$$Z_{j0} = \frac{\sinh\big[(n-j)\mu\big]}{\alpha_{w+}\cosh(n\mu)} \tag{5-46a}$$

$$Z_{00} = \frac{\sinh(n\mu)}{\alpha_{w+}\cosh(n\mu)} \tag{5-46b}$$

结构自振频率的表达式为：

$$\cosh(n\mu) = 0 \tag{5-47}$$

由于自振频率均处于传播域，所以 $\mu = i\mu_i$，代入方程（5-35）得：

$$\mu_i = \frac{(p+0.5)\pi}{n} \quad (p = 0,1,2,\cdots,n-1) \tag{5-48}$$

对于有阻尼结构，α_{ll}，α_{lr} 均为复数，因此由方程（5-47）知，无论是在传播域，还是在衰减域，μ 均为复数。

5.3.2　基础隔震结构模型

对于建筑结构这类复杂体系，由于各个组成部分间的相互作用，分析它的总体振动传递是相当困难的，但是欲对这类复杂结构的振动传递特性做最基本的了解，可以通过分析它的简化模型得到。因此对于上部房屋结构，简化模型可视为由一根长柱以及间隔为 L 的一系列集中质量组成，如图 5-9 所示，设 $m_1 = m_2 = \cdots = m_{N-1} = m$，$m_0 = m_N = m/2$，且假定每个柱单元完全相同。

叠层橡胶隔震支座由 $n+1$ 块钢板和 n 块橡胶层交替叠合而成，设每块钢板质量为 m_s，每块橡胶质量为 m_r，厚度为 d，如图 5-10 所示。叠层橡胶支座的顶部与上部结构相连，底部受水平简谐位移 $q_0 = |q_0|e^{i\omega t}$ 作用，$|q_0|$ 为位移幅值，$i = \sqrt{-1}$。事实上，该基础隔震系统可看作由两个不同的周期结构相连。

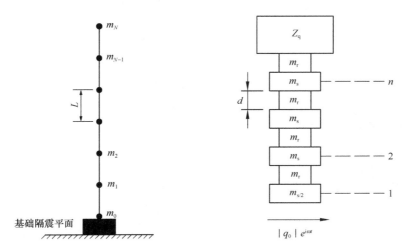

图 5-9　上部多层建筑结构简化模型　　图 5-10　叠层橡胶隔震支座的简化模型

5.3.2.1　上部结构点阻抗
由均匀 Euler-Bernoulli 梁的四阶微分方程可得长为 L，两端自由的柱单元的节点导纳：

$$r_{ll1} = -\frac{F_6}{2\overline{EI}\lambda^3 F_1} \tag{5-49a}$$

$$r_{lr1} = -\frac{F_7}{2\overline{EI}\lambda^3 F_1} \tag{5-49b}$$

式中，$\overline{E} = E(1+i\eta)$，$E$ 为弹性模量，η 为结构材料耗散系数；I 为柱截面惯性矩；$\lambda = [\rho_1 A_1 \omega^2 /(EI)]^{1/4}$ 为弯曲波数，ρ_1 为柱材料密度，A_1 为柱的截面面积，ω 为角频率；"F"函数由文献 [12] 确定。由图 5-9 知，上部房屋结构每一层的集中质量为 m，由对称性，单元的荷载部分的质量为 $m/2$，它的导纳为：

$$\delta_1 = \frac{-2}{m\omega^2} \tag{5-50}$$

对称周期单元的直接导纳和间接导纳为：

$$\alpha_{ll} = \alpha_{rr} = \frac{\delta[r_{ll}(r_{ll}+\delta) - r_{lr}^2]}{(\delta+r_{ll})^2 - r_{lr}^2} \tag{5-51a}$$

$$\alpha_{lr} = \frac{\delta^2 r_{lr}}{(\delta+r_{ll})^2 - r_{lr}^2} \tag{5-51b}$$

其中，r_{ll} 和 r_{lr} 分别为载波部分的直接导纳和间接导纳；δ 为荷载部分的导纳。而且，对于对称周期单元，传播常数与周期单元各个组成部分导纳的关系为：

$$\cosh\mu = \frac{r_{ll}^2 - r_{lr}^2 + \delta r_{ll}}{\delta r_{lr}} \tag{5-52}$$

因此，将式（5-49）和式（5-50）代入式（5-51b），可得上部结构周期单元的间接导纳 α_{lr1} 为：

$$\alpha_{lr1} = X_3 + iX_4 \tag{5-53}$$

其中，

$$X_3 = [64E^2 I^2 \lambda^6 F_1^2 F_7 (1+\eta^2)(2EI\lambda^3 F_1 - m\omega^2 F_6) + 16m^2\omega^4 F_1^3 F_3 F_7 EI\lambda^3]/X_5$$

$$X_4 = [-128E^3 I^3 \lambda^9 F_1^3 F_7 (1+\eta^2) + 16m^2\omega^4 F_1^3 F_3 F_6 F_7 EI\lambda^3 \eta]/X_5$$

$$X_5 = [16E^2 I^2 \lambda^6 F_1^2 (1+\eta^2) - 16EI\lambda^3 m\omega^2 (F_6 + F_7) + m^2\omega^4 (F_6 + F_7)^2]$$
$$\times [16E^2 I^2 \lambda^6 F_1^2 (1+\eta^2) - 16EI\lambda^3 m\omega^2 (F_6 - F_7) + m^2\omega^4 (F_6 - F_7)^2]$$

将式（5-49）和式（5-50）代入式（5-52），可得波传播常数 μ_1 为：

$$\cosh\mu_1 = \frac{m\omega^2 F_3}{2E(1+i\eta)I\lambda^3 F_7} + \frac{F_6}{F_7} \tag{5-54}$$

由式（5-46）、式（5-53）和式（5-54）得上部房屋结构的点阻抗为：

$$Z_D = \frac{\sinh(N\mu_1)}{\alpha_{lr1}\sinh\mu_1\cosh(N\mu_1)} \tag{5-55}$$

式中，N 为房屋结构的层数。

如果将上部结构简化为单自由度体系，则上部结构的阻抗为：

$$Z_D = -M\omega^2 \tag{5-56}$$

这里，M 为上部结构的质量，$M = Nm + N\rho_1 A_1 L$。此时，上部结构的导纳为：

$$\alpha_B = 1/Z_D \tag{5-57}$$

5.3.2.2　位移传递率

叠层橡胶隔震支座的橡胶块由橡胶类材料组成，其剪切弹性模量的表达式为：

$$G_\omega^* = G_\omega(1+i\delta_{G_\omega}) \tag{5-58}$$

式中，G_ω 为动力剪切模量；δ_{G_ω} 为材料耗散系数，它们都是频率 ω 的函数。

定义无量纲频率参数 $\Omega = \omega/\omega_0$，参考频率 $\omega_0 = (G_0 A_2/m_r d)^{1/2}$，其中 G_0 表示 $\omega = \omega_0$ 时的 G_ω 值，A_2 和 d 分别表示橡胶层的截面面积和厚度。

一般地，对于不同的橡胶材料，δ_{G_ω} 可看成是一常数，而 $G_\omega = G_0 \Omega^h$，其中 $0 < h < 1$。橡胶层的质量 $m_r = \rho_2 A_2 d$，其中 ρ_2 为橡胶材料的密度。

叠层橡胶支座为一具有 n 个单元的有限周期结构，每个单元由一个质量为 m_r，厚度为 d 的橡胶块和两个质量均为 $m_s/2$ 的钢板组成。由二阶剪切振动微分方程及边界条件得橡胶层的直接导纳和间接导纳为：

$$r_{ll} = -\frac{\cos(n^* d)}{G_\omega^* A_2 n^* \sin(n^* d)} \tag{5-59a}$$

$$r_{lr} = -\frac{1}{G_\omega^* A_2 n^* \sin(n^* d)} \tag{5-59b}$$

式中，$n^* = \omega (\rho_2/G_\omega^*)^{1/2}$。

每块钢板的导纳为：

$$\delta = \frac{-2}{m_s \omega^2} \tag{5-60}$$

将式（5-59）和式（5-60）代入式（5-51）和式（5-52）得到叠层橡胶隔震支座中单元的直接导纳 α_{ll}、间接导纳 α_{lr} 以及剪切波传播常数 μ 为：

$$\alpha_{ll} = \alpha_{rr} = \frac{-2\sin(n^* d)[2\cos(n^* d) - \varphi n^* d\sin(n^* d)]}{m_r \omega_0^2 \Omega^h (1 + i\delta_{G_\omega}) n^* d[\theta^2 - (\varphi n^* d)^2]} \tag{5-61a}$$

$$\alpha_{lr} = \alpha_{rl} = \frac{-4\sin(n^* d)}{m_r \omega_0^2 \Omega^h (1 + i\delta_{G_\omega}) n^* d[\theta^2 - (\varphi n^* d)^2]} \tag{5-61b}$$

$$\cosh\mu = \cos(n^* d) - \frac{\varphi n^* d\sin(n^* d)}{2} \tag{5-61c}$$

其中，$\varphi = m_s/m_r$，$\theta = 2\sin(n^* d) + \varphi n^* d\cos(n^* d)$。

因此，叠层橡胶支座的特征波导纳为：

$$\alpha_{w+} = \alpha_{lr}\sinh\mu \tag{5-62}$$

将方程式（5-62）代入方程式（5-30）得到叠层橡胶隔震支座顶端位移的关系为：

$$\frac{q_{n+}}{q_{n-}} = -\frac{\alpha_B + \alpha_{lr}\sinh\mu}{\alpha_B - \alpha_{lr}\sinh\mu} = \beta \tag{5-63}$$

这里 α_B 是上部结构的点导纳，且 $\alpha_B = 1/Z_D$。

将方程式（5-55）代入式（5-63），简化得到：

$$\beta = \frac{\alpha_{lr1}\sinh\mu\cosh(n\mu) + \alpha_{lr}\sinh\mu_1\sinh(n\mu)}{\alpha_{lr1}\sinh\mu\cosh(n\mu) - \alpha_{lr}\sinh\mu_1\sinh(n\mu)} \tag{5-64}$$

由方程式（5-33），方程式（5-39）和方程式（5-63）得到位移传递率：

$$T = \frac{1 + \beta}{e^{-n\mu_1} + \beta e^{n\mu_1}} \tag{5-65}$$

5.3.3　数值计算

建筑结构如图 5-9 所示，其参数假设如下：柱截面面积 $A_1 = 2.581\text{m}^2$，截面惯性矩 $I = 0.3455\text{m}^4$，弹性模量 $E = 2.6 \times 10^{10}\text{N/m}^2$，材料密度 $\rho_1 = 2.5 \times 10^3\text{kg/m}^3$，每层柱高度 $L = 3\text{m}$，每层集中质量 $m = 4.2 \times 10^5\text{kg}$。当层数 $N = 8$ 和 32 时，建筑物下分别安装 36 个和 144 个叠层橡胶支座，每个支座的结构参数如下：$G_0 = 0.8 \times 10^7\text{N/m}^2$，$\rho_1 = 1 \times 10^3\text{kg/m}^3$，$A_1 = 0.0452\text{m}^2$，$d = 1\text{cm}$，$h = 0.2$，$\delta_{G_\omega} = 0.3$，$\varphi = 5$，$n = 10$。利用上述参数研究了叠层橡胶隔震支座的振动传递特性。同时为了进一步地评估隔震效率，本章研究了实际地震地面运动下叠层橡胶隔震支座在各种失谐工况下的地震响应。地震记录选用 1995 年 Kobe 在 JMA 站观察到的 N00S 分量，利用傅立叶和逆傅立叶变化即可得到支座顶部的位移响应。

5.3.3.1　不同上部结构模型

图 5-11 给出了将上部结构简化为有限周期柱结构和单自由度刚体质量块模型得到的位移传递率与振动频率的关系，这里纵坐标为 $5\log_{10}T$。从图中可以观察到，两种模型计算得到的基础隔震结构的基

频基本一致，而且在小于基频的频率域，传递率也基本一致。在基频处，刚体质量块模型的共振反应略大于有限周期柱结构模型的共振反应；随着频率的增加，有限周期柱结构模型的振动传递率不仅与振动频率有关，而且还与上部结构的共振特性有关。对于一个8层的非隔震建筑结构，由式（5-36）和式（5-42），可得到它的前三阶自振频率为 $\omega_1=18.69\mathrm{rad/s}$，$\omega_2=55.40\mathrm{rad/s}$，$\omega_3=90.11\mathrm{rad/s}$。当振动频率为有限周期柱结构的固有频率（$\omega=\omega_1,\omega_2,\omega_3\cdots$）时，振动传递率为极小值；当频率为上部结构周期单元两端自由的固有频率（$\omega=37.53$，73.26，$106.45\cdots$）（单位：rad/s）时，振动传递率为极大值。这是因为在低频率域，上部结构的刚度对结构振动响应的影响很小，而在基频处，有限周期柱结构的阻尼有效地抑制了结构的共振反应。随着频率的增加，结构阻尼的影响逐渐减小，结构刚度的影响则逐渐增大。

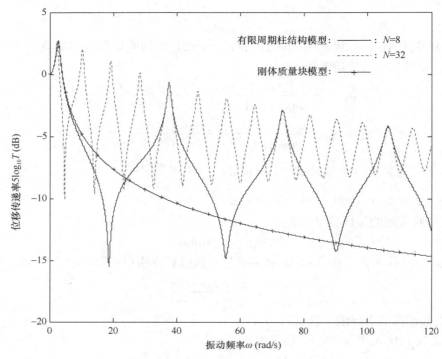

图 5-11　支座的位移传递率与频率的变化关系

由于实际的建筑结构存在一定的阻尼和刚度，其共振频率主要分布在 2.66～120Hz 之间的频率段，因此，刚体质量块模型没能反映出上部结构的自振特性，同时也不能客观地反映结构的阻尼特性，它只能作为对隔震结构进行动力分析的理想模型；相反，有限周期柱结构模型不仅考虑了楼板的质量、结构的侧向刚度，而且还计算了墙的分布质量，因而可以更深入地了解基础隔震建筑结构的振动特性。周期结构原理和导纳分析方法相结合，使得计算过程得到大大简化，同时为计算建筑结构自振频率提供了一个简单有用的方法。

图 5-11 还说明，当振动频率大于 7rad/s 时，随着上部结构层数的增加，振动传递率也增加，基础隔震效率降低。而且，在给定的频率区域内，共振峰值增加，因此基础隔震系统对高层建筑结构不是十分有利。

为了能够更清晰地突出不同层数模型下支座的位移传递特性，图 5-12 给出了 8 层和 32 层建筑结构隔震支座顶部的位移时程响应，并与隔震支座底部的地震动输入进行了比较。观察发现，两种不同层数的建筑结构下的隔震支座均能够有效地隔离地震动向上部结构的输入。值得注意的是，在该地震动输入下，32 层高层建筑结构的隔震效率甚至高于 8 层建筑结构，这种现象是因为此地震动输入的能量主要集中在低频率区域，在该范围内 32 层基础隔震系统的位移传递率小于 8 层隔震系统。上述研究表明隔震系统的位移时程响应与传递率结果吻合良好。

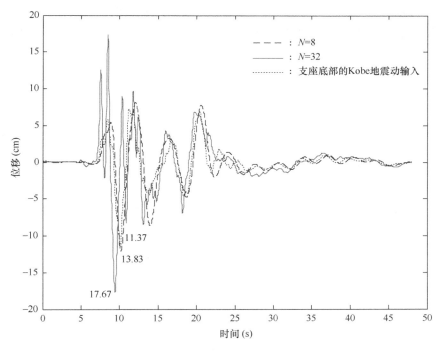

图 5-12　有限周期柱模型下支座顶部的位移时程响应

5.3.3.2　不同支座参数

在保持叠层橡胶隔震支座其他参数不变的条件下，改变隔震支座层数 n，或者改变钢板与橡胶块的质量比 ϕ 都将对支座的位移传递率产生影响。图 5-13 表示了 $\phi=5$，$n=2,10,20$ 时位移传递率与振动频率的关系。图 5-14 则表示了当 $n=10$，$\phi=1,5,10$ 时，位移传递率与振动频率的关系。随着 n 或 ϕ 值的增加，基础隔震结构的基频和位移传递率降低，但是 $n=20$ 或 $\phi=10$ 时的位移传递率与 $n=10$ 或 $\phi=5$ 时的位移传递率相比降低幅度很小，因此增加叠层橡胶隔震支座内的钢板与橡胶块的质量比或增

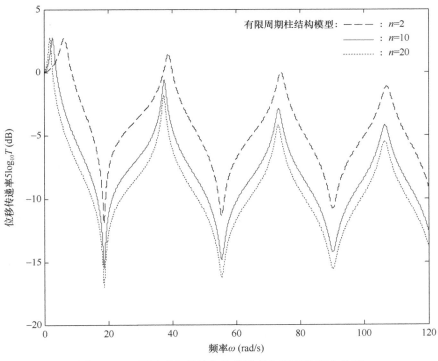

图 5-13　n 不同时支座的位移传递率与频率的变化关系

加隔震层数可以改善隔震效果。但是当 n 或 ϕ 足够大时，其效果不是特别明显。比较图 5-13 和图 5-14 发现，增加隔震器层数 n 或钢板与橡胶块的质量比 ϕ 对降低位移传递率和基频几乎具有相同的效果。

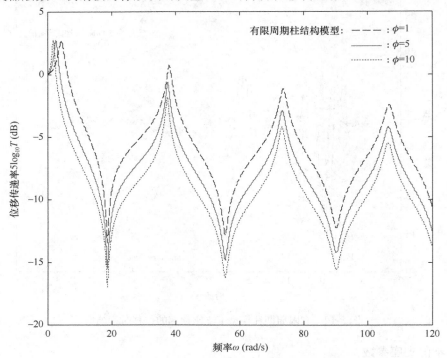

图 5-14　ϕ 不同时支座的位移传递率与频率的变化关系

如果叠层橡胶隔震支座橡胶块总厚度 D、总质量 M_r 和钢板的总质量 M_s 不变，仅改变叠层橡胶隔震器的层数 n，那么每层钢板的质量为 M_s/n，每层橡胶的质量为 M_r/n，厚度为 D/n，同时假定 $\phi = M_s/M_r = 5$，$D = 10 \times 1\mathrm{cm} = 10\mathrm{cm}$，根据本章的理论同样可以得到基础隔震支座的位移传递率与振动频率的关系。图 5-15 给出了在叠层橡胶隔震支座橡胶块总厚度 D、总质量 M_r 和钢板的总质量 M_s 不变的

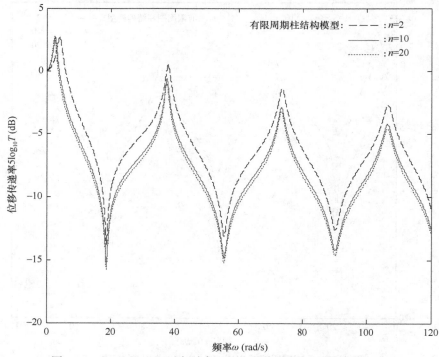

图 5-15　D、M_s、M_r 不变时支座的位移传递率与频率的变化关系

情况下，$n = 2, 10, 20$ 时的位移传递率与振动频率的关系。从图中观察发现，在材料总量不变的情况下，增加隔震层数仍然可以提高隔震效果，但隔震效果不如图 5-13 显著。

5.4 叠层橡胶支座的失谐对振动传递特性的影响研究

5.4.1 基于导纳法的失谐周期结构中自由波传播原理

图 5-16 所示为含有 n 个单元的周期结构，其中第 j 个单元发生失谐，且结构的两个端点分别记为 C 和 D。假设 C 端自由，如果在左端点 C 处施加激励力 F_C，则振动波将从 C 点出发在该结构中传播。当自由波向前传播到达失谐单元时，会分成两部分：一部分为向激励点反射的反射波，另一部分为越过失谐单元继续前进的传递波。传递波继续在失谐单元右侧传播并在右端点 D 处产生反射。因此，结构中任意点波动大小可表示为相应的传递波和反射波之和。设传递波和反射波在 C 点处的位移和力分别为 q_{Ct}、q_{Cr} 和 F_{Ct}、F_{Cr}，那么 C 点处总的位移和力可表示为：

$$q_C = q_{Ct} + q_{Cr} \tag{5-66a}$$
$$F_C = F_{Ct} + F_{Cr} \tag{5-66b}$$

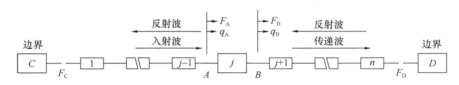

(a) C 点处的激励引起结构中自由波的传播

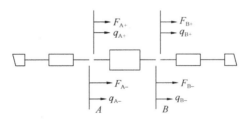

(b) 失谐单元两端点的力和位移

图 5-16 具有一个失谐单元的有限周期结构

传递波和反射波在节点 A 处的位移为：

$$q_{A-t} = q_{Ct} e^{-(j-1)\mu} \tag{5-67a}$$
$$q_{A-r} = q_{Cr} e^{(j-1)\mu} \tag{5-67b}$$

式中，μ 为自由波的传播常数。

由式（5-67），节点 A 处的总的位移和力可表示为：

$$q_{A-} = q_{A-t} + q_{A-r} = q_{Ct} e^{-(j-1)\mu} + q_{Cr} e^{(j-1)\mu} \tag{5-68a}$$
$$F_A = F_{At} + F_{Ar} \tag{5-68b}$$

其中，F_{At} 和 F_{Ar} 分别为传递波和反射波在 A 处的广义力大小。

同理，失谐单元右端节点 B 处的位移和力分别为：

$$q_{B+} = q_{B+t} + q_{B+r} = q_{Dt} e^{(n-j)\mu} + q_{Dr} e^{-(n-j)\mu} \tag{5-69a}$$
$$F_B = F_{Bt} + F_{Br} \tag{5-69b}$$

式中，q_{Dt} 和 q_{Dr} 分别为节点 D 处传递波和反射波对应的位移；F_{Bt} 和 F_{Br} 分别为传递波和反射波在 B 处的广义力大小。

利用特征波导纳定义，式（5-68a）和式（5-69a）可表示为：

$$q_{A-} = \alpha_{wt}F_{At} + \alpha_{wr}F_{Ar} \tag{5-70a}$$

$$q_{B+} = \alpha_{wt}F_{Bt} + \alpha_{wr}F_{Br} \tag{5-70b}$$

式中，α_{wt} 和 α_{wr} 分别为传递波和反射波对应的特性波导纳。

对于失谐单元，由单元导纳可得到：

$$q_{A+} = \alpha_{AA}F_{A+} + \alpha_{AB}F_{B-} \tag{5-71a}$$

$$q_{B-} = \alpha_{BA}F_{A+} + \alpha_{BB}F_{B-} \tag{5-71b}$$

式中，α_{AA}、α_{BB} 和 α_{AB}、α_{BA} 分别为失谐单元的直接导纳和间接导纳。

利用节点 A 和 B 处位移和力的连续条件，得到：

$$q_{A-} = q_{A+}(= q_A) \tag{5-72a}$$

$$q_{B-} = q_{B+}(= q_B) \tag{5-72b}$$

$$F_{A-} = -F_{A+}(= -F_A) \tag{5-72c}$$

$$F_{B-} = -F_{B+}(= -F_B) \tag{5-72d}$$

将式（5-72）代入式（5-71）得到：

$$q_A = \alpha_{AA}F_A - \alpha_{AB}F_B \tag{5-73a}$$

$$q_B = \alpha_{BA}F_A - \alpha_{BB}F_B \tag{5-73b}$$

结合式（5-70）和式（5-73），可得到节点 A 和 B 处力的关系式：

$$(\alpha_{AA} - \alpha_{wt})F_{At} + (\alpha_{AA} - \alpha_{wr})F_{Ar} = \alpha_{AB}F_{Bt} + \alpha_{AB}F_{Br} \tag{5-74a}$$

$$(\alpha_{BB} + \alpha_{wt})F_{Bt} + (\alpha_{BB} + \alpha_{wr})F_{Br} = \alpha_{BA}F_{At} + \alpha_{BA}F_{Ar} \tag{5-74b}$$

利用 $F_{At} = q_{At}/\alpha_{wt}$，$F_{Ar} = q_{Ar}/\alpha_{wr}$，$F_{Bt} = q_{Bt}/\alpha_{wt}$，$F_{Br} = q_{Br}/\alpha_{wr}$ 以及式（5-68a）、式（5-69a），式（5-74）可表达为：

$$(\alpha_{AA} - \alpha_{wt})\frac{q_{Ct}e^{-(j-1)\mu}}{\alpha_{wt}} + (\alpha_{AA} - \alpha_{wr})\frac{q_{Cr}e^{(j-1)\mu}}{\alpha_{wr}} = \alpha_{AB}\frac{q_{Dt}e^{(n-j)\mu}}{\alpha_{wt}} + \alpha_{AB}\frac{q_{Dr}e^{-(n-j)\mu}}{\alpha_{wr}} \tag{5-75a}$$

$$(\alpha_{BB} + \alpha_{wt})\frac{q_{Dt}e^{(n-j)\mu}}{\alpha_{wt}} + (\alpha_{BB} + \alpha_{wr})\frac{q_{Dr}e^{-(n-j)\mu}}{\alpha_{wr}} = \alpha_{BA}\frac{q_{Ct}e^{-(j-1)\mu}}{\alpha_{wt}} + \alpha_{BA}\frac{q_{Cr}e^{(j-1)\mu}}{\alpha_{wr}} \tag{5-75b}$$

节点 D 处的位移和力为：

$$q_D = q_{Dt} + q_{Dr} \tag{5-76a}$$

$$F_D = F_{Dt} + F_{Dr} = \frac{q_{Dt}}{\alpha_{wt}} + \frac{q_{Dr}}{\alpha_{wr}} \tag{5-76b}$$

假设端点 D 处的导纳为 α_D，则端点 D 处的位移 q_D 可用力 F_D 和 α_D 表示为：

$$q_D = \alpha_D F_D \tag{5-77}$$

将式（5-76a）和式（5-77）代入式（5-76b），消除 F_D 可得到 D 点处传递波和反射波位移的比值：

$$\frac{q_{Dt}}{q_{Dr}} = -\frac{\alpha_{wr} - \alpha_D}{\alpha_{wt} - \alpha_D}\frac{\alpha_{wt}}{\alpha_{wr}} = \beta \tag{5-78}$$

将式（5-78）代入式（5-75），得到：

$$q_{Dr} = \frac{\alpha_{wr}(\alpha_{AA} - \alpha_{wt})e^{-(j-1)\mu}q_{Ct} + \alpha_{wt}(\alpha_{AA} - \alpha_{wr})e^{(j-1)\mu}q_{Cr}}{\alpha_{AB}[\alpha_{wr}e^{(n-j)\mu}\beta + \alpha_{wt}e^{-(n-j)\mu}]} \tag{5-79a}$$

$$q_{Dr} = \frac{\alpha_{BA}\alpha_{wr}e^{-(j-1)\mu}q_{Ct} + \alpha_{BA}\alpha_{wt}e^{(j-1)\mu}q_{Cr}}{\alpha_{wr}(\alpha_{BB} + \alpha_{wt})\beta e^{(n-j)\mu} + \alpha_{wt}(\alpha_{BB} + \alpha_{wr})e^{-(n-j)\mu}} \tag{5-79b}$$

因此，由式（5-79）可得到左端点 C 处传递波和反射波位移 q_{Cr} 和 q_{Ct} 的比值：

$$\frac{q_{Cr}}{q_{Ct}} = \Phi = -\frac{X}{Y} \tag{5-80a}$$

式中，

$$X = X_1 + X_2$$

$$X_1 = (\alpha_{AA}\alpha_{BB} - \alpha_{BA}\alpha_{AB} + \alpha_{AA}\alpha_{wt} - \alpha_{BB}\alpha_{wt} - \alpha_{wt}^2)\alpha_{wr}^2\beta e^{(n-2j+1)\mu}$$

$$X_2 = (\alpha_{AA}\alpha_{BB} - \alpha_{AB}\alpha_{BA} + \alpha_{AA}\alpha_{wr} - \alpha_{BB}\alpha_{wt} - \alpha_{wt}\alpha_{wr})\alpha_{wr}\alpha_{wt}e^{-(n-1)\mu}$$
$$Y = Y_1 + Y_2$$
$$Y_1 = (\alpha_{AA}\alpha_{BB} - \alpha_{BA}\alpha_{AB} + \alpha_{AA}\alpha_{wr} - \alpha_{BB}\alpha_{wr} - \alpha_{wr}^2)\alpha_{wt}^2 e^{-(n-2j+1)\mu}$$
$$Y_2 = (\alpha_{AA}\alpha_{BB} - \alpha_{AB}\alpha_{BA} + \alpha_{AA}\alpha_{wt} - \alpha_{BB}\alpha_{wr} - \alpha_{wt}\alpha_{wr})\alpha_{wr}\alpha_{wt}\beta e^{(n-1)\mu} \tag{5-80b}$$

由式（5-80a），C 点处总位移为：

$$q_C = q_{Ct} + q_{Cr} = (1 + \Phi)q_{Ct} \tag{5-81}$$

利用式（5-78）、式（5-79a）、式（5-80a）和式（5-81），可得到 D 点处总位移为：

$$q_D = \frac{(1+\beta)[\alpha_{wr}(\alpha_{AA} - \alpha_{wt})e^{-(j-1)\mu} + \alpha_{wt}(\alpha_{AA} - \alpha_{wr})e^{(j-1)\mu}\Phi]}{(1+\Phi)\alpha_{AB}[\alpha_{wr}e^{(n-j)\mu}\beta + \alpha_{wt}e^{-(n-j)\mu}]}q_C \tag{5-82}$$

从而，位移传递率 T 可表达为：

$$T = \frac{q_D}{q_C} = \frac{(1+\beta)[\alpha_{wr}(\alpha_{AA} - \alpha_{wt})e^{-(j-1)\mu} + \alpha_{wt}(\alpha_{AA} - \alpha_{wr})e^{(j-1)\mu}\Phi]}{(1+\Phi)\alpha_{AB}[\alpha_{wr}e^{(n-j)\mu}\beta + \alpha_{wt}e^{-(n-j)\mu}]} \tag{5-83}$$

当激励频率与结构自振频率相等时，无阻尼结构的位移将为无限大，即求解下列方程可得到具有单一失谐单元的周期结构的自振频率：

$$1 + \Phi = 0 \tag{5-84}$$

需要注意的是，特性波导纳 α_{wt} 和 α_{wr} 可另表述为：

$$\alpha_{wt} = \alpha_{ll} - \alpha_{lr}e^{-\mu} \tag{5-85a}$$
$$\alpha_{wr} = \alpha_{ll} - \alpha_{lr}e^{\mu} \tag{5-85b}$$

式中，α_{ll} 和 α_{lr} 分别为周期单元的直接导纳和间接导纳。

对于对称周期单元，式（5-85）可表示成：

$$\alpha_{wt} = -\alpha_{wr} = \alpha_{lr}\sinh\mu \tag{5-86}$$

特别地，如果系统中无失谐单元，理想周期系统中单元阻抗满足：

$$\alpha_{AA} = \alpha_{BB} = \alpha_{ll} \tag{5-87a}$$
$$\alpha_{AB} = \alpha_{BA} = \alpha_{lr} \tag{5-87b}$$

假设系统中端点 D 为自由端，即 $\alpha_D = \infty$，利用 $F_{Ct} = q_{Ct}/\alpha_{wt}$，$F_{Cr} = q_{Cr}/\alpha_{wr}$ 及式（5-66）、式（5-80a）、式（5-86）和式（5-87），系统 C 点处的直接阻抗为：

$$Z_C = \frac{F_C}{q_C} = \frac{\sinh(n\mu)}{\alpha_{lr}\sinh\mu\cosh(n\mu)} \tag{5-88}$$

则理想周期系统的位移传递率可简化为：

$$T = \frac{1+\beta}{e^{-n\mu} + \beta e^{n\mu}} \tag{5-89}$$

该方程与 5.3 节推导的位移传递率相同，证实了推导过程的正确性。

5.4.2　带失谐叠层橡胶隔震支座的建筑结构模型

对于上部房屋结构，简化模型可视为由一根长柱以及间隔为 L 的一系列集中质量组成，如图 5-9 所示，设 $m_1 = m_2 = \cdots = m_{N-1} = m$，$m_0 = m_N = m/2$，且假定每个柱单元完全相同。

叠层橡胶隔震支座由 $n+1$ 块钢板和 n 块橡胶层交替叠合而成，设每块钢板质量为 m_s，每块橡胶质量为 m_r，厚度为 d，如图 5-17 所示，且考虑支座中第 j 个单元发生失谐。叠层橡胶支座的顶部与上部结构相连，底部受水平简谐位移 $q_0 = |q_0|e^{i\omega t}$ 作用，$|q_0|$ 为位移幅值，$i = \sqrt{-1}$。事实上，该基础隔震系统可看作由两个不同的周期结构相连。上部结构点阻抗以及橡胶支座导纳和剪切波传播常数的推导同 5.3.2.1 节和 5.3.2.2 节。

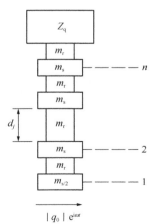

图 5-17　失谐叠层橡胶隔震支座的简化模型

5.4.3 数值计算

本节考虑叠层橡胶支座中第 j 个周期单元发生失谐对支座振动传递的影响。建筑结构的参数如下：柱截面面积 $A_1 = 2.581\mathrm{m}^2$，截面惯性矩 $I = 0.3455\mathrm{m}^4$，弹性模量 $E = 2.6 \times 10^{10}\,\mathrm{N/m^2}$，材料密度 $\rho_1 = 2.5 \times 10^3\,\mathrm{kg/m^3}$，每层柱高度 $L = 3\mathrm{m}$，每层集中质量 $m = 4.2 \times 10^5\,\mathrm{kg}$。当层数为 $N = 8$ 和 32 时，建筑物下分别安装 36 个和 144 个叠层橡胶支座，每个支座的结构参数如下：$G_0 = 0.8 \times 10^7\,\mathrm{N/m^2}$，$\rho_1 = 1 \times 10^3\,\mathrm{kg/m^3}$，$A_1 = 0.0452\mathrm{m}^2$，$d = 1\mathrm{cm}$，$h = 0.2$，$\delta_{G_\omega} = 0.3$，$\phi = 5$，$n = 10$。

考虑橡胶材料剪切模量 $G_{0\mathrm{dis}}$ 和橡胶层厚度 d_{dis} 两种失谐参数对结构地震响应和振动传递特性的影响，且 $G_{0\mathrm{dis}}$ 的取值范围为 $0.1G_0$ 到 $1.5G_0$；d_{dis} 的取值范围为 $0.1d$ 到 $5d$。本节假设叠层橡胶隔震支座的第三个周期单元为失谐单元，将失谐参量代入方程（5-61a）和方程（5-61b）即可得失谐单元的导纳，进而利用式（5-83）可得到位移传递率。

为了进一步地评估隔震效率，本节研究了实际地震地面运动下叠层橡胶隔震支座在各种失谐工况下的地震响应。地震记录选用 1995 年 Kobe 在 JMA 站观察到的 N00S 分量，利用傅立叶和逆傅立叶变化即可得到支座顶部的位移响应。

5.4.3.1 剪切模量失谐

将上部结构简化为有限周期柱结构和单自由度刚体质量块模型，图 5-18 给出了两种模型下得到的支座剪切模量不同失谐水平下位移传递率与频率的关系，这里纵坐标为 $5\log_{10}T$，$N = 8$。注意到，当 $G_{0\mathrm{dis}} = G_0$ 时，失谐橡胶支座变成了理想周期结构。从图 5-18 中可以看到，在低频处，振动传递率是正值，表明结构的振动响应将会放大；当频率增大时，传递的位移响应将会出现衰减。无论在理想还是失谐支座中，两种模型计算得到的基础隔震结构的基频基本一致，而且在小于基频的频率域，传递率也基本一致。这是因为在低频处，上部结构的刚度对结构振动响应的影响很小，随着频率的增加，有限周期柱结构模型的振动传递率不仅与振动频率有关，而且还与上部结构的共振特性有关。对于一个 8 层的非隔震建筑结构，令 $\cosh(N\mu_1) = 0$，同样可得到它的前三阶自振频率为 $\omega_1 = 18.69\mathrm{rad/s}$，$\omega_2 = 55.40\mathrm{rad/s}$，$\omega_3 = 90.11\mathrm{rad/s}$。当振动频率为有限周期柱结构的固有频率（$\omega = \omega_1, \omega_2, \omega_3\cdots$）时，振动传递率为极小

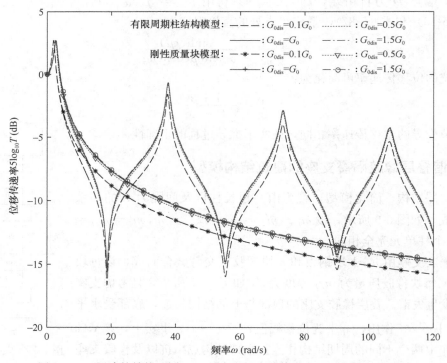

图 5-18 8 层建筑结构不同 $G_{0\mathrm{dis}}$ 时支座的位移传递率与频率的变化关系

值；当频率为上部结构周期单元两端自由的固有频率（$\omega=37.53$，73.26，$106.45\cdots$）（单位：rad/s）时，振动传递率为极大值。图 5-18 还说明对于两种不同的结构模型，尽管失谐结构和理想结构振动传递率的变化趋势相同，但随着失谐单元橡胶材料剪切模量的增加，隔震结构的基频和位移传递率增加，隔震效率降低。当失谐单元橡胶材料的剪切模量继续增加至一定范围时，传递率几乎与 $G_{0dis}=1.5G_0$ 保持一致，这种现象是由于其他周期单元中橡胶材料较小的剪切模量在振动传递中占据了主导作用。

为了能够更清晰地突出剪切模量不同失谐水平下支座的位移传递特性，图 5-19 给出了 8 层建筑结构隔震支座顶部的位移时程响应，其中剪切模量 G_{0dis} 取 $0.1G_0$ 和 G_0，并与隔震支座底部的地震动输入进行了比较。观察发现，两种不同剪切模量下的隔震支座均能够有效地隔离地震动向上部结构的输入。当 $G_{0dis}=0.1G_0$，位移峰值减少了 31.6%；当 $G_{0dis}=G_0$，位移峰值减少了 21.7%，再次表明减小失谐单元橡胶材料的剪切模量能够有效地提高隔震效率。

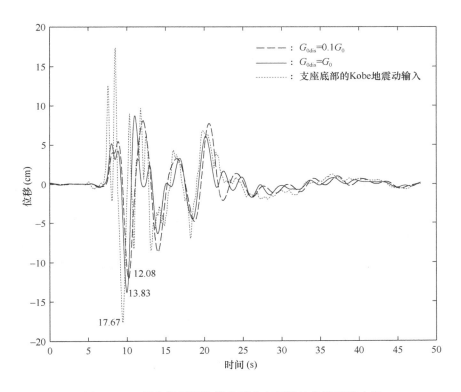

图 5-19　8 层有限周期柱模型下支座顶部的位移时程响应

图 5-20 给出了支座剪切模量不同失谐水平下，将 32 层建筑上部结构简化为有限周期柱结构模型得到的位移传递率与振动频率的关系。从图 5-20 中发现，失谐对结构基频和位移传递率的影响趋势与 8 层建筑结构类似，但是在相同失谐水平下失谐对低层结构的影响更敏感。

同样地，图 5-21 给出了 32 层基础隔震系统的位移响应，再次证实了失谐单元中橡胶材料的剪切模量较小时，支座的隔震效率更加显著。上述研究结果证实了隔震系统的位移时程响应与传递率结果吻合良好。

5.4.3.2　厚度失谐

图 5-22 给出了 8 层周期柱模型在支座橡胶层厚度不同失谐水平下位移传递率与频率的关系。观察发现，随着失谐单元橡胶层厚度的增加，隔震建筑结构的基频和位移传递率降低，且橡胶层厚度越大，这种降低趋势越明显，结构的隔震效率越高。但是，基频和传递率的变化对失谐单元橡胶层厚度的减小并不敏感。比较图 5-18 发现，增加失谐单元橡胶层的厚度和降低失谐单元橡胶材料的剪切模量均能够降低隔震建筑结构的基频和位移传递率，从而提高系统的隔震效率。

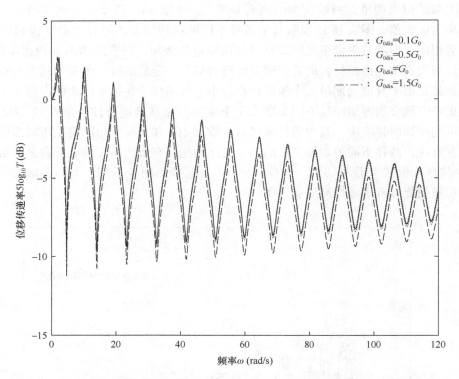

图 5-20 32 层有限周期柱结构模型不同 G_{0dis} 时支座的位移传递率与频率的变化关系

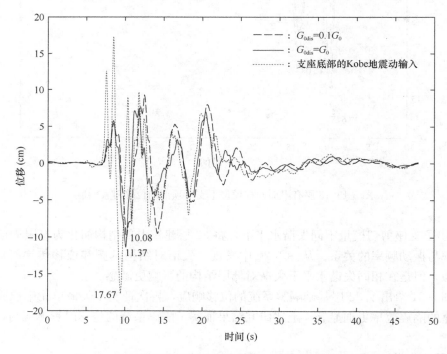

图 5-21 32 层有限周期柱模型下支座顶部的位移时程响应

图 5-23 给出了 8 层周期柱模型在橡胶层厚度不同失谐水平下隔震系统的位移时程响应，证明了失谐单元橡胶层厚度的增加将会提高系统的隔震效率，与图 5-22 中计算的位移传递率结果一致。

5.4.3.3 剪切模量和厚度共同失谐

本节考虑了橡胶隔震支座第三个周期单元橡胶材料剪切模量和厚度同时发生失谐对位移传递率的影

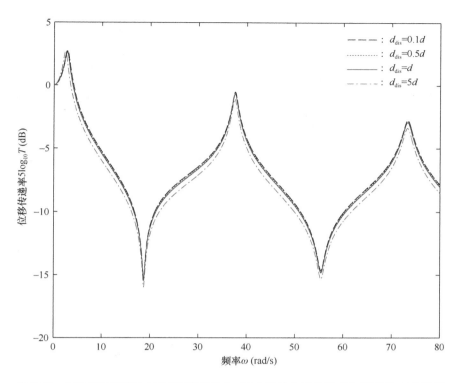

图 5-22　8 层有限周期柱结构模型不同 d_{dis} 时支座的位移传递率与频率的变化关系

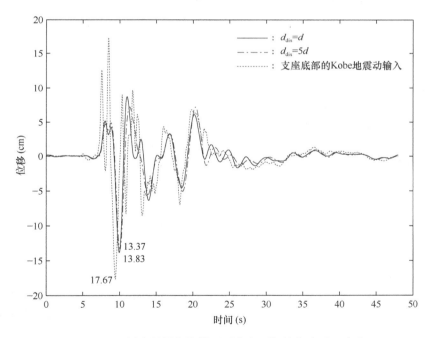

图 5-23　8 层有限周期柱模型下支座顶部的位移时程响应

响。图 5-24 给出了仅橡胶材料剪切模量发生失谐（ $G_{0dis} = 1.5G_0$ ）、仅橡胶层厚度发生失谐（ $d_{dis} = 5d$ ）、两者同时失谐（ $G_{0dis} = 1.5G_0$, $d_{dis} = 5d$ ）时位移传递率与振动频率的变化关系，同时与两者单独发生失谐时的位移传递率之和进行了比较。需要指出的是，通过大量的分析发现位移传递率不受失谐单元位置 j 的影响，因此如果结构中存在多个失谐单元和失谐变量，失谐变量可以叠加到一个单元中进行计算。但是，从图 5-24 发现，两者同时失谐时的位移传递率位于两者单独失谐时的传递率之间，远小于两者单独失谐时传递率之和。因此，尽管失谐变量可以叠加到同一个周期单元，但是失谐引起的位移传递率值不能简单地叠加。

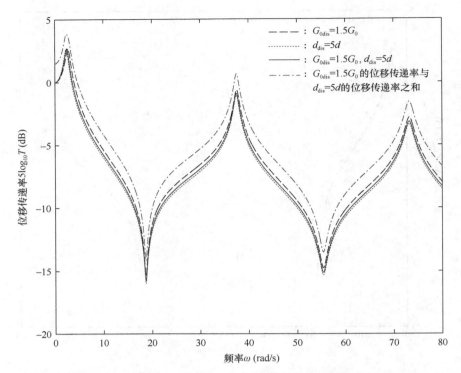

图 5-24　8 层有限周期柱结构模型不同 G_{0dis} 或 d_{dis} 时支座的位移传递率与频率的变化关系

参 考 文 献

[1] Haringx J A. On highly compressible helical springs and rubber rods，and their application for vibration-free mountings，part Ⅰ，Ⅱ and Ⅲ[R]. Philips Research Report，1948-1949.

[2] Ravari A K，Othman I B，Ibrahim Z B，et al. *P-Δ* and end rotation effects on the influence of mechanical properties of elastomeric isolation bearings[J]. Journal of Structural Engineering，2012，138：669-675.

[3] Bazant Z P. Shear buckling of sandwich，fiber composite and lattice columns，bearings，and helical springs：Paradox resolved[J]. Journal of Applied Mechanics，2003，70：75-83.

[4] Kelly J M，Marsico M R. Stability and post-buckling behavior in non-bolted elastomeric isolators[J]. Seismic Isolation and Protect Systems，2010，1：41-54.

[5] Koh C G，Kelly J M. A simple mechanical model for elastomeric bearings used in base isolation[J]. International Journal of Mechanic Science，1998，30 (12)：933-943.

[6] Kikuchi M，Nakamura T，Aiken I D. Three-dimensional analysis for square seismic isolation bearings under large shear deformations and high axial loads[J]. Earthquake Engineering and Structural Dynamics，2010，39：1513-1531.

[7] Nagarajaiah S，Ferrell K. Stability of elastomeric seismic isolation bearings[J]. Journal of Structural Engineering，1999，125：946-954.

[8] Iizuka M. A macroscopic model for predicting large-deformation behaviors of laminated rubber bearing[J]. Engineering Structures，2000，22：323-334.

[9] Chang C H. Modeling of laminated rubber bearings using an analytical stiffness matrix[J]. International Journal of Solids and Structures，2002，39：6055-6078.

[10] Mead D J. Wave propagation and natural modes in periodic systems：I. mono-coupled systems[J]. Journal of Sound and Vibration，1975，40 (1)：1-18.

[11] Bishop R E D，Johnson D C. The Mechanics of Vibration[M]. Cambridge：University Press，1966.

[12] Ohlrich M. Forced vibration and wave propagation in mono-coupled periodic structures[J]. Journal of Sound and Vi-

bration，1986，107（3）：411-434.

[13] Snowdon J C. Vibration isolation：use and characterization[J]. Journal of the Acoustical Society of America，1979，66（5）：1245-1274.

[14] Mead D J，Bansal A S. Mono-coupled periodic systems with a single disorder：free wave propagation[J]. Journal of Sound and Vibration，1978，61（4）：481-496.

[15] Cai G Q，Lin Y K. Localization of wave propagation in disordered periodic structures[J]. American Institute of Aeronautics and Astronautics Journal，1991，29：450-456.

[16] Kissel G J. Localization in disordered periodic structures［D］. Cambridge：Massachusetts Institute of Technology，1988.

[17] Lust S D，Friedmann P P，Bendiksen O O. Mode localization in multi-span beams[C]. Proceedings of the 31st AIAA Dynamics Conference，Long Beach，California，1990.

[18] Bouzit D，Pierre C. Vibration confinement phenomena in disordered mono-coupled multi-span beams[J]. ASME，Journal of Vibration and Acoustics，1992，114（4）：521-530.

[19] Bouzit D，Pierre C. Wave localization and conversion phenomena in multi-coupled multi-span beams[J]. Chaos，Solitons and Fractals，2000，11（10）：1575-1596.

[20] Li F M，Wang Y S，Hu C，et al. Localization of elastic waves in periodic rib-stiffened rectangular plates under axial compressive load[J]. Journal of Sound and Vibration，2005，281（1-2）：261-273.

[21] Fu Q X，Zhong L，Lu J F. Wave localization in a disordered periodic viaduct undergoing out-of-plane vibration[J]. Archive of Applied Mechanics，2013，83（7）：1039-1059.

[22] Solaroli S，Gu Z，Baz A，et al. Wave propagation in periodic stiffened shells：spectral finite element modeling and experiments[J]. Journal of Vibration and Control，2003，9（9）：1057-1081.

[23] Baz A. Active control of periodic structures[J]. ASME，Journal of Vibration and Acoustics，2001，123（4）：472-479.

[24] Ruzzene M，Baz A. Attenuation and localization of wave propagation in periodic rods using shape memory inserts[J]. Smart Materials and Structures，2000，9（6）：805-816.

[25] Ding L，Zhu H P，Yin T. Wave propagation in a periodic elastic-piezoelectric axial-bending coupled beam[J]. Journal of Sound and Vibration，2013，332（24）：6377-6388.

周期盾构隧道力学特性和减振应用

6.1 引言

随着人口的激增及土地资源的紧缺，盾构隧道在城市轨道交通中得到了广泛应用。为了加快施工进度，盾构隧道通常采用相同的管片环以相同的方式拼装而成，因此可将盾构隧道视为黏弹性地基上的周期接头管路结构，即将周期结构原理引入到盾构隧道分析中，有望实现对盾构隧道的振动控制。周期盾构隧道结构在移动荷载作用下将会产生强烈的振动以及显著的变形，并对周围建筑产生影响，研究盾构隧道中的波传播问题引起了学术界的广泛关注，特别体现在高速谱和软土地基中。因此，全面分析周期盾构隧道结构在移动荷载作用下的波动特性对于成功实现结构的振动控制至关重要。

周期结构的波传播特性主要涉及频域和速度域。通常，在频域内，波传播问题主要通过量化谐振波的传播；而在速度域内，则通过考虑由瞬态荷载引起的结构响应的传播。关于谐振波的传播特性，许多学者针对不同的结构进行了深入研究。Graff 利用 Bernoulli-Euler 梁理论分析了弹性地基上均匀梁的弯曲波传播问题；随后，Carta 进一步扩展了 Graff 的理论，采用了 Bernoulli-Euler 梁和 Timoshenko 梁理论，充分考虑了轴向压力和支撑的阻尼对结构弯曲波传播的影响。Koo 和 Park 利用传递矩阵法研究了周期支撑管梁系统，发现了弯曲波频带特性。同时，Lee 和 Solaroli 等结合传递矩阵法和谱有限元法，分别研究了周期支撑梁和周期加固壳的波传播特性。为了避免求解结构的运动方程，Yeh 和 Chen 则采用有限单元法得到了周期叠合梁结构的传递矩阵，进而分析了结构各种参数变化对频带特性的影响。

对于结构中瞬态荷载引起的波动传播问题，Chen 和 Huang 基于动态刚度矩阵，分析了在匀速移动的集中荷载和谐振荷载作用下黏弹性地基上无限长 Timoshenko 梁的波传播特性。Sun 通过傅立叶变换和残差理论，研究了移动线荷载作用下，弹性地基梁的闭式位移响应。Kargarnovin 和 Younesian 同样采用该方法探讨了黏弹性地基上 Timoshenko 梁由均布谐振移动荷载引起的结构响应。Raftoyiannis 等提出了一种新方法，即首先计算静荷载作用下结构的有效影响长度，再利用准定常状态和模态叠加技术处理了弹性地基上均匀梁的瞬态动力响应。上述研究对象仅局限于均匀结构，近年来，一些学者开始致力于研究谐调周期结构中由移动荷载引起的波动传播现象。Aldraihem 和 Baz 利用冲量参数激振法研究了移动荷载作用下谐调周期楔形梁的动态稳定性。Ruzzene 和 Baz 针对轴对称谐调周期加固圆柱壳，计算了传递矩阵的特征值，并给出了荷载的不同移动速度对波传播动力学的影响。Yu 等将该方法应用到弹性地基上由两种不同材料构成的谐调周期复合管系统中，研究了移动荷载作用下结构的稳态振动。但是，实际工程结构总是不可避免地同谐调周期结构存在一定的偏差，称之为失谐。失谐会显著地影响周期结构的动力特性。而到目前为止，关于失谐周期结构由移动荷载引起的波传播问题的研究很少涉及，因此有必要对其进行研究。

本章系统地研究了简谐荷载、恒定移动荷载和简谐移动荷载作用下谐调和失谐周期隧道的弯曲波传播特性。由黏弹性地基上均匀管梁的横向波动微分方程及接头的平衡方程，基于力-位移原理推导了结构中各胞元在随荷载移动的动态坐标系下的动态刚度矩阵，进而利用传递矩阵法建立了相邻胞元间的传递矩阵，计算了均匀隧道的临界速度及其动态响应，并采用传播常数和局部化因子分析了荷载不同移动速度下谐调周期隧道的波传播和失谐结构的波动局部化特性。最后，采用周期结构的传输特性和有限元模型，对所提出的周期盾构隧道波传播模型的正确性进行了验证。分析结果为高速移动荷载作用下盾构隧道结构的动力分析和振动控制打下基础。

6.2 周期盾构隧道结构中的简谐波传播及其局部化

6.2.1 周期盾构隧道的计算模型及运动方程

由于盾构隧道的内径远小于其长度，因此盾构隧道系统可以看作梁模型，通常有 Bernoulli-Euler 梁模型和 Timoshenko 梁模型两种。为了更精确地计算周期盾构隧道的频带特性、波传播与局部化特性，本章盾构隧道管片环采用 Timoshenko 梁模型，考虑剪切变形及转动惯量的影响，环间接头采用轴向弹簧、转动弹簧及剪切弹簧来模拟。图 6-1 为周期接头盾构隧道示意图，相邻胞元间是通过接头处的转动、横向位移及其轴向位移来耦合的，因而该结构为一个三耦合系统。

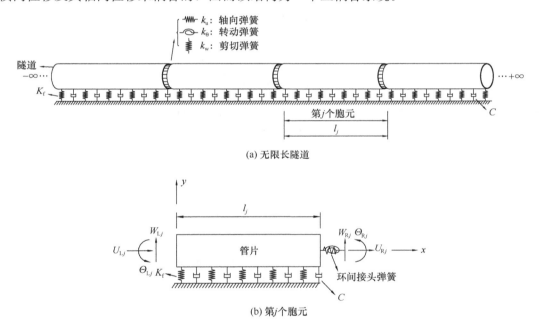

图 6-1 周期接头盾构隧道示意图

6.2.1.1 隧道管片环的运动方程

（1）纵向波动

定义本文中周期隧道模型的 x 向为纵向，y 向为横向。由于讨论小变形问题，轴向力因横向位移而产生的弯矩可忽略不计，假设隧道管片环为对称、均质的圆环，此时其纵向波动微分方程可表示为：

$$EA \frac{\partial^2 u_j}{\partial x^2} - \rho A \frac{\partial^2 u_j}{\partial t^2} = 0 \qquad x \in [0, l_j] \tag{6-1}$$

式中，$u_j(x,t)$ 为隧道的轴向位移；E、A 和 ρ 分别为弹性模量、截面面积和密度；t 为时间；l_j 为第 j 个胞元的长度。

由式（6-1）可得频域内的纵向波动方程为：

$$EA \frac{\partial^2 U_j}{\partial x^2} + \rho A \omega^2 U_j = 0 \tag{6-2}$$

其解可写成如下形式：

$$U_j(x) = \sum_{n=1}^{2} \alpha_n e^{-ik_n x} \tag{6-3}$$

式中，$k_1 = -k_2 = \omega\sqrt{\rho/E}$ 为纵向运动波数，ω 为波动圆频率。

第 j 个胞元中隧道管片环两端的纵向位移边界条件为：

$$U_{Lj} = U_j(0), \quad U_{Rj} = U_j(l_j) \tag{6-4}$$

其中下标 L 和 R 分别代表隧道管片环的左、右端。

将式（6-3）代入式（6-4）可得到节点纵向位移向量 $\boldsymbol{\delta}_j^R$ 和系数向量 $\boldsymbol{\alpha}^R$ 的关系：

$$\boldsymbol{\delta}_j^R = \boldsymbol{H}^R \boldsymbol{\alpha}^R \tag{6-5}$$

式中

$$\boldsymbol{\delta}_j^R = \begin{bmatrix} U_{Lj} & U_{Rj} \end{bmatrix}^T$$

$$\boldsymbol{H}^R = \begin{bmatrix} 1 & 1 \\ e^{-ik_1 l_j} & e^{-ik_2 l_j} \end{bmatrix} \tag{6-6}$$

$$\boldsymbol{\alpha}^R = \begin{bmatrix} \alpha_1 & \alpha_2 \end{bmatrix}^T$$

第 j 个胞元中隧道管片环左、右两端的轴向力表示为：

$$N_{Lj} = -EA \frac{\partial U_j(0)}{\partial x}$$

$$N_{Rj} = EA \frac{\partial U_j(l_j)}{\partial x} \tag{6-7}$$

将式（6-3）代入式（6-7）可得到节点轴向力向量 $\boldsymbol{F}_j^R$ 和系数向量 $\boldsymbol{\alpha}^R$ 的关系：

$$\boldsymbol{F}_j^R = \boldsymbol{G}^R \boldsymbol{\alpha}^R \tag{6-8}$$

式中：

$$\boldsymbol{F}_j^R = \begin{bmatrix} N_{Lj} & N_{Rj} \end{bmatrix}^T$$

$$\boldsymbol{G}^R = \begin{bmatrix} q_1 & q_2 \\ -q_1\varepsilon_1 & -q_2\varepsilon_2 \end{bmatrix} \tag{6-9}$$

其中，$q_n = iEAk_n$，$\varepsilon_n = e^{-ik_n l_j}$（$n = 1, 2$）。

利用式（6-5）和式（6-8）可以消除 $\boldsymbol{\alpha}^R$，得到节点轴向力向量与节点纵向位移向量的关系为：

$$\boldsymbol{F}_j^R = \boldsymbol{K}_j^R \boldsymbol{\delta}_j^R \tag{6-10}$$

其中：

$$\begin{aligned} \boldsymbol{K}_j^R &= \boldsymbol{G}^R (\boldsymbol{H}^R)^{-1} \\ &= EAk_1 \begin{bmatrix} \cot(k_1 l_j) & -\csc(k_1 l_j) \\ -\csc(k_1 l_j) & \cot(k_1 l_j) \end{bmatrix} \end{aligned} \tag{6-11}$$

$\boldsymbol{K}_j^R$ 为隧道管片环的纵向波动动态刚度矩阵。

（2）弯曲波动

对于隧道管片环的弯曲波动，利用 Kelvin 黏弹性地基及 Timoshenko 梁理论，第 j 个胞元中的管片环的弯曲波动微分方程可写为：

$$GA\kappa\left(\frac{\partial^2 w_j}{\partial x^2} - \frac{\partial \theta_j}{\partial x}\right) - \rho A \frac{\partial^2 w_j}{\partial t^2} - C \frac{\partial w_j}{\partial t} - K_f w_j = 0$$

$$EI \frac{\partial^2 \theta_j}{\partial x^2} + GA\kappa\left(\frac{\partial w_j}{\partial x} - \theta_j\right) - \rho I \frac{\partial^2 \theta_j}{\partial t^2} = 0 \qquad x \in [0, l_j] \tag{6-12}$$

式中，$w_j(x,t)$ 和 $\theta_j(x,t)$ 分别为横向位移和横截面转角；G 为剪切模量；$\kappa = 2(1+\nu)/(4+3\nu)$ 为截面几

何形状系数，ν 为泊松比；C 为阻尼系数；K_f 为弹性地基刚度系数；I 为截面惯性矩。

同样，由式（6-12）可得到频域内管片环的弯曲波动微分方程：

$$GA\kappa\left(\frac{\partial^2 W_j}{\partial x^2}-\frac{\partial \Theta_j}{\partial x}\right)+\rho A\omega^2 W_j-iC\omega W_j-K_f W_j=0$$

$$EI\frac{\partial^2 \Theta_j}{\partial x^2}+GA\kappa\left(\frac{\partial W_j}{\partial x}-\Theta_j\right)+\rho I\omega^2 \Theta_j=0 \qquad (6\text{-}13)$$

式（6-13）的解可写成：

$$W_j(x)=\sum_{n=3}^{6}\alpha_n e^{-ik_n x},\ \Theta_j(x)=\sum_{n=3}^{6}\beta_n\alpha_n e^{-ik_n x} \qquad (6\text{-}14)$$

将式（6-14）代入式（6-13）得到：

$$GA\kappa k^2-\rho A\omega^2+iC\omega+K_f-ikGA\kappa\beta=0$$

$$ikGA\kappa+(EIk^2+GA\kappa-\rho I\omega^2)\beta=0 \qquad (6\text{-}15)$$

由式（6-15）可得关于弯曲波动波数的方程：

$$k^4-\eta k_F^4 k^2-k_F^4(1-\mu k_G^4)=0 \qquad (6\text{-}16)$$

式中，$k_F=\sqrt{\omega}\left(\frac{\rho A}{EI}\right)^{\frac{1}{4}}$，$k_G=\sqrt{\omega}\left(\frac{\rho A}{\kappa GA}\right)^{\frac{1}{4}}$，$\eta=\eta_1+\eta_2-\eta_3\eta_2$，$\mu=\eta_1+\eta_3 k_G^{-4}-\eta_1\eta_3$ $\qquad (6\text{-}17)$

其中，$\eta_1=\frac{\rho I}{\rho A}$，$\eta_2=\frac{EI}{\kappa GA}$，$\eta_3=\frac{K_f+iC\omega}{\omega^2\rho A}$。

通过式（6-16）可解得四个弯曲波动波数：

$$k_3=-k_4=\frac{1}{\sqrt{2}}k_F\sqrt{\eta k_F^2+\sqrt{\eta^2 k_F^4+4(1-\mu k_G^4)}}$$

$$k_5=-k_6=\frac{1}{\sqrt{2}}k_F\sqrt{\eta k_F^2-\sqrt{\eta^2 k_F^4+4(1-\mu k_G^4)}} \qquad (6\text{-}18)$$

将式（6-18）代入式（6-15）可得到：

$$\beta_n(\omega)=\frac{1}{ik_n}(k_n^2-k_G^4+\eta_2\eta_3 k_F^4)\quad(n=3,4,5,6) \qquad (6\text{-}19)$$

第 j 个胞元中隧道管片环两端的横向位移和转角边界条件可表示为：

$$W_{Lj}=W_j(0),\Theta_{Lj}=\Theta_j(0),W_{Rj}=W_j(l_j),\Theta_{Rj}=\Theta_j(l_j) \qquad (6\text{-}20)$$

将式（6-14）代入式（6-20）可得到节点由横向位移和转角构成的向量 $\boldsymbol{\delta}_j^B$ 和系数向量 $\boldsymbol{\alpha}^B$ 间的关系：

$$\boldsymbol{\delta}_j^B=\boldsymbol{H}^B\boldsymbol{\alpha}^B \qquad (6\text{-}21)$$

式中，

$$\boldsymbol{\delta}_j^B=\begin{bmatrix}W_{Lj}&\Theta_{Lj}&W_{Rj}&\Theta_{Rj}\end{bmatrix}^T$$

$$\boldsymbol{H}^B=\begin{bmatrix}1&1&1&1\\\beta_3&\beta_4&\beta_5&\beta_6\\\varepsilon_3&\varepsilon_4&\varepsilon_5&\varepsilon_6\\\beta_3\varepsilon_3&\beta_4\varepsilon_4&\beta_5\varepsilon_5&\beta_6\varepsilon_6\end{bmatrix} \qquad (6\text{-}22)$$

$$\boldsymbol{\alpha}^B=\begin{bmatrix}\alpha_3&\alpha_4&\alpha_5&\alpha_6\end{bmatrix}^T$$

其中，$\varepsilon_n=e^{-ik_n l_j}$。

第 j 个胞元中管片环两端的剪切力和弯矩表达式可表示为：

$$Q_{Lj}=-GA\kappa\left[\frac{\partial W_j(0)}{\partial x}-\Theta_j(0)\right]$$

$$M_{Lj}=-EI\frac{\partial \Theta_j(0)}{\partial x}$$

$$Q_{Rj}=GA\kappa\left[\frac{\partial W_j(l_j)}{\partial x}-\Theta_j(l_j)\right] \qquad (6\text{-}23)$$

$$M_{Rj} = EI\frac{\partial\Theta_j(l_j)}{\partial x}$$

将式（6-14）代入式（6-23）得到节点由剪切力和弯矩所构成的向量 $\boldsymbol{F}_j^B$ 和系数向量 $\boldsymbol{\alpha}^B$ 间的关系：

$$\boldsymbol{F}_j^B = \boldsymbol{G}^B\boldsymbol{\alpha}^B \tag{6-24}$$

式中：

$$\boldsymbol{F}_j^B = \begin{bmatrix} Q_{Lj} & M_{Lj} & Q_{Rj} & M_{Rj} \end{bmatrix}^T$$

$$\boldsymbol{G}^B = \begin{bmatrix} q_3 & q_4 & q_5 & q_6 \\ p_3 & p_4 & p_5 & p_6 \\ -q_3\varepsilon_3 & -q_4\varepsilon_4 & -q_5\varepsilon_5 & -q_6\varepsilon_6 \\ -p_3\varepsilon_3 & -p_4\varepsilon_4 & -p_5\varepsilon_5 & -p_6\varepsilon_6 \end{bmatrix} \tag{6-25}$$

其中，$q_n = GA\kappa(\mathrm{i}k_n + \beta_n)$，$p_n = EI(\mathrm{i}k_n\beta_n)$。

由式（6-21）和式（6-24）可消除系数向量，得到节点向量 $\boldsymbol{F}_j^B$ 与向量 $\boldsymbol{\delta}_j^B$ 的关系：

$$\boldsymbol{F}_j^B = \boldsymbol{K}_j^B\boldsymbol{\delta}_j^B \tag{6-26}$$

式中：

$$\boldsymbol{K}_j^B = \boldsymbol{G}^B(\boldsymbol{H}^B)^{-1} \tag{6-27}$$

$\boldsymbol{K}_j^B$ 为管片环弯曲波动动态刚度矩阵。

对于隧道管片环的轴-弯波动方程，可组装式（6-10）和式（6-24）得到：

$$\boldsymbol{F}_j = \boldsymbol{K}_j\boldsymbol{\delta}_j \tag{6-28}$$

式中：

$$\boldsymbol{F}_j = \begin{bmatrix} N_{Lj} & Q_{Lj} & M_{Lj} & N_{Rj} & Q_{Rj} & M_{Rj} \end{bmatrix}^T$$

$$\boldsymbol{K}_j = \begin{bmatrix} K_{j11}^R & 0 & 0 & K_{j12}^R & 0 & 0 \\ 0 & K_{j11}^B & K_{j12}^B & 0 & K_{j13}^B & K_{j14}^B \\ 0 & K_{j21}^B & K_{j22}^B & 0 & K_{j23}^B & K_{j24}^B \\ K_{j21}^R & 0 & 0 & K_{j22}^R & 0 & 0 \\ 0 & K_{j31}^B & K_{j32}^B & 0 & K_{j33}^B & K_{j34}^B \\ 0 & K_{j41}^B & K_{j42}^B & 0 & K_{j43}^B & K_{j44}^B \end{bmatrix} \tag{6-29}$$

$$\boldsymbol{\delta}_j = \begin{bmatrix} U_{Lj} & W_{Lj} & \Theta_{Lj} & U_{Rj} & W_{Rj} & \Theta_{Rj} \end{bmatrix}^T$$

$\boldsymbol{F}_j$ 和 $\boldsymbol{\delta}_j$ 分别管片环两端的节点力和节点自由度向量；$\boldsymbol{K}_j$ 为管片环的轴-弯波动动态刚度矩阵；其中，$K_{j\eta\xi}^R$（η，$\xi=1$，2）和 $K_{j\delta\zeta}^B$（δ，$\zeta=1$，2，3，4）分别为轴向运动及弯曲运动动态刚度矩阵分量。

6.2.1.2 接头平衡方程

频域内的接头平衡方程可表示为：

$$\begin{bmatrix} N_{Rj} \\ Q_{Rj} \\ M_{Rj} \\ N_{L(j+1)} \\ Q_{L(j+1)} \\ M_{L(j+1)} \end{bmatrix} = \begin{bmatrix} k_u & 0 & 0 & -k_u & 0 & 0 \\ 0 & k_w & 0 & 0 & -k_w & 0 \\ 0 & 0 & k_\theta & 0 & 0 & -k_\theta \\ -k_u & 0 & 0 & k_u & 0 & 0 \\ 0 & -k_w & 0 & 0 & k_w & 0 \\ 0 & 0 & -k_\theta & 0 & 0 & k_\theta \end{bmatrix} \begin{bmatrix} U_{Rj} \\ W_{Rj} \\ \Theta_{Rj} \\ U_{L(j+1)} \\ W_{L(j+1)} \\ \Theta_{L(j+1)} \end{bmatrix} \tag{6-30}$$

式中，k_u、k_w 和 k_θ 分别为第 j 个接头的轴向刚度、剪切刚度和弯曲刚度。

6.2.2 波传递矩阵的推导

第 j 个胞元中，隧道管片环的动态运动方程可由式（6-28）写成如下分块形式：

$$\begin{bmatrix} \boldsymbol{K}_{LLj} & \boldsymbol{K}_{LRj} \\ \boldsymbol{K}_{RLj} & \boldsymbol{K}_{RRj} \end{bmatrix} \begin{Bmatrix} \boldsymbol{\delta}_{Lj} \\ \boldsymbol{\delta}_{Rj} \end{Bmatrix} = \begin{Bmatrix} \boldsymbol{F}_{Lj} \\ \boldsymbol{F}_{Rj} \end{Bmatrix} \tag{6-31}$$

式中，$\boldsymbol{K}_{grj}(g,r=\mathrm{L},\mathrm{R})$ 为 $\boldsymbol{K}_j$ 中 3×3 阶子矩阵。

经调整，式（6-31）可表示为：

$$\begin{Bmatrix} \boldsymbol{\delta}_{\mathrm{R}j} \\ \boldsymbol{F}_{\mathrm{R}j} \end{Bmatrix} = \begin{bmatrix} -\boldsymbol{K}_{\mathrm{LR}j}^{-1}\boldsymbol{K}_{\mathrm{LL}j} & \boldsymbol{K}_{\mathrm{LR}j}^{-1} \\ \boldsymbol{K}_{\mathrm{RL}j}-\boldsymbol{K}_{\mathrm{RR}j}\boldsymbol{K}_{\mathrm{LR}j}^{-1}\boldsymbol{K}_{\mathrm{LL}j} & \boldsymbol{K}_{\mathrm{RR}j}\boldsymbol{K}_{\mathrm{LR}j}^{-1} \end{bmatrix} \begin{Bmatrix} \boldsymbol{\delta}_{\mathrm{L}j} \\ \boldsymbol{F}_{\mathrm{L}j} \end{Bmatrix} \tag{6-32}$$

进一步，式（6-32）可写为：

$$\boldsymbol{Y}_{\mathrm{R}j} = \boldsymbol{T}_{js}\boldsymbol{Y}_{\mathrm{L}j} \tag{6-33}$$

式中，$\boldsymbol{Y}_{\mathrm{R}j}=\begin{bmatrix}\boldsymbol{\delta}_{\mathrm{R}j} & \boldsymbol{F}_{\mathrm{R}j}\end{bmatrix}^{\mathrm{T}}$、$\boldsymbol{Y}_{\mathrm{L}j}=\begin{bmatrix}\boldsymbol{\delta}_{\mathrm{L}j} & \boldsymbol{F}_{\mathrm{L}j}\end{bmatrix}^{\mathrm{T}}$ 分别为第 j 个隧道管片环左、右两端的状态向量。

由式（6-30）可得到第 j 个接头弹簧左、右两端的状态向量表达式为：

$$\begin{bmatrix} U_{\mathrm{L}(j+1)} \\ W_{\mathrm{L}(j+1)} \\ \Theta_{\mathrm{L}(j+1)} \\ N_{\mathrm{L}(j+1)} \\ Q_{\mathrm{L}(j+1)} \\ M_{\mathrm{L}(j+1)} \end{bmatrix} = \begin{bmatrix} 1 & 0 & 0 & -k_{\mathrm{u}}^{-1} & 0 & 0 \\ 0 & 1 & 0 & 0 & -k_{\mathrm{w}}^{-1} & 0 \\ 0 & 0 & 1 & 0 & 0 & -k_{\theta}^{-1} \\ 0 & 0 & 0 & -1 & 0 & 0 \\ 0 & 0 & 0 & 0 & -1 & 0 \\ 0 & 0 & 0 & 0 & 0 & -1 \end{bmatrix} \begin{bmatrix} U_{\mathrm{R}j} \\ W_{\mathrm{R}j} \\ \Theta_{\mathrm{R}j} \\ N_{\mathrm{R}j} \\ Q_{\mathrm{R}j} \\ M_{\mathrm{R}j} \end{bmatrix} \tag{6-34}$$

上式可简化为：

$$\boldsymbol{Y}_{\mathrm{L}(j+1)} = \boldsymbol{T}_{jj}\boldsymbol{Y}_{\mathrm{R}j} \tag{6-35}$$

利用式（6-33）和式（6-35），可得到第 j 个胞元和第 $j-1$ 个胞元状态向量间的关系式为：

$$\boldsymbol{Y}_{\mathrm{L}(j+1)} = \boldsymbol{T}_{jj}\boldsymbol{Y}_{\mathrm{R}j} = \boldsymbol{T}_{jj}\boldsymbol{T}_{js}\boldsymbol{Y}_{\mathrm{L}j} = \boldsymbol{T}_j\boldsymbol{Y}_{\mathrm{L}j} \tag{6-36}$$

由上式可见，

$$\boldsymbol{T}_j = \boldsymbol{T}_{jj}\boldsymbol{T}_{js} \tag{6-37}$$

即为两相邻胞元间的传递矩阵。

6.2.3 数值算例与分析讨论

根据上述理论模型，本节利用第 4 章 4.5.3 节及 4.5.4 节传播常数和局部化因子的定义，考虑不同参数对周期隧道结构波传播及其局部化特性的影响。所用到的几何和材料参数如表 6-1 所示。

6.2.3.1 谐调周期隧道的波传播

（1）弯曲振动波传播

为便于分析周期隧道的波传播特性，首先计算了弹性地基上均匀（无接头）隧道的弯曲波截止频率。通过式（6-14）知，均匀隧道的弯曲振动可看作四种不同弯曲波 $\mathrm{e}^{-\mathrm{i}k_n x}$ 的叠加，因此仅当相应波数的虚部为零时，此种弯曲波才可以自由地传播不发生衰减。依据式（6-18）可得到截止频率为：

$$f_{\mathrm{cu}} = \frac{1}{2\pi}\sqrt{\frac{K_{\mathrm{f}}}{\rho A}} \tag{6-38}$$

通过上式发现，此截止频率仅与弹性地基刚度、隧道密度及其横截面面积有关，与隧道的振动状态无关。分析可知，当波动频率 $f < f_{\mathrm{cu}}$ 时，四个波数的虚部均不为零，表明弯曲波总是衰减的。

几何和材料参数表　　　　　　　　　　　　　　　　表 6-1

参数	符号	量值	单位
隧道外径	R_0	3	m
管片环厚度	t	0.3	m
均质管片环长度	l_j	100	m
弹性模量	E	3.5×10^7	$\mathrm{kN/m^2}$
剪切模量	G	1.458×10^7	$\mathrm{kN/m^2}$
泊松比	ν	0.2	—

参数	符号	量值	单位
惯性矩	I	21.878	m⁴
密度	ρ	2400	kg/m³
截面几何形状系数	κ	0.522	—
弹性地基刚度	K_f	1000	kN/m²
阻尼系数	C	2.271	kN·s/m
接头轴向刚度	k_u	1.1×10^7	kN/m
接头剪切刚度	k_w	2.2×10^7	kN/m
接头转动刚度	k_θ	3.5×10^4	kN·m/rad

注：均质管片环的长度取决于纵向等效刚度梁的长度。

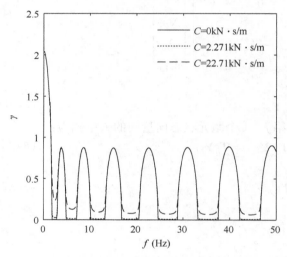

图 6-2 不同阻尼系数 C 对弯曲波动衰减的影响

接着，计算结构阻尼对周期结构波衰减特性的影响。图 6-2 给出了弯曲振动下结构阻尼系数不同时的传播常数变化图。可以观察到由于阻尼的存在，禁带的传播常数幅值大于零，即引起波产生衰减，且随着阻尼系数的增大，通带幅值逐渐增加，波动衰减增强。通常，在结构通带区域边界阻尼引起的衰减较大，而在禁带区间，阻尼对传播常数幅值基本无影响。

为了突出结构由于周期性引起的频率通禁带的位置和宽度，地基的阻尼忽略不计，进而考虑其他参数变化对结构波传播的影响。图 6-3 给出了弯曲振动下，不同弹性地基刚度对传播常数实部和虚部的影响。由图 6-3 可观察到，频率通带和禁带交替出现。在频率通带内，波动可以沿着结构传播，而在禁带内波动则发生衰减。弹性地基作用使得周期接头隧道的禁带频率不断向高频移动，尤其体现在低频段。随着频率的增加，地基作用对禁带的幅值、位置和宽度的影响减小。而随着弹

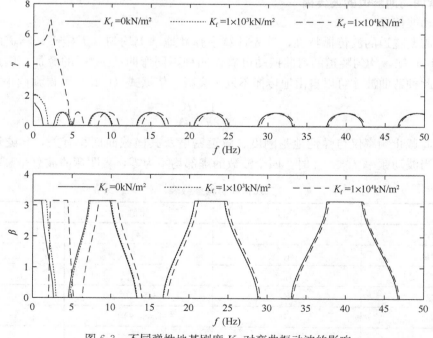

图 6-3 不同弹性地基刚度 K_f 对弯曲振动波的影响

性地基刚度的增加，第一个禁带内第三种工况的峰值达到第一种工况峰值的四倍，表明当 $K_f=1\times10^4\,\mathrm{kN/m^2}$ 时，弯曲波在第一个禁带内发生较强烈的衰减。而且，当 $K_f=0$、$K_f=1\times10^3$ 和 $K_f=1\times10^4\,\mathrm{kN/m^2}$ 时，对应的第一个禁带分别为 $f\in(0,1.114\mathrm{Hz})$、$f\in(0,1.751\mathrm{Hz})$ 和 $f\in(0,4.456\mathrm{Hz})$。随着地基刚度的增加，第一个禁带宽度明显增大，验证了上述弹性地基刚度增加，截止频率增加，且 $f<f_{cu}$ 时，弯曲波的传递始终是衰减的推导。同时，通过式（6-38）计算得，对应于三种不同地基刚度的截止频率分别为 0、1.4017Hz 和 4.4324Hz。比较第一个禁带的边界频率可知，第一种工况下第一个禁带仅由结构的周期性引起，而第二、三种工况下第一个禁带则主要由弹性地基作用所致。

图 6-4 给出了隧道管片环等效长度对弯曲振动波的影响。从图 6-4 可知，随着隧道管片环长度的增加，禁带个数明显增加，且当等效长度达到 120m 时，在第一个禁带频域内，其衰减常数较前两种工况大，表明弯曲波在此禁带内将发生显著的衰减。因此可以选择不同的管片环长度以控制波动的传播。

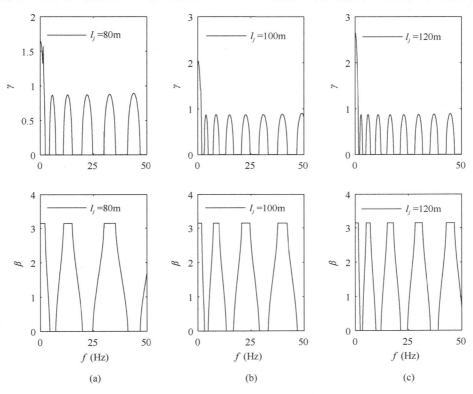

图 6-4　隧道管片环等效长度 l_j 对弯曲振动波的影响

图 6-5 给出了接头弯曲刚度对弯曲振动波传播常数实部的影响。从图中可观察到弯曲波的传播行为对接头弯曲刚度的影响不够敏感，前两种工况下传播常数幅值及其频带特性基本不变，当接头弯曲刚度增至 $k_\theta=3.5\times10^6\,\mathrm{kN\cdot m/rad}$ 时，禁带逐渐向低频移动，且禁带带宽和幅值有所增加。

图 6-6 给出了接头剪切刚度对弯曲振动波传播的影响。接头剪切刚度对第一个频带禁带的影响甚微；而在其他频带，随着接头剪切刚度的增加，对应的每个禁带的带宽和幅值减小，且每个禁带的低端边界值保持不变。

（2）纵向振动波传播

对于周期隧道的纵向振动，等效管片环长度和接头轴向刚度对波传播特性的影响分别如图 6-7 和图 6-8 所示。随着管片环长度的增加，禁带个数增加，这种现象与弯曲振动情况类似；同时禁带逐渐向低频移动，相应的禁带幅值有所降低。比较图 6-4 和图 6-7 可以发现，对于同样的管片环长度，弯曲振动的禁带数目明显大于轴向振动禁带数；并且，尽管振动频率 $f<f_{cu}$，但是纵向振动波仍然可以在结构中自由地传播，这种现象证实了弹性地基刚度对纵向振动波基本无影响的假定。从图 6-8 可知，尽管接

头轴向刚度不同，但是禁带的低频边界保持不变，而随着轴向刚度的降低，禁带的带宽和幅值显著增加，纵向波的衰减将会更强烈。

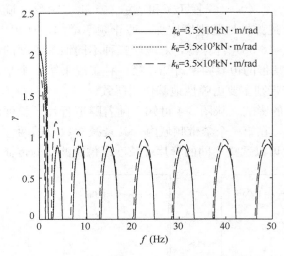

图 6-5　接头弯曲刚度 k_θ 对弯曲振动波的影响

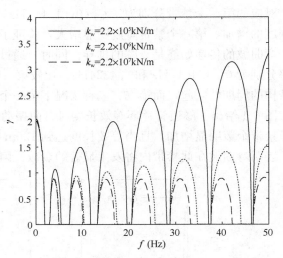

图 6-6　接头剪切刚度 k_w 对弯曲振动波的影响

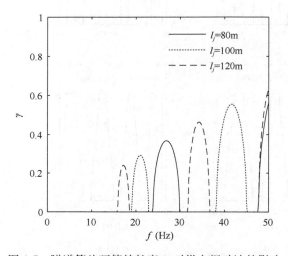

图 6-7　隧道管片环等效长度 l_j 对纵向振动波的影响

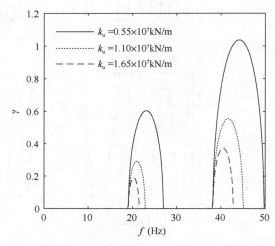

图 6-8　接头轴向刚度 k_u 对纵向振动波的影响

6.2.3.2　随机失谐周期隧道的波动局部化

利用局部化因子，本节考虑管片环长度 l_j 随机失谐对波动局部化的影响，设其服从均值为 $l_0 = 100\text{m}$，变异系数为 δ 的均匀分布，则 l_j 的取值范围可表示为：

$$l_j \in \left[l_0(1-\sqrt{3}\delta),\ l_0(1+\sqrt{3}\delta)\right] \tag{6-39}$$

引入一服从标准均匀分布的随机变量 $\eta \in (0,1)$，则 l_j 可表示为：

$$l_j = l_0\left[1+\sqrt{3}\delta(2\eta-1)\right] \tag{6-40}$$

（1）弯曲波动局部化

图 6-9 给出了周期隧道结构弯曲振动下，长度 l_j 失谐，变异系数 $\delta = 0$，0.02，0.05 和 0.10 时，局部化因子随频率的变化曲线。其中，$\delta = 0$ 对应的为谐调周期隧道。

由图 6-9 可见，当变异系数 $\delta > 0$ 时，对应 $\delta = 0$ 为频率通带的区间，局部化因子也大于零，出现波动局部化现象，表明弯曲波不能在周期隧道结构中自由地传播以致传遍整个结构，而是局限在激振附近。失谐周期隧道结构在特定频率范围内能控制弯曲波在结构中的传播。随着变异系数的增加，局部化程度逐渐增强；同时，局部化现象使得局部化因子在通带频域内逐渐增加，在禁带内逐渐降低，且当变异系数达到0.05时，局部化因子以0.3～0.5的幅值在中高频段波动，但由于地基作用，局部化现象对第一个频率禁带影响较小。因此，失谐周期隧道结构在特定频率范围内能控制弯曲波在结构中的传播。

当长度l_i失谐且其均值$l_0=100m$，变异系数$\delta=0.02$，接头弯曲刚度k_θ选取不同值时，弯曲振动下局部化因子随频率的变化曲线如图6-10所示。

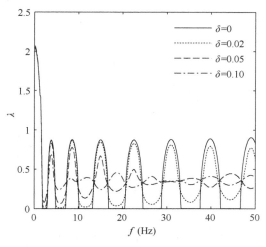

图6-9 管片环长度失谐下弯曲
振动局部化因子随频率的变化

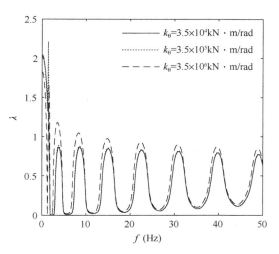

图6-10 接头弯曲刚度变化下弯曲
振动局部化因子随频率的变化

由图6-10可见，对于同一变异系数，局部化现象在高频段表现得更为突出。如同谐调周期隧道结构，随着接头弯曲刚度的增加，禁带幅值有所增加。

（2）纵向波动局部化

对于周期接头隧道的纵向振动，图6-11给出了不同变异系数对波动局部化的影响。

由图6-11观察到，当变异系数$\delta>0$时，禁带附近的区域局部化因子大于零，一方面说明出现了波动局部化现象，另一方面表明失谐扩大了禁带的范围。同样，随着失谐程度的增加，局部化因子在通带增加而在禁带则降低，当变异系数达到0.05时，可以看到第二个通带则完全消失了。

当长度l_i失谐且其均值$l_0=100m$，变异系数$\delta=0.02$，接头轴向刚度k_u选取不同值时，纵向振动下局部化因子随频率的变化曲线如图6-12所示。同样，失谐扩展了纵向波禁带区域的范围，而其表现出来的传播行为类似于谐调周期结构。

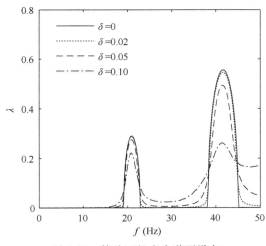

图6-11 管片环长度失谐下纵向
振动局部化因子随频率的变化

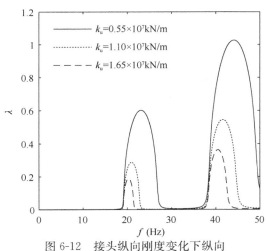

图6-12 接头纵向刚度变化下纵向
振动局部化因子随频率的变化

6.2.3.3 周期隧道的振动传输特性

为了验证弯曲波传递矩阵及频率通禁带存在的正确性，本节利用传递矩阵法，计算了结构一端施加单位位移激励，通过一个谐调周期的传递矩阵式（6-37）后的位移响应，从而可以得到一个周期两端的传输特性，如图 6-13 所示。可以发现，结构存在 8 个衰减区域，其具体数值见表 6-2，与图 6-4（b）的禁带区间完全吻合，同时在此禁带区间内可以实现弯曲波振动控制的目的。

8 个禁带区间　　　　　表 6-2

禁带区间（Hz）	禁带区间（Hz）
0～1.75	20.69～24.51
3.02～4.77	28.97～33.10
7.32～10.03	37.72～42.02
13.37～16.71	46.79～50

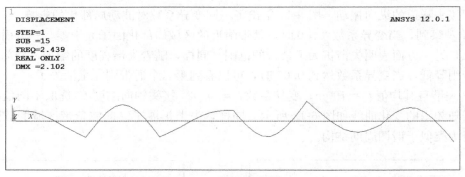

图 6-13　传递矩阵法计算结构的传输特性

6.2.3.4 有限元仿真验证

为了进一步验证周期接头隧道频带存在的正确性以及波传播和局部化特性，利用 ANSYS 软件计算了相同条件下的振动情况。建立了 6 个周期的接头隧道模型，结构参数同表 6-1。在梁的左端施加幅值大小为 1，方向垂直于隧道的位移激励，频率为 0～50Hz，运用谐响应分析计算了谐调和失谐周期接头隧道的振动特性。同时，分别选择图 6-9 实线中所示的通带频率 $f=2.439$Hz 及禁带频率 $f=3.842$Hz 以描述周期隧道的波传播行为。

图 6-14 给出了频率为 2.439Hz 时谐调和失谐周期接头隧道的变形情况。此时，失谐周期隧道的变

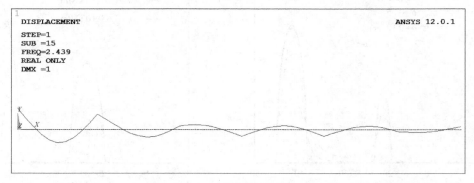

(a) 谐调周期隧道

(b) 失谐周期隧道

图 6-14　隧道在频率 $f=2.439$Hz 时的变形情况

异系数取 0.10。注意到，在这种条件下，激振频率处于谐调周期隧道的第一个频率通带中心附近，而对于失谐周期隧道，此频率对应的局部化因子则大于零，即对应频率禁带，如图 6-9 点划线所示。

图 6-14 更进一步证实了对于谐调周期隧道，波在频率通带可以传遍整个结构而不会发生衰减；而对于失谐周期隧道，波动会出现局部化现象，波传播会发生衰减。由于此时的局部化因子幅值较小（图 6-9），需要很长的结构波传播才可能会完全衰减掉。

图 6-15 给出了 $f=3.842$Hz 时谐调和失谐周期接头隧道的变形情况，此时激振频率位于第二个频率禁带中心附近。可以发现，不论是谐调还是失谐周期隧道，波传播都发生了衰减，尤其是谐调周期隧道，波衰减得更加迅速，波动仅局限在振源附近，没有在隧道中传播。这种现象主要是由于此时谐调周期隧道的局部化因子幅值比失谐周期隧道的更大，波动衰减程度更突出，与图 6-9 中理论推导的结论相一致。

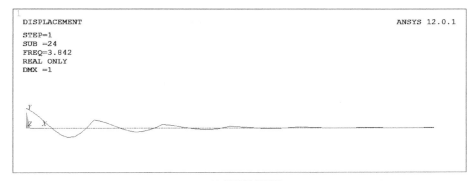

(a) 谐调周期隧道

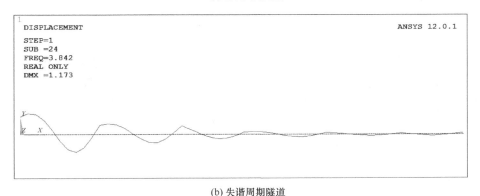

(b) 失谐周期隧道

图 6-15　隧道在频率 $f=3.842$Hz 时的变形情况

从上述分析可知，有限元结果不仅证实了本章周期接头隧道模型的正确性，同时还进一步证实了周期隧道结构的频带特性、波传播及其局部化特性。

6.3　恒定移动荷载下周期盾构隧道结构的波传播及其局部化

6.3.1　恒定移动荷载下周期盾构隧道计算模型及运动方程

隧道管片环采用 Timoshenko 梁模型，环间接头采用转动弹簧及剪切弹簧来模拟。图 6-16 为恒定移动荷载下周期接头隧道示意图，相邻胞元间是通过接头处的转动及其横向位移（y 向）来耦合的，因而该结构为一个双耦合系统。

对于隧道管片环的弯曲波动，利用 Kelvin 黏弹性地基及 Timoshenko 梁理论，将恒定移动荷载引入到第 j 个胞元中管片环的弯曲波动微分方程中，可得到：

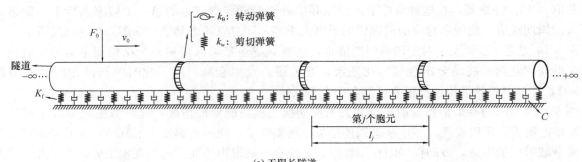

(a) 无限长隧道

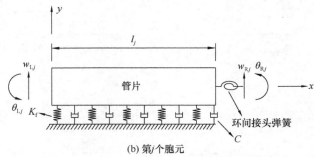

(b) 第j个胞元

图 6-16　周期接头隧道示意图

$$GA\kappa\left(\frac{\partial^2 w_j}{\partial x^2}-\frac{\partial \theta_j}{\partial x}\right)-\rho A\frac{\partial^2 w_j}{\partial t^2}-C\frac{\partial w_j}{\partial t}-K_f w_j=-F_0\delta(x-v_0 t)$$

$$EI\frac{\partial^2 \theta_j}{\partial x^2}+GA\kappa\left(\frac{\partial w_j}{\partial x}-\theta_j\right)-\rho I\frac{\partial^2 \theta_j}{\partial t^2}=0 \qquad x\in[0,\,l_j] \tag{6-41}$$

式中，$w_j(x,t)$ 和 $\theta_j(x,t)$ 分别为横向位移和横截面转角；G 为剪切模量；A 为截面面积；$\kappa=2(1+\nu)/(4+3\nu)$ 为截面几何形状系数，ν 为泊松比；C 为阻尼系数；K_f 为弹性地基刚度系数；E、I 和 ρ 分别为弹性模量、截面惯性矩和密度；t 为时间；l_j 为第 j 个胞元的长度；$F_0\delta(x-v_0 t)$ 为横向外荷载，其沿着隧道长度方向以速度 v_0 匀速移动，F_0 为荷载幅值，δ 为 Delta 函数。

引入随荷载移动的动态坐标系 ξ：

$$\xi=x-v_0 t \tag{6-42}$$

此时，横向位移和转角变为：

$$\overline{w}_j(\xi)=w_j(x-v_0 t)$$
$$\overline{\theta}_j(\xi)=\theta_j(x-v_0 t) \tag{6-43}$$

考虑隧道结构的稳态响应，式（6-41）中关于时间的偏导项等于零，则式（6-41）在动态坐标系下可表示为：

$$GA\kappa\left(\frac{\partial^2 \overline{w}_j}{\partial \xi^2}-\frac{\partial \overline{\theta}_j}{\partial \xi}\right)-\rho A v_0^2\frac{\partial^2 \overline{w}_j}{\partial \xi^2}+Cv_0\frac{\partial \overline{w}_j}{\partial \xi}-K_f\overline{w}_j=-F_0\delta(\xi)$$

$$EI\frac{\partial^2 \overline{\theta}_j}{\partial \xi^2}+GA\kappa\left(\frac{\partial \overline{w}_j}{\partial \xi}-\overline{\theta}_j\right)-\rho I v_0^2\frac{\partial^2 \overline{\theta}_j}{\partial \xi^2}=0 \qquad x\in[0,\,l_j] \tag{6-44}$$

式（6-44）的解可写成：

$$\overline{w}_j(\xi)=\sum_{n=1}^{4}\alpha_n \mathrm{e}^{-ik_n\xi},\ \overline{\theta}_j(\xi)=\sum_{n=1}^{4}\beta_n\alpha_n \mathrm{e}^{-ik_n\xi} \tag{6-45}$$

将式（6-45）代入缩减的微分方程式（6-44）中可得到如下特征方程：

$$GA\kappa k^2-\rho A v_0^2 k^2+iCv_0 k+K_f-ikGA\kappa\beta=0$$

$$ikGA\kappa+(EIk^2+GA\kappa-\rho I v_0^2 k^2)\beta=0 \tag{6-46}$$

由式（6-46）可得关于弯曲波动波数 $k_n(n=1，2，3，4)$ 的方程：

$$(EI-\rho I v_0^2)(GA\kappa-\rho A v_0^2)k^4+\mathrm{i}Cv_0(EI-\rho I v_0^2)k^3$$
$$-(K_f\rho I v_0^2+GA^2\kappa\rho v_0^2-K_f EI)k^2+\mathrm{i}Cv_0 GA\kappa k+K_f GA\kappa=0 \tag{6-47}$$

通过式（6-47）可解得四个弯曲波动波数：

$$k_1=a_1+\mathrm{i}b_1，a_1\geqslant 0，b_1\geqslant 0；$$
$$k_2=-a_1+\mathrm{i}b_1，a_1\geqslant 0，b_1\geqslant 0；$$
$$k_3=a_2-\mathrm{i}b_2，a_2\geqslant 0，b_2\geqslant 0；$$
$$k_4=-a_2-\mathrm{i}b_2，a_2\geqslant 0，b_2\geqslant 0。 \tag{6-48}$$

对于无阻尼的情况，$k_2=-k_1$，$k_4=-k_3$。

将式（6-48）代入式（6-46）可得到：

$$\beta_n(v_0)=\frac{-\mathrm{i}kGA\kappa}{EIk^2+GA\kappa-\rho I v_0^2 k^2}\quad(n=1，2，3，4) \tag{6-49}$$

第 j 个胞元中隧道管片环两端的横向位移和转角边界条件可表示为：

$$\overline{w}_{\mathrm{L}j}=\overline{w}_j(0)，\ \overline{\theta}_{\mathrm{L}j}=\overline{\theta}_j(0)，\ \overline{w}_{\mathrm{R}j}=\overline{w}_j(l_j)，\ \overline{\theta}_{\mathrm{R}j}=\overline{\theta}_j(l_j) \tag{6-50}$$

式中，下标 L 和 R 分别代表左右两端的节点。

将式（6-45）代入式（6-50）可得到节点由横向位移和转角构成的向量 $\boldsymbol{\delta}_j^{\mathrm{B}}$ 和系数向量 $\boldsymbol{\alpha}^{\mathrm{B}}$ 间的关系：

$$\boldsymbol{\delta}_j^{\mathrm{B}}=\boldsymbol{H}^{\mathrm{B}}\boldsymbol{\alpha}^{\mathrm{B}} \tag{6-51}$$

式中：

$$\boldsymbol{\delta}_j^{\mathrm{B}}=\begin{bmatrix}\overline{w}_{\mathrm{L}j} & \overline{\theta}_{\mathrm{L}j} & \overline{w}_{\mathrm{R}j} & \overline{\theta}_{\mathrm{R}j}\end{bmatrix}^{\mathrm{T}}$$

$$\boldsymbol{H}^{\mathrm{B}}=\begin{bmatrix}1 & 1 & 1 & 1\\ \beta_1 & \beta_2 & \beta_3 & \beta_4\\ \varepsilon_1 & \varepsilon_2 & \varepsilon_3 & \varepsilon_4\\ \beta_1\varepsilon_1 & \beta_2\varepsilon_2 & \beta_3\varepsilon_3 & \beta_4\varepsilon_4\end{bmatrix} \tag{6-52}$$

$$\boldsymbol{\alpha}^{\mathrm{B}}=\begin{bmatrix}\alpha_1 & \alpha_2 & \alpha_3 & \alpha_4\end{bmatrix}^{\mathrm{T}}$$

其中，$\varepsilon_n=\mathrm{e}^{-\mathrm{i}k_n l_j}(n=1，2，3，4)$。

第 j 个胞元中管片环两端的剪切力和弯矩表达式可表示为：

$$Q_{\mathrm{L}j}=-GA\kappa\left[\frac{\partial\overline{w}_j(0)}{\partial\xi}-\overline{\theta}_j(0)\right]$$

$$M_{\mathrm{L}j}=-EI\frac{\partial\overline{\theta}_j(0)}{\partial\xi}$$

$$Q_{\mathrm{R}j}=GA\kappa\left[\frac{\partial\overline{w}_j(l_j)}{\partial\xi}-\overline{\theta}_j(l_j)\right] \tag{6-53}$$

$$M_{\mathrm{R}j}=EI\frac{\partial\overline{\theta}_j(l_j)}{\partial\xi}$$

将式（6-45）代入式（6-53）得到节点由剪切力和弯矩所构成的向量 $\boldsymbol{F}_j^{\mathrm{B}}$ 和系数向量 $\boldsymbol{\alpha}^{\mathrm{B}}$ 间的关系：

$$\boldsymbol{F}_j^{\mathrm{B}}=\boldsymbol{G}^{\mathrm{B}}\boldsymbol{\alpha}^{\mathrm{B}} \tag{6-54}$$

式中：

$$\boldsymbol{F}_j^{\mathrm{B}}=\begin{bmatrix}Q_{\mathrm{L}j} & M_{\mathrm{L}j} & Q_{\mathrm{R}j} & M_{\mathrm{R}j}\end{bmatrix}^{\mathrm{T}}$$

$$\boldsymbol{G}^{\mathrm{B}}=\begin{bmatrix}q_1 & q_2 & q_3 & q_4\\ p_1 & p_2 & p_3 & p_4\\ -q_1\varepsilon_1 & -q_2\varepsilon_2 & -q_3\varepsilon_3 & -q_4\varepsilon_4\\ -p_1\varepsilon_1 & -p_2\varepsilon_2 & -p_3\varepsilon_3 & -p_4\varepsilon_4\end{bmatrix} \tag{6-55}$$

其中，$q_n=GA\kappa(\mathrm{i}k_n+\beta_n)$，$p_n=EI(\mathrm{i}k_n\beta_n)\quad(n=1，2，3，4)$。

由式（6-51）和式（6-54）可消除系数向量，得到节点向量 $\boldsymbol{F}_j^{\mathrm{B}}$ 与向量 $\boldsymbol{\delta}_j^{\mathrm{B}}$ 的关系：

$$\boldsymbol{F}_j^{\mathrm{B}} = \boldsymbol{K}_j^{\mathrm{B}} \boldsymbol{\delta}_j^{\mathrm{B}} \tag{6-56}$$

式中，

$$\boldsymbol{K}_j^{\mathrm{B}} = \boldsymbol{G}^{\mathrm{B}} \boldsymbol{H}^{\mathrm{B}-1} \tag{6-57}$$

$\boldsymbol{K}_j^{\mathrm{B}}$ 为管片环在动态坐标系下弯曲波动的动态刚度矩阵。

第 j 个胞元中接头的平衡方程可表示为：

$$\begin{Bmatrix} Q_{\mathrm{R}j} \\ M_{\mathrm{R}j} \\ Q_{\mathrm{L}(j+1)} \\ M_{\mathrm{L}(j+1)} \end{Bmatrix} = \begin{bmatrix} k_{\mathrm{w}} & 0 & -k_{\mathrm{w}} & 0 \\ 0 & k_{\theta} & 0 & -k_{\theta} \\ -k_{\mathrm{w}} & 0 & k_{\mathrm{w}} & 0 \\ 0 & -k_{\theta} & 0 & k_{\theta} \end{bmatrix} \begin{Bmatrix} \overline{w}_{\mathrm{R}j} \\ \overline{\theta}_{\mathrm{R}j} \\ \overline{w}_{\mathrm{L}(j+1)} \\ \overline{\theta}_{\mathrm{L}(j+1)} \end{Bmatrix} \tag{6-58}$$

其中，k_{w} 和 k_{θ} 分别为第 j 个接头的剪切刚度和弯曲刚度。

6.3.2 波传递矩阵的推导

第 j 个胞元中，隧道管片环的动态运动方程可由式（6-56）写成如下形式：

$$\begin{bmatrix} \boldsymbol{K}_{\mathrm{LL}j}^{\mathrm{B}} & \boldsymbol{K}_{\mathrm{LR}j}^{\mathrm{B}} \\ \boldsymbol{K}_{\mathrm{RL}j}^{\mathrm{B}} & \boldsymbol{K}_{\mathrm{RR}j}^{\mathrm{B}} \end{bmatrix} \begin{Bmatrix} \boldsymbol{\delta}_{\mathrm{L}j}^{\mathrm{B}} \\ \boldsymbol{\delta}_{\mathrm{R}j}^{\mathrm{B}} \end{Bmatrix} = \begin{Bmatrix} \boldsymbol{F}_{\mathrm{L}j}^{\mathrm{B}} \\ \boldsymbol{F}_{\mathrm{R}j}^{\mathrm{B}} \end{Bmatrix} \tag{6-59}$$

其中，$\boldsymbol{K}_{grj}^{\mathrm{B}}(g,r=\mathrm{L},\mathrm{R})$ 为 $\boldsymbol{K}_j^{\mathrm{B}}$ 中 2×2 阶子矩阵。

经调整，式（6-59）可表示为：

$$\begin{Bmatrix} \boldsymbol{\delta}_{\mathrm{R}j}^{\mathrm{B}} \\ \boldsymbol{F}_{\mathrm{R}j}^{\mathrm{B}} \end{Bmatrix} = \begin{bmatrix} -\boldsymbol{K}_{\mathrm{LR}j}^{\mathrm{B}-1}\boldsymbol{K}_{\mathrm{LL}j}^{\mathrm{B}} & \boldsymbol{K}_{\mathrm{LR}j}^{\mathrm{B}-1} \\ \boldsymbol{K}_{\mathrm{RL}j}^{\mathrm{B}} - \boldsymbol{K}_{\mathrm{RR}j}^{\mathrm{B}}\boldsymbol{K}_{\mathrm{LR}j}^{\mathrm{B}-1}\boldsymbol{K}_{\mathrm{LL}j}^{\mathrm{B}} & \boldsymbol{K}_{\mathrm{RR}j}^{\mathrm{B}}\boldsymbol{K}_{\mathrm{LR}j}^{\mathrm{B}-1} \end{bmatrix} \begin{Bmatrix} \boldsymbol{\delta}_{\mathrm{L}j}^{\mathrm{B}} \\ \boldsymbol{F}_{\mathrm{L}j}^{\mathrm{B}} \end{Bmatrix} \tag{6-60}$$

进一步，式（6-60）可写为：

$$\boldsymbol{Y}_{\mathrm{R}j} = \boldsymbol{T}_{js} \boldsymbol{Y}_{\mathrm{L}j} \tag{6-61}$$

其中，$\boldsymbol{Y}_{\mathrm{L}j} = \begin{bmatrix} \boldsymbol{\delta}_{\mathrm{L}j}^{\mathrm{B}} & \boldsymbol{F}_{\mathrm{L}j}^{\mathrm{B}} \end{bmatrix}^{\mathrm{T}}$、$\boldsymbol{Y}_{\mathrm{R}j} = \begin{bmatrix} \boldsymbol{\delta}_{\mathrm{R}j}^{\mathrm{B}} & \boldsymbol{F}_{\mathrm{R}j}^{\mathrm{B}} \end{bmatrix}^{\mathrm{T}}$ 分别为第 j 个隧道管片环左、右两端的状态向量。

由式（6-58）可得到第 j 个接头弹簧左、右两端的状态向量表达式为：

$$\begin{Bmatrix} \overline{w}_{\mathrm{L}(j+1)} \\ \overline{\theta}_{\mathrm{L}(j+1)} \\ Q_{\mathrm{L}(j+1)} \\ M_{\mathrm{L}(j+1)} \end{Bmatrix} = \begin{bmatrix} 1 & 0 & -k_{\mathrm{w}}^{-1} & 0 \\ 0 & 1 & 0 & -k_{\theta}^{-1} \\ 0 & 0 & -1 & 0 \\ 0 & 0 & 0 & -1 \end{bmatrix} \begin{Bmatrix} \overline{w}_{\mathrm{R}j} \\ \overline{\theta}_{\mathrm{R}j} \\ Q_{\mathrm{R}j} \\ M_{\mathrm{R}j} \end{Bmatrix} \tag{6-62}$$

上式可简化为：

$$\boldsymbol{Y}_{\mathrm{L}(j+1)} = \boldsymbol{T}_{jj} \boldsymbol{Y}_{\mathrm{R}j} \tag{6-63}$$

利用式（6-61）和式（6-63），可得到第 j 个胞元和第 $j-1$ 个胞元状态向量间的关系式为：

$$\boldsymbol{Y}_{\mathrm{L}(j+1)} = \boldsymbol{T}_{jj} \boldsymbol{Y}_{\mathrm{R}j} = \boldsymbol{T}_{jj} \boldsymbol{T}_{js} \boldsymbol{Y}_{\mathrm{L}j} = \boldsymbol{T}_j \boldsymbol{Y}_{\mathrm{L}j} \tag{6-64}$$

由上式可见，

$$\boldsymbol{T}_j = \boldsymbol{T}_{jj} \boldsymbol{T}_{js} \tag{6-65}$$

即为两相邻胞元间的传递矩阵。

6.3.3 移动荷载作用下的传播常数及局部化因子

在第 4 章已经给出了传播常数和局部化因子的定义，即利用这两个变量来分析简谐波的传播、衰减和局部化程度。而对于移动荷载作用下结构的波动特性，同样可以采用它们来进行分析，只是此时传播常数和局部化因子是速度的函数，即分析速度域内波传播的通禁带情况。

以传播常数为例，对于谐调周期结构，所有相邻胞元间的传递矩阵保持不变，因此式（6-64）可表达为：

$$Y_{(j+1)} = T Y_j \tag{6-66}$$

通过求解传递矩阵 T 的特征值，可得到：

$$Y_{(j+1)} = c_n Y_j \quad (n = 1, 2, 3, 4) \tag{6-67}$$

式中，c_n 为与荷载移动速度有关的特征值。这些特征值以互为倒数的关系成对出现，每对表示相同的波动沿着相反方向传播的运动。由式（6-67）可知，c_n 也表示为两相邻胞元间状态向量的比值。通常地，c_n 表示为：

$$c_n = e^{\mu_n} = e^{\gamma_n + i\beta_n} \tag{6-68}$$

式中，μ_n 为传播常数；γ_n 代表状态向量间的幅值衰减程度，简称衰减常数；β_n 代表两相邻胞元间的相位差。根据传播常数的差异，它代表了不同形式的波传播。当 $\gamma_n \neq 0$ 时，波动表现为衰减波，相应的速度区域为禁带，波动仅局限在移动荷载位置处；当 $\gamma_n = 0$ 时，波动为传播波，相应的速度区域为通带；此时，波动可以自由地传播并不发生衰减。因此，移动荷载作用下波动的传播现象可通过分析不同荷载移动速度下的传播常数值。同理，也可以采用局部化因子来分析不同荷载移动速度下的波动局部化现象。

6.3.4 数值算例与分析讨论

根据上述理论模型，本章利用传播常数和局部化因子，考虑不同参数对移动荷载作用下隧道结构波传播及其局部化特性的影响。所用到的几何和材料参数同表 6-1。

6.3.4.1 波在均质隧道中的传播

为便于分析周期盾构隧道在移动荷载作用下的波传播特性，首先计算了弹性地基上无阻尼均质（无接头）隧道的弯曲波传播的临界速度。通过式（6-45）知，均质隧道的弯曲波动可看作四种不同弯曲波的叠加，这四种波分别以波数 $\pm k_1$ 和 $\pm k_3$ 沿着移动坐标系 ξ 传播。因此可得到仅当相应波数的虚部为零时，此种弯曲波才可以自由地传播不发生衰减。依据式（6-47）可得到当波数的虚部为零时，$v_0 > v_{cr}$，且临界速度为：

$$v_{cr} = \sqrt{\frac{1}{2\pi_1}\left(-\pi_2 + \sqrt{\pi_2^2 - 4\pi_1\pi_3}\right)} \tag{6-69}$$

其中，

$$\pi_1 = \left(\rho A - \frac{K_f \rho I}{GA\kappa}\right)^2$$

$$\pi_2 = 2\frac{K_f EI}{GA\kappa}\left(\rho A - \frac{K_f \rho I}{GA\kappa}\right) + 4K_f \rho I \tag{6-70}$$

$$\pi_3 = \left(\frac{K_f EI}{GA\kappa}\right)^2 - 4K_f EI$$

通过上式可以发现，此临界速度与弹性地基刚度、盾构隧道密度及其横截面特性密切相关。分析发现，当荷载移动速度 $v_0 < v_{cr}$ 时，四个波数的虚部均不为零，表明弯曲波总是衰减的。

图 6-17 为隧道结构弯曲波波数的虚部与荷载移动速度的关系曲线。可观察到图 6-17 中出现了一个临界速度 v_{cr}，其值也可依据式（6-69）计算为 365.62m/s。当荷载移动速度 $v_0 > v_{cr}$ 时，弯曲波波数的虚部总是零，表明此时均质盾构隧道弯曲波在动态坐标系下可以自由地传播。同时也表明临界速度即为弯曲波能够传播的最小速度。

图 6-18 给出了弹性地基的刚度对均质隧道结构临界速度的影响。由图 6-18 可发现，随着弹性地基刚度的增加，结构的临界速度增加，这种现象也表明弯曲波出现衰减的速度范围逐渐变宽。

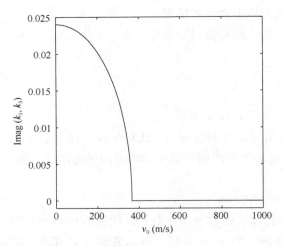

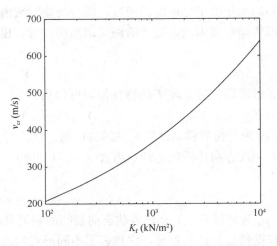

图 6-17　隧道弯曲波波数的虚部与　　　　　　　　图 6-18　临界速度与弹性地基刚度的关系图
荷载移动速度的关系图

为便于直观了解荷载移动速度对隧道结构弯曲波动传播的影响，本章进一步探讨了均质隧道在移动坐标系下的动态响应。由于阻尼能够极大地减小荷载达到临界速度时隧道结构的强振动，因此本章计算响应时采用较小的阻尼系数 $C = 0.02\sqrt{\rho A K_{\mathrm{f}}} = 2.271\mathrm{kN} \cdot \mathrm{s/m}$。同时，设隧道结构上作用横向移动荷载 80kN，由式（6-45）可计算出荷载三种不同移动速度下结构的横向位移响应实部，如图 6-19 所示。此时，横向位移响应虚部为零。由图 6-19（a）和（b）很容易观察到，当荷载移动速度 $v_0 < v_{\mathrm{cr}}$ 时，结构的横向变形响应仅局限在移动荷载附近，而远离荷载作用点的横向变形量则很小。随着荷载移动速度的降低，横向变形的幅值减小；同时，变形衰减得更加剧烈。这种现象也意味着当荷载移动速度比 v_0/v_{cr} 很小时，隧道结构的变形趋于静态，弯曲波不会传播。而当荷载移动速度 $v_0 > v_{\mathrm{cr}}$ 时，结构的横向变形响应可以沿着隧道长度方向自由地传播。上述观察与图 6-17 中弯曲波数的分析相呼应。

6.3.4.2　谐调周期盾构隧道的波传播

本节考虑各种参数对谐调周期隧道波传播特性的影响。同样，为了突出结构由于周期性引起的速度通禁带的位置和宽度，地基的阻尼忽略不计。图 6-20 给出了弯曲波动下，不同弹性地基刚度对传播常数实部的影响。由图 6-20 可观察到，速度通带和禁带交替出现。在速度通带区域，弯曲波能够自由地传播，而在速度禁带区域，波动仅局限在荷载作用位置附近。随着弹性地基刚度的增加，在所考虑的速度域内，禁带总宽度增加，并且第三种工况下即 $K_{\mathrm{f}} = 1 \times 10^4 \mathrm{kN/m^2}$ 时第一个禁带峰值明显增大，达到第一种工况（$K_{\mathrm{f}} = 1 \times 10^2 \mathrm{kN/m^2}$）下第一个禁带峰值的 4 倍左右，表明在此禁带内，弯曲波急剧衰减。由图 6-20 还可发现，三种不同工况 $K_{\mathrm{f}} = 1 \times 10^2 \mathrm{kN/m^2}$，$K_{\mathrm{f}} = 1 \times 10^3 \mathrm{kN/m^2}$ 和 $K_{\mathrm{f}} = 1 \times 10^4 \mathrm{kN/m^2}$ 对应的第一个禁带间隔分别为 $v_0 \in (0, 256\mathrm{m/s})$，$v_0 \in (0, 369\mathrm{m/s})$ 和 $v_0 \in (0, 640\mathrm{m/s})$，即增加弹性地基的刚度而增加了第一个禁带的带宽。这种现象主要是由于弹性地基刚度增加，临界速度增大，进而弯曲波衰减区域增大。同时，由式（6-69）知，对应于上述三种工况的临界速度 v_{cr} 分别为 206.68m/s、365.62m/s 和 639.58m/s。由于当 $v_0 < v_{\mathrm{cr}}$ 时，弯曲波总是衰减的，故将该临界速度与第一个禁带边界对比分析发现，第一个速度禁带主要是由弹性地基作用引起的，而周期结构的特有性质影响较小。同时，弹性地基刚度越大，这种现象变得越显著，第一个禁带变得完全由弹性地基作用引起。当 $K_{\mathrm{f}} = 1 \times 10^4 \mathrm{kN/m^2}$ 时，衰减常数在 960m/s 附近时突然增大，这种现象主要是由于此时两种波的衰减常数相等，即两种波合并形成了一种衰减波，衰减程度增强。在每种工况的第一个速度禁带，随着荷载移动速度的增加，传播常数幅值降低，意味着增加移动荷载的速度扩展了横向变形的范围，这也与 6.3.4.1 节中均质隧道的变形特性相吻合。

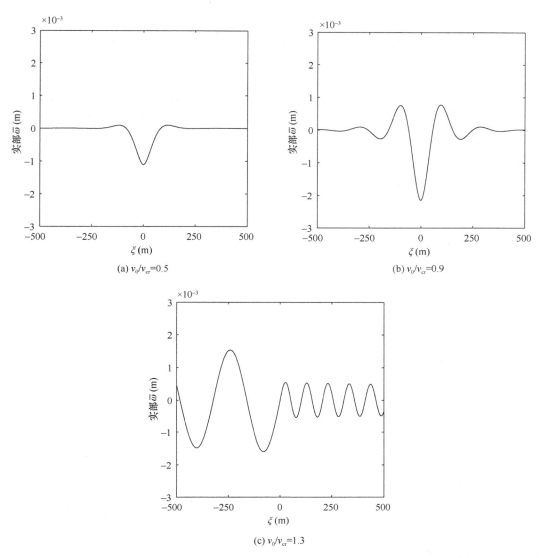

(a) $v_0/v_{cr}=0.5$

(b) $v_0/v_{cr}=0.9$

(c) $v_0/v_{cr}=1.3$

图 6-19　不同荷载移动速度下均质隧道的横向变形

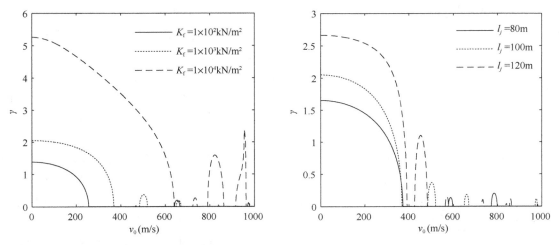

图 6-20　不同弹性地基刚度 K_f 下传播常数实部与荷载移动速度的关系图

图 6-21　不同隧道管片环等效长度下传播常数实部与荷载移动速度的关系图

图 6-21 给出了隧道管片环等效长度对弯曲波传播的影响。从图 6-21 可知，随着隧道管片环等效长度的增加，禁带个数明显增加，且对应的前两个禁带幅值增加。因此，当荷载的移动速度较小时，可以选择较长的管片环以使波动衰减较快。当管片环等效长度 $l_j = 80m$，$l_j = 100m$ 和 $l_j = 120m$ 时，对应的第一个速度禁带分别为 $v_0 \in (0，373m/s)$，$v_0 \in (0，369m/s)$ 和 $v_0 \in (0，392m/s)$。此时，临界速度 $v_{cr} = 365.62m/s$。如上述所推导的，当荷载移动速度 $v_0 < v_{cr}$ 时，弯曲波的传播始终是衰减的。

图 6-22 给出了接头弯曲刚度对弯曲振动波传播的影响。从图中可观察到前两种工况下弯曲波的传播行为对接头弯曲刚度的影响不够敏感。当接头弯曲刚度增至 $k_\theta = 3.5 \times 10^6 kN \cdot m/rad$ 时，禁带宽度及其幅值开始发生变化，尤其体现在第二个禁带，但是在每个速度禁带，总有一个边界速度保持不变。

图 6-23 给出了接头剪切刚度对弯曲振动波传播的影响。当接头剪切刚度由 $2.2 \times 10^5 kN/m$ 增加至 $2.2 \times 10^6 kN/m$ 时，禁带带宽和幅值出现交替增加或减小的现象。当接头剪切刚度继续增加时，结构的速度通禁带特性基本不变，这种现象可能是由于当 $k_w = 2.2 \times 10^6 kN/m$ 时，接头的剪切刚度占结构剪切刚度较大的组分，因此其变化对结构带宽和幅值影响很小。

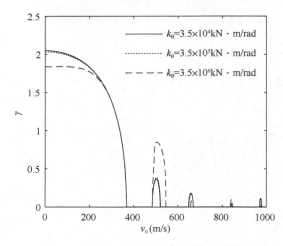

图 6-22 不同接头弯曲刚度下传播常数实部与荷载移动速度的关系图

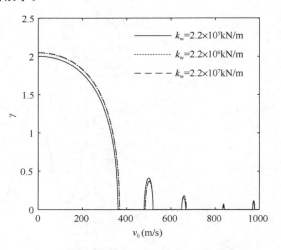

图 6-23 不同接头剪切刚度下传播常数实部与荷载移动速度的关系图

6.3.4.3 随机失谐周期隧道的波动局部化

利用局部化因子，考虑管片环长度 l_j 随机失谐，即其服从均值为 $l_0 = 100m$，变异系数为 δ 的均匀分布。图 6-24 给出了周期隧道结构弯曲振动下，长度 l_j 失谐，变异系数 $\delta = 0$、0.02、0.05 和 0.10 时，局部化因子随荷载移动速度的变化曲线。其中，$\delta = 0$ 对应的为谐调周期隧道。

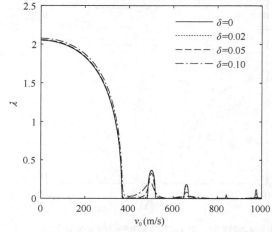

图 6-24 管片环长度不同失谐程度下弯曲振动局部化因子随荷载移动速度的变化图

由图 6-24 可见，当变异系数 $\delta > 0$ 时，对应 $\delta = 0$ 为速度域通带的区间，局部化因子出现大于零的情况，此时表明波动局部化现象发生，即弯曲波不能在结构中自由地传播以致传遍整个结构，而是局限在移动荷载附近。同时，与谐调周期隧道结构相比，失谐也使得波动局部化的范围进一步加宽。随着变异系数的增加，通带内局部化因子的幅值和禁带的宽度逐渐增加，该区间的局部化程度相应地增强；而且，除第一个禁带外，局部化现象使得局部化因子在速度通带内逐渐增加，在速度禁带内降低，当变异系数达到 0.10 时，第一个通带完全消失了。因此，在移动荷载作用下，失谐周期隧道结构在特定的速度范围内能控制弯曲波在结构中的传播。

当长度 l_j 失谐且其均值 $l_0=100\mathrm{m}$，变异系数分别取 $\delta=0.02$ 和 $\delta=0.10$，接头弯曲刚度 k_θ 选取不同值时，弯曲振动局部化因子随荷载移动速度的变化曲线如图 6-25 所示。

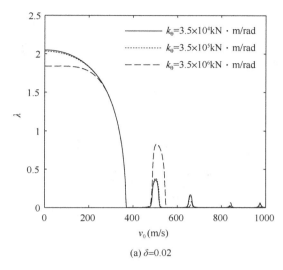
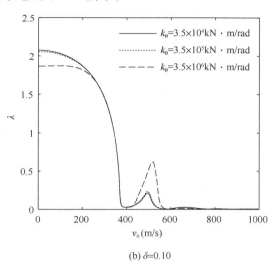

(a) $\delta=0.02$ (b) $\delta=0.10$

图 6-25 接头弯曲刚度变化下弯曲振动局部化
因子随荷载移动速度的变化图

由图 6-25 可见，随着接头弯曲刚度的增加，失谐周期盾构隧道的禁带幅值变化规律与谐调周期盾构隧道相似。对于同一变异系数，局部化现象在相对的低速度域表现得更为显著（需要注意的是，此低速度区域是相对的，其速度值依然大于均质隧道的临界速度，下同）。特别地，当变异系数取为 $\delta=0.10$ 时，第四个和第五个禁带彻底地消失，速度禁带范围集中在 $0\sim750\mathrm{m/s}$。因此，调整结构的失谐程度，可以有效控制由移动荷载引起的波动的传播。

6.3.4.4 周期隧道的振动传输特性

为了描述周期接头隧道在移动荷载作用下速度通禁带存在的正确性，本节计算了有限周期隧道的传输特性。计算中取 4 个周期，在输入端施加单位位移的激励，通过 4 个周期的传递矩阵，可以计算出输出端的位移响应，从而可以得到输入端与输出端之间的传输特性。具体步骤如下：利用式 (6-65)，则 4 个周期的传递矩阵可表示为 $\boldsymbol{T}'=\prod_{j=4}^{1}\boldsymbol{T}_j$；四周期盾构隧道两端的状态向量分别为 $\boldsymbol{Y}_{\mathrm{L1}}=[1 \quad \overline{\theta}_{\mathrm{L1}} \quad \boldsymbol{Q}_{\mathrm{L1}} \quad 0]^{\mathrm{T}}$ 和 $\boldsymbol{Y}_{\mathrm{R4}}=[\overline{w}_{\mathrm{R4}} \quad \overline{\theta}_{\mathrm{R4}} \quad 0 \quad 0]^{\mathrm{T}}$。因此，状态向量间的关系可以写成：

$$\begin{Bmatrix} \overline{w}_{\mathrm{R4}} \\ \overline{\theta}_{\mathrm{R4}} \\ 0 \\ 0 \end{Bmatrix} = \begin{bmatrix} T'_{11} & T'_{12} & T'_{13} & T'_{14} \\ T'_{21} & T'_{22} & T'_{23} & T'_{24} \\ T'_{31} & T'_{32} & T'_{33} & T'_{34} \\ T'_{41} & T'_{42} & T'_{43} & T'_{44} \end{bmatrix} \begin{Bmatrix} 1 \\ \overline{\theta}_{\mathrm{L1}} \\ \boldsymbol{Q}_{\mathrm{L1}} \\ 0 \end{Bmatrix} \tag{6-71}$$

式中，$T'_{ab}(a,b=1,2,3,4)$ 为矩阵 $\boldsymbol{T}'$ 中的 a 行 b 列的值。由此可得出隧道结构输出端的位移为：

$$\overline{w}_{\mathrm{R4}} = T'_{11} + \begin{bmatrix} T'_{12} & T'_{13} \end{bmatrix} \begin{bmatrix} T'_{32} & T'_{33} \\ T'_{42} & T'_{43} \end{bmatrix}^{-1} \begin{Bmatrix} -T'_{31} \\ -T'_{41} \end{Bmatrix} \tag{6-72}$$

图 6-26 给出了谐调和失谐周期盾构隧道的传输特性图，其中失谐周期盾构隧道的变异系数取 0.10。从图中可以看出，在谐调周期盾构隧道中出现了 5 个局部化区域，最突出的两个速度局部化区域为 $0\sim$

369m/s 和 485～519m/s。在此速度域中，移动荷载不能自由地传播，可以实现有效抑制波动传播的目的。同时，速度通禁带的位置和宽度与上文中传播常数的分析（图 6-20）和局部化的分析（图 6-24）相当吻合。而且，比较这两条曲线可以发现，失谐的确扩宽了速度禁带的范围，这种现象也与 6.3.4.3 节的研究结果保持一致。

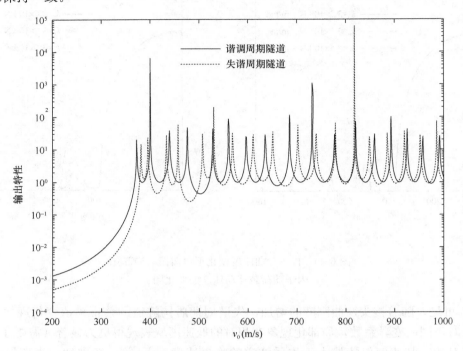

图 6-26　四周期隧道结构的传输特性图

6.3.4.5　有限元仿真验证

为了进一步验证周期接头隧道在移动荷载作用下的弯曲波传播和局部化特性，利用 ANSYS 软件计算了 10 个周期的接头隧道模型的变形情况，结构参数见表 6-1。在结构上施加 80 kN 的匀速移动荷载，其方向垂直于隧道轴线，运用瞬态响应分析计算了谐调和失谐周期接头隧道的振动特性。同时，分别选择图 6-24 实线中所示的禁带速度 $v_0 = 50$m/s 及通带速度 $v_0 = 450$m/s 以描述周期隧道的波传播行为。

图 6-27 给出了荷载移动速度 $v_0 = 50$m/s 时谐调和失谐周期接头隧道的变形情况。其中，图中箭头代表移动荷载的位置，失谐周期隧道的变异系数仍取 0.10。可以发现，此时，由于移动荷载位于速度禁带内，不论是谐调还是失谐周期隧道，波动仅局限在移动荷载附近，没有在隧道中传播，证实了上述的理论推导。注意到，由于此时谐调周期隧道和失谐周期隧道的局部化因子分别为 2.038 和 2.065，两者非常接近，因此两种工况下结构表现为基本相同的变形特征。

当荷载移动速度为 $v_0 = 450$m/s 时，周期隧道结构的波传播情况如图 6-28 所示。在这种条件下，移动荷载速度处于谐调周期隧道结构的第一个速度通带内，而对于失谐周期隧道，此速度对应的局部化因子则大于零，即对应速度禁带，如图 6-24 点划线所示。具体地，此时两种工况下的局部化因子分别为 0 和 0.0742，因而表明波动在经过谐调周期隧道结构的每个胞元时，其幅值以指数 e^{-0} 的形式衰减，而经过失谐周期隧道时，其幅值以指数 $e^{-0.0742}$ 的形式衰减。因此，从局部化因子的分析可知，对于谐调周期隧道，波在速度通带可以传遍整个结构而不会发生衰减；而对于失谐周期隧道，波动会出现局部化现象，波传播会发生衰减。该推断也可以从结构的变形图中得以证实，即如图 6-28 所示，波动在谐调周期结构中可以自由地传播，而在失谐结构中发生衰减，与局部化因子分析结果相吻合。

从上述分析可知，有限元结果不仅证实了本章周期接头隧道模型的正确性，同时还进一步确认了在移动荷载作用下，周期隧道结构的速度禁通带特性、波传播及其局部化特性。

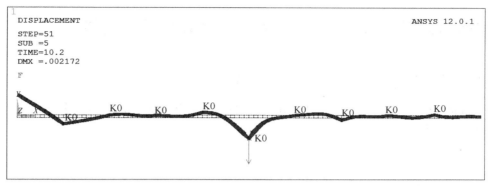

(a) 谐调周期隧道

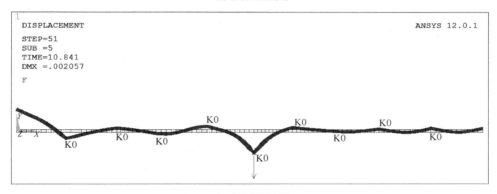

(b) 失谐周期隧道

图 6-27 隧道在移动荷载速度 $v_0 = 50 \text{m/s}$ 时的变形情况

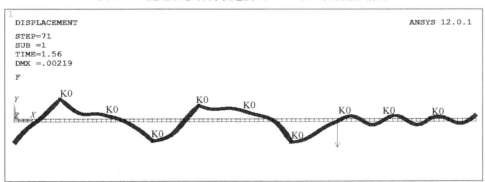

(a) 谐调周期隧道

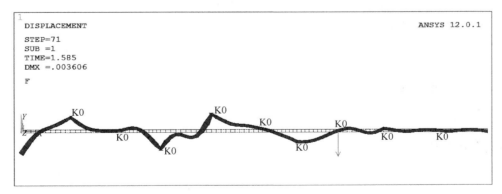

(b) 失谐周期隧道

图 6-28 隧道在移动荷载速度 $v_0 = 450 \text{m/s}$ 时的变形情况

6.4　简谐移动荷载下周期盾构隧道结构的波传播及其局部化

6.4.1　简谐移动荷载下周期盾构隧道计算模型及运动方程

应用 Timeshenko 梁模拟盾构隧道，Kelvin 黏弹性组件模拟地基，简谐移动荷载沿盾构隧道以速度 v_0 移动，如图 6-29 所示。

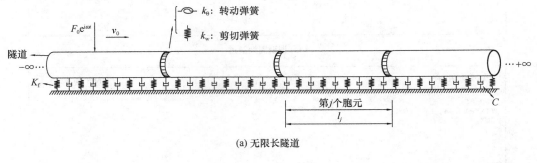

(a) 无限长隧道

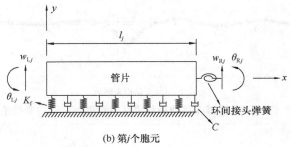

(b) 第 j 个胞元

图 6-29　简谐移动荷载作用下盾构隧道振动分析模型

黏弹性地基上 Timoshenko 梁在简谐匀速移动荷载作用下的弯曲振动微分方程可写为：

$$GA\kappa\left(\frac{\partial^2 w}{\partial x^2}-\frac{\partial \theta}{\partial x}\right)-\rho A\frac{\partial^2 w}{\partial t^2}-C\frac{\partial w}{\partial t}-K_f w=-F_0 e^{iwt}\delta(x-v_0 t)$$

$$EI\frac{\partial^2 \theta}{\partial x^2}+GA\kappa\left(\frac{\partial w}{\partial x}-\theta\right)-\rho I\frac{\partial^2 \theta}{\partial t^2}=0 \tag{6-73}$$

式中，$w(x,t)$ 和 $\theta(x,t)$ 分别为横向位移和横截面转角；G 为剪切模量；A 为截面面积；$\kappa=2(1+\nu)/(4+3\nu)$ 为截面几何形状系数，ν 为泊松比；E、I 和 ρ 分别为弹性模量、截面惯性矩和密度；K_f 为弹性地基刚度系数；C 为阻尼系数；t 为时间；$F_0 e^{iwt}\delta(x-v_0 t)$ 为横向外荷载，其沿着隧道长度方向以匀速 v_0 移动，F_0 为荷载幅值，ω 为荷载激振圆频率，δ 为 Delta 函数。

引入随荷载移动的动态坐标系 ξ：

$$\xi=x-v_0 t \tag{6-74}$$

此时，横向位移和转角变为：

$$\overline{w}(\xi,t)=w(x-v_0 t,t)$$
$$\overline{\theta}(\xi,t)=\theta(x-v_0 t,t) \tag{6-75}$$

并且，坐标转化满足如下条件：

$$\frac{\partial}{\partial x}=\frac{\partial}{\partial \xi},\frac{\partial^2}{\partial x^2}=\frac{\partial^2}{\partial \xi^2},\frac{\partial}{\partial t}\Big|_x=\frac{\partial}{\partial t}\Big|_{\xi}-v_0\frac{\partial}{\partial \xi},\frac{\partial^2}{\partial t^2}\Big|_x=\frac{\partial^2}{\partial t^2}\Big|_{\xi}-2v_0\frac{\partial^2}{\partial t\partial \xi}\Big|_{\xi}+v_0^2\frac{\partial^2}{\partial \xi^2} \tag{6-76}$$

则式 (6-73) 在动态坐标系下可表示为：

$$(GA\kappa-\rho A v_0^2)\frac{\partial^2 \overline{w}}{\partial \xi^2}+2\rho A v_0\frac{\partial^2 \overline{w}}{\partial \xi\partial t}-\rho A\frac{\partial^2 \overline{w}}{\partial t^2}+Cv_0\frac{\partial \overline{w}}{\partial \xi}-C\frac{\partial \overline{w}}{\partial t}-GA\kappa\frac{\partial \overline{\theta}}{\partial \xi}-K_f\overline{w}=-F_0 e^{iwt}\delta(\xi)$$

$$(EI - \rho I v_0^2) \frac{\partial^2 \bar{\theta}}{\partial \xi^2} + 2\rho I v_0 \frac{\partial^2 \bar{\theta}}{\partial \xi \partial t} - \rho I \frac{\partial^2 \bar{\theta}}{\partial t^2} + GA\kappa \left(\frac{\partial \overline{w}}{\partial \xi} - \bar{\theta} \right) = 0 \tag{6-77}$$

式（6-77）的解可写成：

$$\overline{w}(\xi, t) = \sum_{n=1}^{4} \alpha_n \mathrm{e}^{-\mathrm{i}k_n\xi} \mathrm{e}^{\mathrm{i}\omega t}, \quad \bar{\theta}(\xi, t) = \sum_{n=1}^{4} \beta_n \alpha_n \mathrm{e}^{-\mathrm{i}k_n\xi} \mathrm{e}^{\mathrm{i}\omega t} \tag{6-78}$$

式中，$\alpha_n (n = 1, 2, 3, 4)$ 为常数，其值可以通过边界条件求得；β_n 为系数；$k_n (n = 1, 2, 3, 4)$ 为弯曲波数。

将式（6-78）代入微分方程式（6-77）中可得到关于波数的特征方程：

$$(-GA\kappa + \rho A v_0^2) k^2 + (2\rho A v_0 \omega + \mathrm{i}GA\kappa\beta - \mathrm{i}Cv_0)k + \rho A\omega^2 - \mathrm{i}C\omega - K_\mathrm{f} = 0$$

$$-\mathrm{i}kGA\kappa + (-EIk^2 + \rho I v_0^2 k^2 + 2\rho I v_0 \omega k + \rho I \omega^2 - GA\kappa)\beta = 0 \tag{6-79}$$

经整理，方程（6-79）可写为：

$$k^4 + A_1 k^3 + A_2 k^2 + A_3 k + A_4 = 0 \tag{6-80}$$

式中：

$$A_1 = a + b, \quad a = \frac{-2A\omega v_0 + \mathrm{i}Cv_0}{GA\kappa - \rho A v_0^2}, \quad b = \frac{-2I\omega v_0}{EI - \rho I v_0^2}, \quad A_2 = c + \frac{d}{c} + ef + ab, \quad c = \frac{-\rho A\omega^2 + K_\mathrm{f} + \mathrm{i}C\omega}{GA\kappa - \rho A v_0^2},$$

$$d = c \frac{-(\rho I \omega^2 - GA\kappa)}{EI - \rho I v_0^2}, \quad e = \frac{-GA\kappa}{GA\kappa - \rho A v_0^2}, \quad f = \frac{GA\kappa}{EI - \rho I v_0^2}; \quad A_3 = bc + \frac{da}{c}; \quad A_4 = d \tag{6-81}$$

通过式（6-80）可解得 4 个波动波数：

$$k_n = a_n + \mathrm{i}b_n, \quad b_1 \leqslant 0; \ b_2 \leqslant 0; \ b_3 \geqslant 0; \ b_4 \geqslant 0 \tag{6-82}$$

系数 β_n 通过式（6-79）求解为：

$$\beta_n = \frac{-\mathrm{i}fk_n}{k_n^2 + bk_n + d/c} \quad (n = 1, 2, 3, 4) \tag{6-83}$$

第 j 个胞元中隧道管片环两端的横向位移和转角边界条件可表示为：

$$\overline{w}_{\mathrm{L}j} = \overline{w}_j(0, t), \ \bar{\theta}_{\mathrm{L}j} = \bar{\theta}_j(0, t), \ \overline{w}_{\mathrm{R}j} = \overline{w}_j(l_j, t), \ \bar{\theta}_{\mathrm{R}j} = \bar{\theta}_j(l_j, t) \tag{6-84}$$

式中，下标 L 和 R 分别代表左右两端的节点。

将式（6-78）代入式（6-84）可得到节点由横向位移和转角构成的向量 $\boldsymbol{\delta}_j$ 和系数向量 $\boldsymbol{\alpha}$ 间的关系：

$$\boldsymbol{\delta}_j = \boldsymbol{H\alpha} \tag{6-85}$$

式中：

$$\boldsymbol{\delta}_j = \begin{bmatrix} \overline{w}_{\mathrm{L}j} & \bar{\theta}_{\mathrm{L}j} & \overline{w}_{\mathrm{R}j} & \bar{\theta}_{\mathrm{R}j} \end{bmatrix}^\mathrm{T}$$

$$\boldsymbol{H} = \mathrm{e}^{\mathrm{i}\omega t} \begin{bmatrix} 1 & 1 & 1 & 1 \\ \beta_1 & \beta_2 & \beta_3 & \beta_4 \\ \varepsilon_1 & \varepsilon_2 & \varepsilon_3 & \varepsilon_4 \\ \beta_1\varepsilon_1 & \beta_2\varepsilon_2 & \beta_3\varepsilon_3 & \beta_4\varepsilon_4 \end{bmatrix} \tag{6-86}$$

$$\boldsymbol{\alpha} = \begin{bmatrix} \alpha_1 & \alpha_2 & \alpha_3 & \alpha_4 \end{bmatrix}^\mathrm{T}$$

其中，$\varepsilon_n = \mathrm{e}^{-\mathrm{i}k_n l_j} (n = 1, 2, 3, 4)$。

第 j 个胞元中管片环两端的剪切力和弯矩表达式可表示为：

$$Q_{\mathrm{L}j} = -GA\kappa \left[\frac{\partial \overline{w}_j(0, t)}{\partial \xi} - \bar{\theta}_j(0, t) \right]$$

$$M_{\mathrm{L}j} = -EI \frac{\partial \bar{\theta}_j(0, t)}{\partial \xi}$$

$$Q_{\mathrm{R}j} = GA\kappa \left[\frac{\partial \overline{w}_j(l_j, t)}{\partial \xi} - \bar{\theta}_j(l_j, t) \right] \tag{6-87}$$

$$M_{\mathrm{R}j} = EI \frac{\partial \bar{\theta}_j(l_j, t)}{\partial \xi}$$

将式（6-78）代入式（6-87）得到节点由剪切力和弯矩所构成的向量 $\boldsymbol{F}_j$ 和系数向量 $\boldsymbol{\alpha}$ 间的关系：

$$\boldsymbol{F}_j = \boldsymbol{G}\boldsymbol{\alpha} \tag{6-88}$$

式中：

$$\boldsymbol{F}_j = [Q_{Lj} \quad M_{Lj} \quad Q_{Rj} \quad M_{Rj}]^{\mathrm{T}}$$

$$\boldsymbol{G} = \mathrm{e}^{\mathrm{i}\omega t} \begin{bmatrix} q_1 & q_2 & q_3 & q_4 \\ p_1 & p_2 & p_3 & p_4 \\ -q_1\varepsilon_1 & -q_2\varepsilon_2 & -q_3\varepsilon_3 & -q_4\varepsilon_4 \\ -p_1\varepsilon_1 & -p_2\varepsilon_2 & -p_3\varepsilon_3 & -p_4\varepsilon_4 \end{bmatrix} \tag{6-89}$$

其中，$q_n = GA\kappa(\mathrm{i}k_n + \beta_n)$，$p_n = EI(\mathrm{i}k_n\beta_n)$。

由式（6-85）和式（6-88）可消除系数向量，得到节点向量 $\boldsymbol{F}_j$ 与向量 $\boldsymbol{\delta}_j$ 的关系：

$$\boldsymbol{F}_j = \boldsymbol{K}_j\boldsymbol{\delta}_j \tag{6-90}$$

式中：

$$\boldsymbol{K}_j = \boldsymbol{G}\boldsymbol{H}^{-1} \tag{6-91}$$

其中，$\boldsymbol{K}_j$ 为管片环在动态坐标系下弯曲波动的动态刚度矩阵，它是速度和频率的函数。

第 j 个胞元中接头的平衡方程可表示为：

$$\begin{Bmatrix} Q_{Rj} \\ M_{Rj} \\ Q_{L(j+1)} \\ M_{L(j+1)} \end{Bmatrix} = \begin{bmatrix} k_{\mathrm{w}} & 0 & -k_{\mathrm{w}} & 0 \\ 0 & k_\theta & 0 & -k_\theta \\ -k_{\mathrm{w}} & 0 & k_{\mathrm{w}} & 0 \\ 0 & -k_\theta & 0 & k_\theta \end{bmatrix} \begin{Bmatrix} \overline{w}_{Rj} \\ \overline{\theta}_{Rj} \\ \overline{w}_{L(j+1)} \\ \overline{\theta}_{L(j+1)} \end{Bmatrix} \tag{6-92}$$

其中，k_{w} 和 k_θ 分别为第 j 个接头的剪切刚度和弯曲刚度。

传递矩阵、传播常数及局部化因子的推导类似于第 2 章，只不过它们都是速度和频率的函数。

6.4.2 均质隧道的临界速度、截止频率及瞬态响应

由于移动荷载两侧均为半无限长隧道，无穷远处变形为零，因此荷载两侧的横向位移和转角可表示为：

$$\overline{w}(\xi,t) = \sum_{n=1}^{2} \alpha_n \mathrm{e}^{-\mathrm{i}k_n\xi}\mathrm{e}^{\mathrm{i}\omega t}, \quad \overline{\theta}(\xi,t) = \sum_{n=1}^{2} \beta_n\alpha_n \mathrm{e}^{-\mathrm{i}k_n\xi}\mathrm{e}^{\mathrm{i}\omega t} \quad \xi > 0$$

$$\overline{w}(\xi,t) = \sum_{n=3}^{4} \alpha_n \mathrm{e}^{-\mathrm{i}k_n\xi}\mathrm{e}^{\mathrm{i}\omega t}, \quad \overline{\theta}(\xi,t) = \sum_{n=3}^{4} \beta_n\alpha_n \mathrm{e}^{-\mathrm{i}k_n\xi}\mathrm{e}^{\mathrm{i}\omega t} \quad \xi \leqslant 0 \tag{6-93}$$

式中，$\xi = 0$ 处为荷载作用位置。

隧道的横向位移 $\overline{w}(\xi,t)$、转角 $\overline{\theta}(\xi,t)$、剪力 $Q(\xi,t)$ 和弯矩 $M(\xi,t)$ 有下述关系：

$$Q(\xi,t) = -GA\kappa\left[\frac{\partial\overline{w}(\xi,t)}{\partial\xi} - \overline{\theta}(\xi,t)\right]$$

$$M(\xi,t) = -EI\frac{\partial\overline{\theta}(\xi,t)}{\partial\xi} \tag{6-94}$$

此时，式（6-93）中的四个系数 $\alpha_n (n=1,2,3,4)$ 可由 $\xi=0$ 处的四个边界条件求得，即：

$$\begin{bmatrix} 1 & 1 & -1 & -1 \\ \beta_1 & \beta_2 & -\beta_3 & -\beta_4 \\ \mathrm{i}k_1\beta_1 & \mathrm{i}k_2\beta_2 & -\mathrm{i}k_3\beta_3 & -\mathrm{i}k_4\beta_4 \\ GA\kappa(-\mathrm{i}k_1-\beta_1) & GA\kappa(-\mathrm{i}k_2-\beta_2) & -GA\kappa(-\mathrm{i}k_3-\beta_3) & -GA\kappa(-\mathrm{i}k_4-\beta_4) \end{bmatrix} \begin{Bmatrix} \alpha_1 \\ \alpha_2 \\ \alpha_3 \\ \alpha_4 \end{Bmatrix} = \begin{Bmatrix} 0 \\ 0 \\ 0 \\ F_0 \end{Bmatrix} \tag{6-95}$$

因此，利用式（6-93）即可得到荷载不同激振频率和不同移动速度下结构的瞬态响应。

同时，通过式（6-78）或式（6-93）可知，隧道的弯曲波动可看作不同弯曲波的叠加，这些波分别以波数 k_n 沿着移动坐标系 ξ 传播。因此可得到仅当相应波数的虚部为零时，即：

$$\mathrm{Imag}(k_n) = 0 \tag{6-96}$$

此种弯曲波才可以自由地传播不发生衰减。式（6-96）给出了简谐移动荷载作用下隧道结构波传播的临

界条件。

依据式（6-96）可得，对于无阻尼隧道结构，设给定的激振频率 $f = \omega/(2\pi)$，当 $v_0 > v_{cr}$ 时，波数的虚部为零，v_{cr} 即为临界速度；同理，对于给定的移动荷载速度 v_0，当 $f > f_{cu}$ 时，波数的虚部为零，f_{cu} 即为截止频率。

对于恒定移动荷载 $f = 0$ 的情况，无阻尼隧道的临界速度为：

$$v_{cr} = \sqrt{\frac{1}{2\pi_1}\left(-\pi_2 + \sqrt{\pi_2^2 - 4\pi_1\pi_3}\right)} \tag{6-97}$$

其中：

$$\pi_1 = \left(\rho A - \frac{K_f \rho I}{GA\kappa}\right)^2, \ \pi_2 = 2\frac{K_f EI}{GA\kappa}\left(\rho A - \frac{K_f \rho I}{GA\kappa}\right) + 4K_f \rho I, \ \pi_3 = \left(\frac{K_f EI}{GA\kappa}\right)^2 - 4K_f EI$$

该临界速度的计算公式与 6.3.4.1 节中研究结果一致。

对于荷载速度为零的情况，无阻尼隧道的截止频率为：

$$f_{cu} = \frac{1}{2\pi}\sqrt{\frac{K_f}{\rho A}} \tag{6-98}$$

6.4.3　数值算例与分析讨论

根据上述理论模型，运用 matlab 编程软件计算程序，讨论波在均质、谐调及失谐隧道中的波传播现象。本节所用到的几何和材料参数特性见表 6-1。

6.4.3.1　波在均质隧道中的传播

研究弹性地基刚度和激振频率对临界速度的影响以及荷载在不同移动速度和激振频率下均质隧道结构的瞬态响应。

（1）激振频率和地基刚度对临界速度的影响

考虑荷载不同激振频率及不同地基刚度对无阻尼隧道临界速度的影响，如图 6-30 所示。需要注意

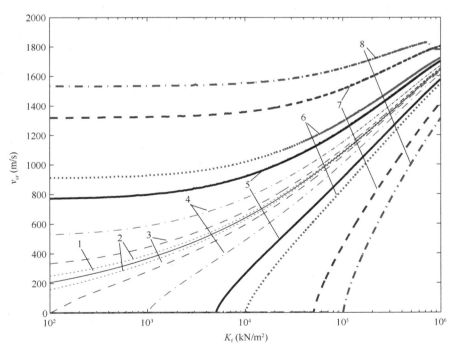

图 6-30　临界速度和激振频率与地基刚度的关系图

1—$f = 0$ Hz；2—$f = 0.14$ Hz；3—$f = 0.44$ Hz；4—$f = 1.40$ Hz；5—$f = 3.13$ Hz；
6—$f = 4.43$ Hz；7—$f = 9.91$ Hz；8—$f = 14.02$ Hz

的是，激振频率 $f=0$ 即为恒定移动荷载的情况。由图 6-30 可观察到，当激振频率 $f>0$ 时，隧道结构有两个临界速度。而激振频率 $f=0$ 时，隧道结构只有一个临界速度。同时，当激振频率 $f>f_{cu0}$（f_{cu0} 为荷载速度为零时，无阻尼隧道的截止频率），这里必存在一个零的临界速度。以地基刚度系数 $K_f=1\times10^3 \text{kN/m}^2$ 为例，此时 $f_{cu0}=1.40\text{Hz}$，当激振频率 $f\geqslant1.40\text{Hz}$ 时，隧道结构将有一个零的临界速度；当激振频率 $f<1.40\text{Hz}$ 时，隧道结构有两个非零的临界速度。当激振频率减小、接近零时，两个非零的临界速度逐渐靠近；随着激振频率的增加，两个临界速度值相差越来越大，且以恒定移动荷载作用下隧道结构的临界速度为中心，一个临界速度值逐渐增加，另一个临界速度值逐渐减小。并且，随着地基刚度的增加，两个非零的临界速度越来越接近恒定移动荷载下的临界速度，表明随着地基刚度的增加，激振频率对临界速度的影响减小。同时，由图 6-30 还可见：对于给定的激振频率，随着地基刚度的降低，临界速度均有减小的趋势，说明波不发生传播的速度范围不断缩小。需要注意的是，当隧道的基础是软土地基时，高速移动荷载很容易达到甚至超过隧道结构的临界速度，因此需对地基进行处理。

（2）激振频率一定，不同荷载移动速度下隧道的瞬态响应

考虑移动荷载激振频率分别为 $f=0$，1Hz 和 2Hz 时，不同移动速度下有阻尼隧道结构的横向位移响应幅值 $\overline{w}(\xi)=\sum_{n=1}^{4}\alpha_n e^{-ik_n\xi}$。如第 2 章所述，由于阻尼能够极大地减小荷载达到临界速度时隧道结构的强振动，因此本章计算响应时同样采用较小的阻尼系数 $C=0.02\sqrt{\rho A K_f}=2.271\text{kN}\cdot\text{s/m}$。从图 6-30 可知，对于无阻尼隧道，当 $f=0\text{Hz}$ 时，隧道结构仅有一个临界速度 $v_{cr}=365.62\text{m/s}$；当 $f=1\text{Hz}$ 时，隧道结构有两个非零的临界速度 $v_{cr}=147.95$ 和 529.55m/s；当 $f=2\text{Hz}$ 时，隧道结构临界速度 $v_{cr}=0$ 和 665.29m/s。

图 6-31 给出了恒定移动荷载分别以 50m/s、200m/s、350m/s 和 400m/s 移动时隧道的横向位移响应幅值实部。此时，横向位移响应幅值虚部为零，故在此并未画出。从图 6-31 可观察到，当移动荷载速度 $v_0<v_{cr}=365.62\text{m/s}$ 时，振动仅局限在移动荷载附近，不会沿着结构传播。当荷载移动速度接近临界速度时，隧道结构的变形幅值远大于速度较小时的幅值，即隧道结构将发生强振动。而随着荷载速度的降低，变形峰值减小，同时变形衰减率增加，当速度降至 200m/s 时，在荷载不远处变形即衰减至零。表明当荷载速度比 $v_{rat}=v_0/v_{cr}$ 小于 0.5 时，移动荷载作用下隧道结构的变形接近于静态变形。但是，当荷载移动速度大于临界速度时，横向变形可以沿着结构传播，验证了波数分析的正确性。

为了直观地表示临界速度对波传播的影响，图 6-32 给出了恒定移动荷载以各种速度移动时隧道的

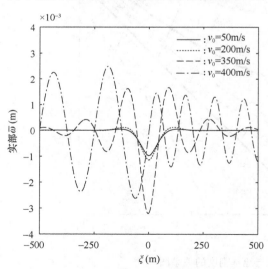

图 6-31 荷载不同移动速度时隧道的横向位移
响应幅值（$f=0$，$v_{cr}=365.62\text{m/s}$）

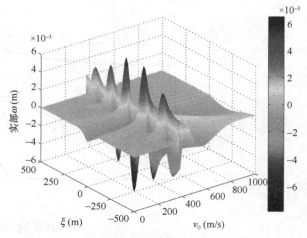

图 6-32 荷载激振频率 $f=0$ 时隧道的
横向位移响应幅值实部

横向位移响应幅值实部。图 6-32 充分证明了上述概念：当荷载速度小于临界速度时，波动仅局限在移动荷载附近；当荷载速度大于临界速度时，波动沿着结构发生传播；当荷载速度接近临界速度时，结构发生强振动。

图 6-33 给出了荷载激振频率 $f=1\mathrm{Hz}$，移动速度分别为 50m/s、100m/s、200m/s 和 600m/s 时隧道的横向位移响应幅值实部和虚部。由图 6-33 得到，当荷载移动速度小于最小临界速度 v_{cr1} 时，振动仅局限在移动荷载处，且随着荷载速度的增加，结构的横向变形增加；当荷载速度大于最小临界速度 v_{cr1} 时，振动沿着结构传播，该现象与恒定移动荷载结果保持一致。当荷载移动速度大于 $v_{cr2}=529.55\mathrm{m/s}$ 时，结构横向变形沿着结构传播，但是其变形幅值小于荷载移动速度 $v_{cr2}>v_0>v_{cr1}$ 时结构的变形，这种现象主要是由于随着荷载移动速度的增加，结构变形峰值个数增加，高速移动荷载可能会激起更高阶的模态。

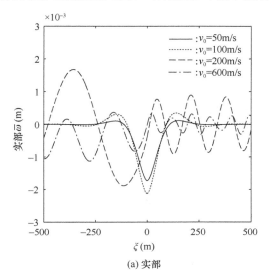

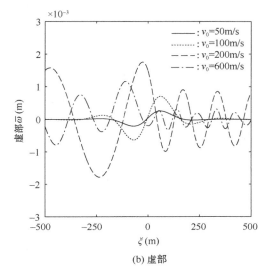

(a) 实部　　　　　　　　　　　　　　(b) 虚部

图 6-33　荷载不同移动速度时隧道的横向位移响应幅值（$f=1\mathrm{Hz}$，$v_{cr1}=147.95\mathrm{m/s}$ 和 $v_{cr2}=529.55\mathrm{m/s}$）

同样，为了清晰地说明临界速度对波传播的影响，图 6-34 给出了荷载激振频率 $f=1\mathrm{Hz}$，荷载以各种速度移动时隧道的横向位移响应幅值实部。由图可见，此时结构的确存在两个临界速度，在临界速度处结构的振动加强。同时，当荷载移动速度小于最小临界速度时，波动不传播；而当荷载移动速度大于最小临界速度时，振动即可传播。

图 6-35 给出了荷载激振频率 $f=2\mathrm{Hz}$，移动速度分别为 400m/s、600m/s 和 700 m/s 时隧道的横向位移响应幅值实部和虚部。如图 6-30 中的分析，此时隧道的最小临界速度为零，所有不同速度下结构的振动都可以发生传播，振动不会局限在荷载附近，即隧道结构不会发生强振动。

图 6-36 给出了荷载激振频率 $f=2\mathrm{Hz}$，荷载以

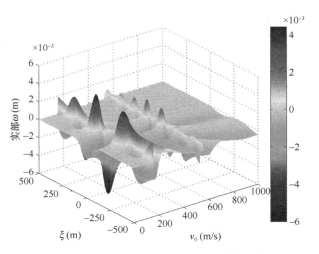

图 6-34　荷载激振频率 $f=1\mathrm{Hz}$ 时隧道的
横向位移响应幅值实部

各种速度移动时隧道的横向位移响应幅值实部。如上所分析的，由于最小临界速度为零，波动在整个速度区域内都可以发生传播，且在临界速度处振动增强。

（3）荷载移动速度一定，不同激振频率下隧道的瞬态响应

考虑荷载移动速度为 $v_0=200\mathrm{m/s}$ 时，不同激振频率下有阻尼隧道结构的横向位移响应幅值实部和虚部，计算结果见图 6-37，其中无阻尼隧道结构的截止频率为 $f_{cu}=0.797\mathrm{Hz}$。由图 6-37 可知，当激振

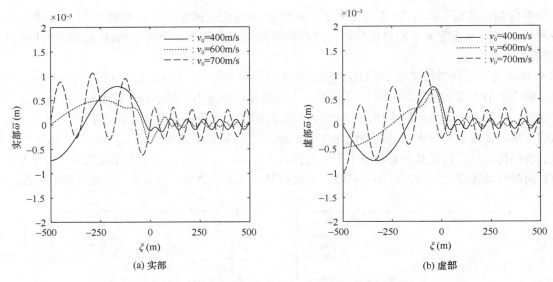

图 6-35　荷载不同移动速度时隧道的横向位移响应幅值

$(f=2\text{Hz}, v_{\text{cr1}}=0 \text{ 和 } v_{\text{cr2}}=665.21\text{m/s})$

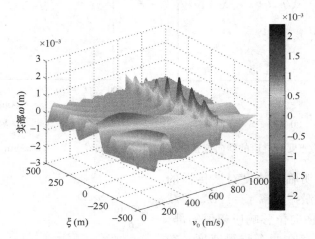

图 6-36　荷载激振频率 $f=2\text{Hz}$ 时隧道的横向位移响应幅值实部

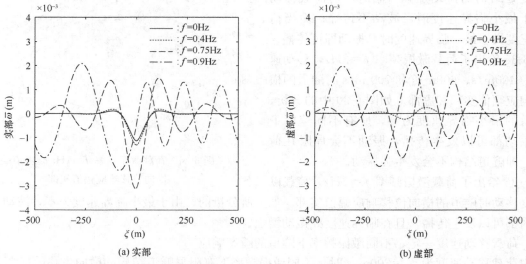

图 6-37　荷载不同激振频率下隧道的横向位移响应幅值（$v=200\text{m/s}, f_{\text{cu}}=0.797\text{Hz}$）

频率大于截止频率时，结构振动发生传播。当荷载激振频率小于截止频率时，隧道结构振动仅局限在移动荷载附近，且随着激振频率的增加，结构振动幅值增加，当激振频率接近截止频率时，结构发生强振动。因此，当荷载移动速度一定时，需注意荷载的激振频率。

同理，为了直观地说明截止频率对波传播的影响，图 6-38 给出了荷载以速度 $v=200\mathrm{m/s}$ 移动，激振频率选取不同值时隧道的横向位移响应幅值实部。由图可见，结构存在截止频率，在截止频率处结构发生强振动。当荷载激振频率远大于截止频率时，振动虽然发生传播，但振动幅值较小。

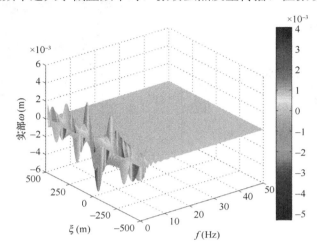

图 6-38　荷载以速度 $v=200\mathrm{m/s}$ 移动时隧道的横向位移响应幅值实部

6.4.3.2　谐调周期盾构隧道的波传播

本节考虑在速度域和频域内，结构各种参数对谐调周期隧道波传播特性的影响。同理，为了突出结构由于周期性引起的速度、频率通禁带的位置和宽度，地基的阻尼忽略不计。图 6-39 给出了弯曲波动下，弹性地基刚度取 $K_{\mathrm{f}}=1\times10^3\mathrm{kN/m^2}$ 时传播常数实部在频域和速度域内的值。由图 6-39 可观察到，无论是在速度域还是在频域内，通带和禁带均交替出现。在通带区域，弯曲波能够沿着结构自由地传播，而在禁带区域，波动仅局限在移动荷载附近。由图 6-39 (a) 可见，在低频低速度区内，传播常数的幅值较大，波动的衰减较强；在低频高速度区域内，传播常数的幅值基本为零，波动发生传播。

由图 6-39(a)~(d)可发现，当荷载激振频率为 $f=0\mathrm{Hz}$ 时，结构第一个速度禁带为 $v_0\in(0,\ 369\mathrm{m/s})$。由式 (6-96) 知，此时均质结构的临界速度为 $365.62\mathrm{m/s}$。如 6.3.4.1~6.3.4.2 节及 6.4.3.1 节所分析的，当 $v_0<v_{\mathrm{cr}}$ 时，弯曲波总是衰减的，同时将此临界速度与第一个禁带边界对比分析发现，第一个速度禁带主要是由弹性地基作用引起的，而周期结构的特有性质影响较小。并且，图 6-39 (c) 实线所示荷载激振频率 $f=0$ 时传播常数与速度的关系曲线与图 6-33 虚点线所示恒定移动荷载时的曲线完全吻合，验证了本章理论推导及所编程序的正确性。当荷载激振频率为 $f=1\mathrm{Hz}$ 时，结构仅存在一个速度禁带 $v_0\in(0,\ 150\mathrm{m/s})$。由式 (6-96) 或 6.4.3.1 节知，对应的均质结构存在两个临界速度 $v_{\mathrm{cr1}}=147.95\mathrm{m/s}$ 和 $v_{\mathrm{cr2}}=529.55\mathrm{m/s}$。与 6.4.3.1 节均质隧道的特性吻合，即当荷载移动速度小于最小临界速度 v_{cr1} 时，波动发生衰减。当荷载激振频率为 $f=2\mathrm{Hz}$ 时，在所考虑的速度域内，结构不存在速度禁带，这种现象可能是由于此时均质结构的最小临界速度 $v_{\mathrm{cr1}}=0\mathrm{m/s}$，波动在均质结构中可以在整个速度区域内都发生传播，而周期性并没有引起结构的速度禁带。当荷载激振频率达到 $f=20\mathrm{Hz}$、$40\mathrm{Hz}$ 等时，结构中速度通带和禁带交替出现或者结构在很低的速度域即可出现速度禁带，此种现象主要由周期结构的固有特性所致。

由图 6-39 (a) 和 (b) 知，随着荷载移动速度的增加，在所考虑的频域内，禁带个数逐渐减少，且传播常数的峰值减小。以荷载速度为 $200\mathrm{m/s}$ 和 $600\mathrm{m/s}$ 为例，如图 6-39 (e) 所示，当荷载移动速度为 $200\mathrm{m/s}$ 时，出现 8 个频率禁带，分别为 $f\in(0,\ 0.8)$、$f\in(3.4,\ 4.4)$、$f\in(7.4,\ 9.6)$、$f\in(13.2,\ 16.3)$、$f\in(20.4,\ 24.0)$、$f\in(28.5,\ 32.5)$、$f\in(37.1,\ 41.4)$ 和 $f\in(46.1,\ 50.0)$（单位均为"Hz"），而当荷载移动

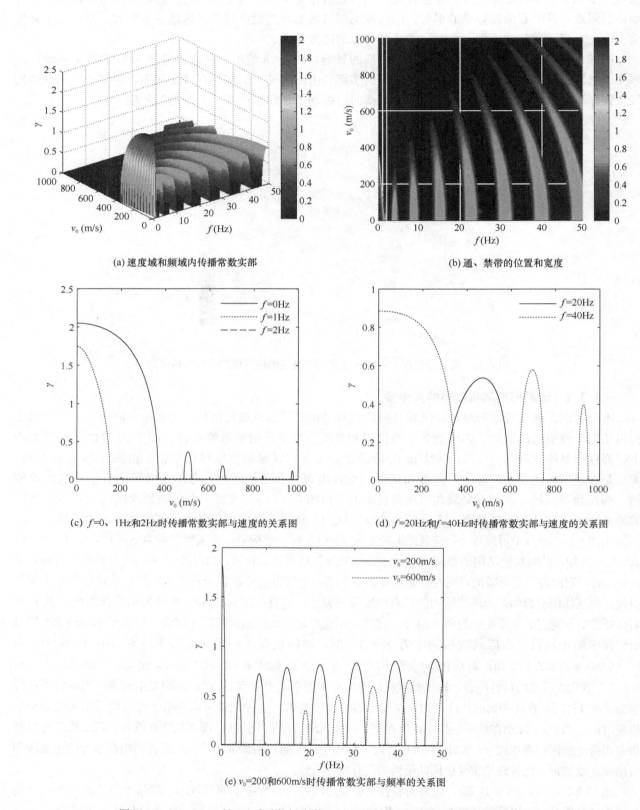

(a) 速度域和频域内传播常数实部

(b) 通、禁带的位置和宽度

(c) f=0、1Hz和2Hz时传播常数实部与速度的关系图

(d) f=20Hz和f=40Hz时传播常数实部与速度的关系图

(e) v_0=200和600m/s时传播常数实部与频率的关系图

图 6-39　$K_{\mathrm{f}} = 1 \times 10^3 \, \text{kN/m}^2$时传播常数实部与荷载激振频率和移动速度的关系图

速度为 600m/s 时，频率禁带则为 5 个，分别为 $f\in(18.3，19.7)$、$f\in(25.2，27.5)$、$f\in(32.8，35.6)$、$f\in(40.8，44.0)$ 和 $f\in(49.1，50.0)$（单位均为 "Hz"），且其频带的位置和宽度与图 6-39（b）的结果完全相符。同时，由式（6-96）知，对应于上述两种速度的无阻尼隧道的截止频率分别为 0.797Hz 和 0Hz。比较频率禁带的边界可知，当荷载激振频率小于截止频率时，弯曲波的传递始终是衰减的，验证了 6.4.2 节的理论推导，同时与 6.2.3.1 节的结果保持一致。

图 6-40、图 6-41 分别给出了弯曲波动下，弹性地基刚度取 $K_f=1\times10^2\,kN/m^2$ 和 $K_f=1\times10^4\,kN/m^2$ 时传播常数实部在频域和速度域内的值。比较图 6-39～图 6-41（a）、（b）发现，随着弹性地基刚度的增加，低频低速度区内的传播常数幅值急剧增加。同时，在该区域内，随着荷载移动速度的增加，传播常数幅值降低，意味着增加移动荷载的速度扩展了横向变形的范围，这也与 6.4.3.1 节中均质隧道的变形特性相吻合。特别地，当激振频率 $f=0$Hz 时，随着弹性地基刚度的增加，第一个禁带带宽明显增加，表明弹性地基刚度的增加扩展了第一个禁带的带宽，这种现象与 6.3.4.2 节观察一致，即弹性地基刚度增加，临界速度增大，进而弯曲波衰减区域增大。比较图 6-39～图 6-41（c）发现，当荷载激振频率一定，尽管弹性地基刚度不同，但是传播常数随速度的变化趋势相同，即当 $f=20$Hz 时，均仅有一个速度禁带；而 $f=40$Hz，有三个禁带，且其带宽和幅值接近。由图 6-39～图 6-41（b）和（d）可知，在低频区，对于给定的荷载移动速度，随着弹性地基刚度的增加，第一个禁带带宽逐渐增加，或第一个频率通带逐渐变为禁带，且其带宽和幅值逐渐增加。同时，对于给定的较小激振频率，在第一个禁带内，随着速度的增加，传播常数幅值均逐渐减小，波传播的范围加大。

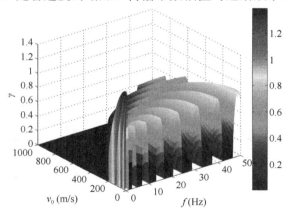

(a) 速度域和频域内传播常数实部

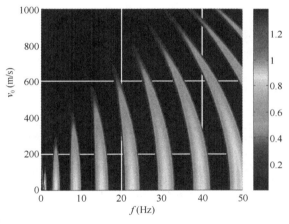

(b) 通、禁带的位置和宽度

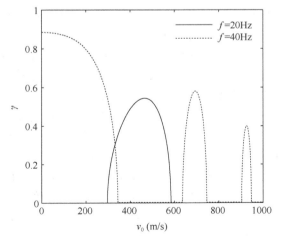

(c) $f=20$Hz 和 40Hz 时传播常数实部与速度的关系图

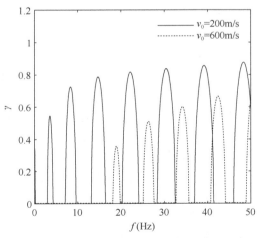

(d) $v_0=200$m/s 和 600=m/s 时传播常数实部与速度的关系图

图 6-40 $K_f=1\times10^2\,kN/m^2$ 时传播常数实部与荷载激振频率和移动速度的关系图

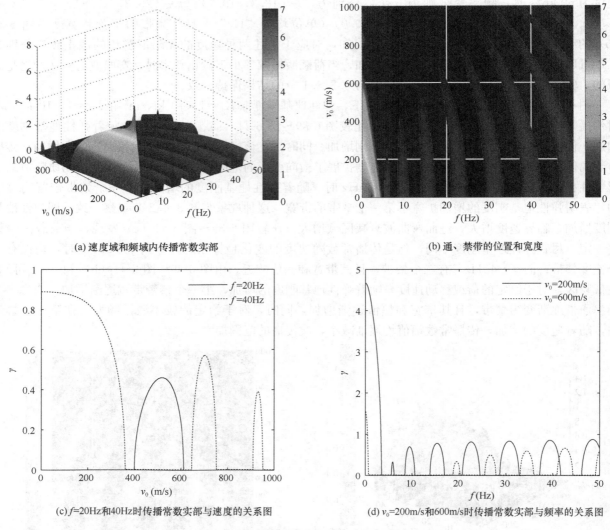

(a) 速度域和频域内传播常数实部

(b) 通、禁带的位置和宽度

(c) $f=20$Hz和40Hz时传播常数实部与速度的关系图

(d) $v_0=200$m/s和600m/s时传播常数实部与频率的关系图

图 6-41 $K_f=1\times10^4$kN/m^{2}时传播常数实部与荷载激振频率和移动速度的关系图

图 6-42 给出了隧道管片环等效长度对弯曲波传播的影响。从图 6-42 可知，对于给定的荷载移动速度，随着隧道管片环长度的增加，禁带个数有增加的趋势。以荷载移动速度 $v_0=200$m/s 为例，当管片环等效长度 $l_j=80$m、$l_j=100$m 和 $l_j=120$m 时，对应的频率禁带个数分别为 6、8 和 10，且对应的第一个禁带幅值增加。对于给定的荷载激振频率，管片环等效长度对速度通禁带的影响不尽相同，如图 6-42（b）、(d) 和（f）中 $f=40$Hz 所示，对应于上述三种工况的速度通禁带情况分别为：通-禁-通-禁-通、禁-通-禁-通-禁-通和通-禁-通-禁-通-禁-通。因此，在实际工程中，当荷载移动速度一定时可以选择不同的激振频率，或当荷载激振频率一定时可以选择不同的荷载移动速度来改变波传播的情况。

图 6-43 给出了接头弯曲刚度对弯曲振动波传播的影响。从图中可观察到前两种工况下弯曲波的传播行为对接头弯曲刚度的影响不够敏感。当接头弯曲刚度增至 $k_\theta=3.5\times10^6$kN·m/rad 时，禁带宽度及其幅值开始发生变化，以荷载激振频率 $f=20$Hz 为例，此时第一个通带的带宽变窄，而第一个禁带带宽加宽。

图 6-44 给出了接头剪切刚度对弯曲振动波传播的影响。可以发现，接头的剪切刚度对结构波传播的影响显著。当接头剪切刚度增加时，低频低速度区内的传播常数基本保持不变，而高频高速度区内的传播常数幅值则逐渐降低。同时，在所考虑的频率、速度整个区域内，禁带带宽逐渐降低。特别地，当接头剪切刚度取 2.2×10^5kN/m 时，结构出现了较宽的禁带，而通带范围则很狭小，如 $f=40$Hz 时，结构仅有两条较窄的速度通带。

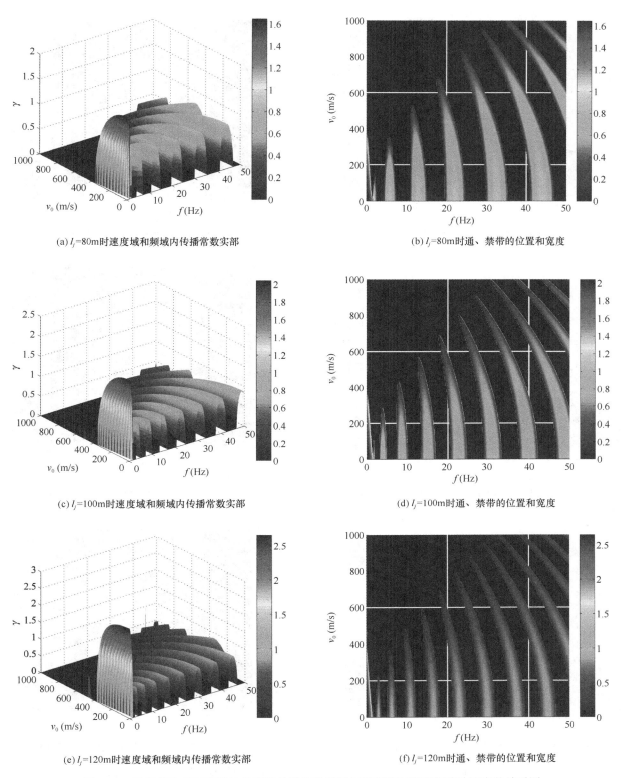

(a) l_j=80m时速度域和频域内传播常数实部

(b) l_j=80m时通、禁带的位置和宽度

(c) l_j=100m时速度域和频域内传播常数实部

(d) l_j=100m时通、禁带的位置和宽度

(e) l_j=120m时速度域和频域内传播常数实部

(f) l_j=120m时通、禁带的位置和宽度

图 6-42　隧道管片环不同等效长度下传播常数实部与荷载激振频率和移动速度的关系图

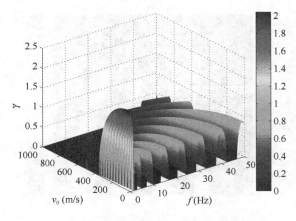

(a) $k_\theta=3.5\times10^4$kN·m/rad时速度域和频域内传播常数实部

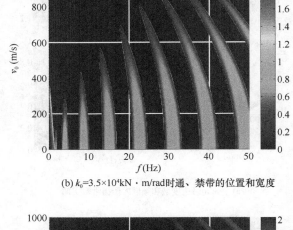

(b) $k_\theta=3.5\times10^4$kN·m/rad时通、禁带的位置和宽度

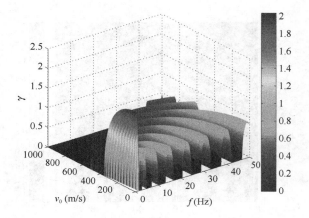

(c) $k_\theta=3.5\times10^5$kN·m/rad时速度域和频域内传播常数实部

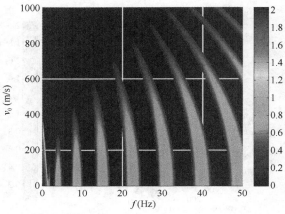

(d) $k_\theta=3.5\times10^5$kN·m/rad时通、禁带的位置和宽度

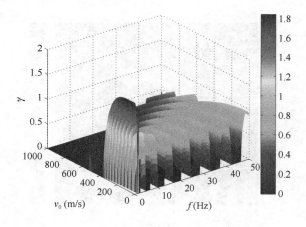

(e) $k_\theta=3.5\times10^6$kN·m/rad时速度域和频域内传播常数实部

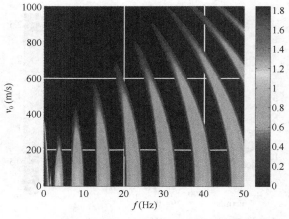

(f) $k_\theta=3.5\times10^6$kN·m/rad时通、禁带的位置和宽度

图 6-43　不同接头弯曲刚度下传播常数实部与荷载激振频率和移动速度的关系图

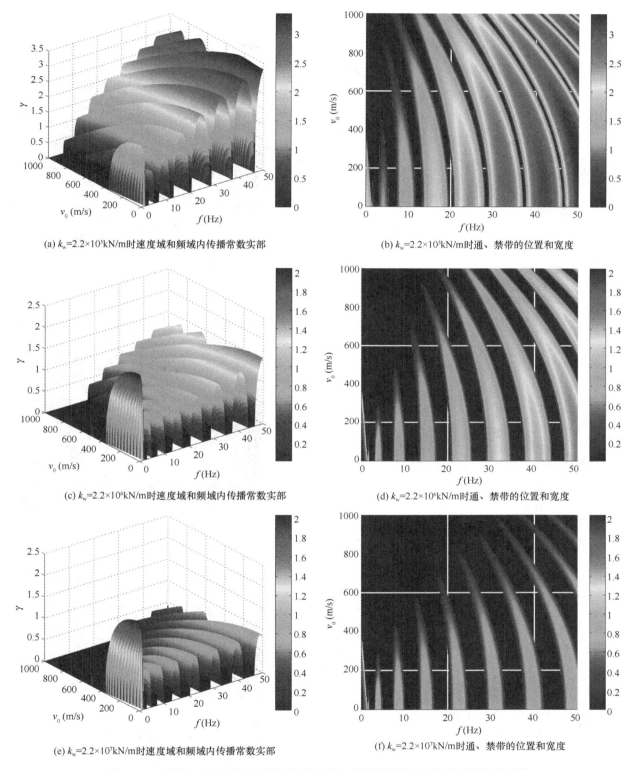

(a) k_w=2.2×10⁵kN/m时速度域和频域内传播常数实部

(b) k_w=2.2×10⁵kN/m时通、禁带的位置和宽度

(c) k_w=2.2×10⁶kN/m时速度域和频域内传播常数实部

(d) k_w=2.2×10⁶kN/m时通、禁带的位置和宽度

(e) k_w=2.2×10⁷kN/m时速度域和频域内传播常数实部

(f) k_w=2.2×10⁷kN/m时通、禁带的位置和宽度

图 6-44 不同接头剪切刚度下传播常数实部与荷载激振频率和移动速度的关系图

6.4.3.3 随机失谐周期盾构隧道的波动局部化

如同 6.2.3.2 和 6.3.4.3 节，本节利用局部化因子考虑管片环长度 l_j 随机失谐对波动局部化的影响。

图 6-45 给出了周期隧道结构弯曲振动下，长度 l_j 失谐，变异系数 δ＝0，0.02，0.05 和 0.10 时，

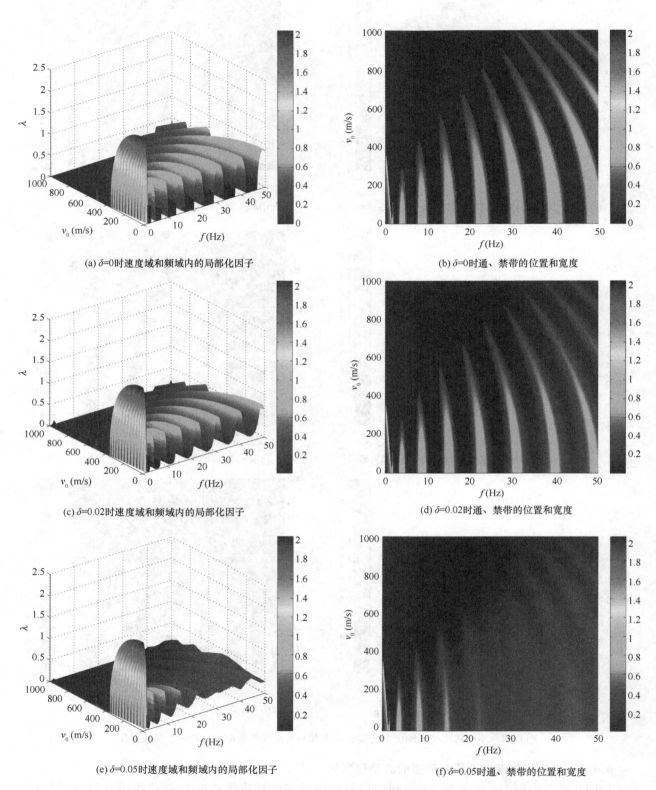

(a) δ=0时速度域和频域内的局部化因子

(b) δ=0时通、禁带的位置和宽度

(c) δ=0.02时速度域和频域内的局部化因子

(d) δ=0.02时通、禁带的位置和宽度

(e) δ=0.05时速度域和频域内的局部化因子

(f) δ=0.05时通、禁带的位置和宽度

图 6-45　管片环长度不同失谐程度下弯曲振动局部化因子随荷载激振频率和移动速度的变化图（一）

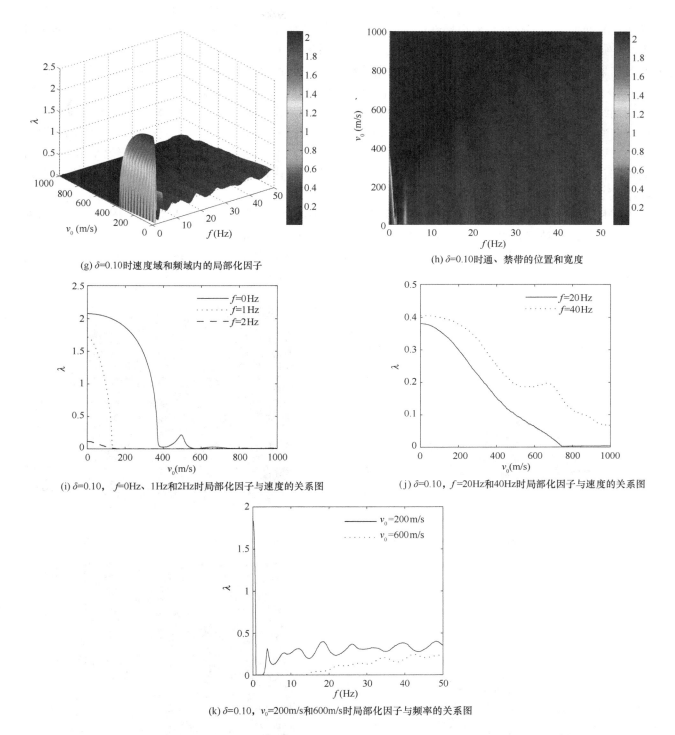

(g) $\delta=0.10$时速度域和频域内的局部化因子

(h) $\delta=0.10$时通、禁带的位置和宽度

(i) $\delta=0.10$，$f=0$Hz、1Hz和2Hz时局部化因子与速度的关系图

(j) $\delta=0.10$，$f=20$Hz和40Hz时局部化因子与速度的关系图

(k) $\delta=0.10$，$v_0=200$m/s和600m/s时局部化因子与频率的关系图

图 6-45　管片环长度不同失谐程度下弯曲振动局部化因子随荷载激振频率和移动速度的变化图（二）

局部化因子随荷载激振频率和移动速度的变化曲线。其中，$\delta=0$ 对应的为谐调周期隧道。

由图 6-45 可见，无论是在速度域还是在频域，当变异系数 $\delta>0$ 时，波动局部化现象发生。随着变异系数的增加，波动局部化程度明显增强。失谐对低频低速度区内的局部化因子影响较小，这主要是由于在此区域内，禁带主要是由于弹性地基作用引起的，同时由于周期性，波动局部化现象在高频低速度区表现得最为显著，而低频高速度区内的局部化因子幅值则较小。当变异系数达到 0.05 时，频率和速度通带在高频低速度区全部消失，见图 6-45（e）和（f）。如 6.2.3.2 和 6.3.4.3 节所分析的，随着变异系数的增加，局部化现象使得局部化因子幅值在通带内增加，在禁带内降低，这种现象导致局部化因子在 $\delta=0.10$ 时在高频低速度区内的幅值较为接近。比较图 6-45（i）中实线与图 6-24 中点划线所知，两者结果完全相同，即恒定移动荷载即为简谐荷载 $f=0$ 的特殊情况，验证了本章算法的正确性。比较图 6-39（c）、（d）与图 6-45（i）、（j）可见，当 $f=2\mathrm{Hz}$ 时，谐调周期隧道中全部为速度通带，而在失谐周期结构中当荷载移动速度在 $0\sim150\mathrm{m/s}$ 时会出现波动局部化现象；当 $f=40\mathrm{Hz}$ 时，失谐周期结构中所有通带都变为禁带，例如，当荷载激振频率 $f=40\mathrm{Hz}$ 且移动速度为 $800\mathrm{m/s}$ 时，波动在谐调周期结构中可以传播而在失谐周期结构中则会发生衰减。比较图 6-39（e）与图 6-45（k），在较低频段内失谐对局部化因子影响甚微，但在较高频段失谐的影响较为显著；当荷载移动速度达到 $200\mathrm{m/s}$，荷载激振频率在 $5\mathrm{Hz}$ 以上时，波动均不能传播。

当长度 l_j 失谐且其均值 $l_0=100\mathrm{m}$，变异系数取 $\delta=0.10$，接头弯曲刚度 k_θ 选取不同值时，弯曲振动下局部化因子随荷载激振频率和移动速度的变化曲线如图 6-46 所示。

由图 6-46 可见，对于同一变异系数，波动局部化受接头弯曲刚度的影响较小，这种现象与谐调周期隧道一致，即波传播的频域、速度域通禁带幅值和宽度对接头弯曲刚度的影响不够敏感。

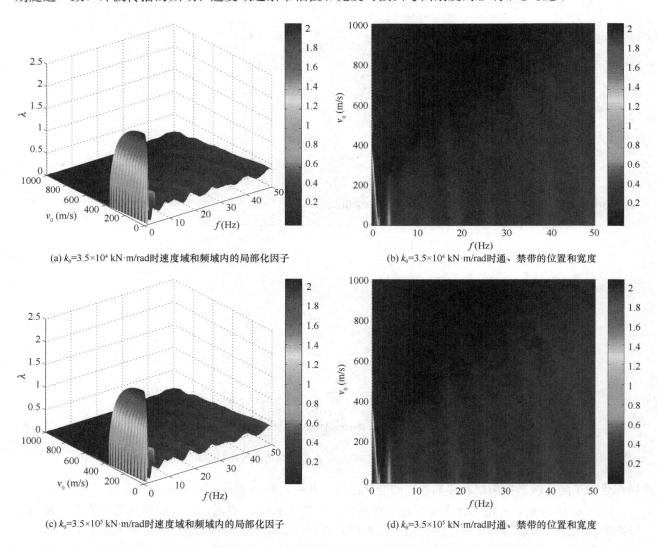

图 6-46　接头弯曲刚度变化下弯曲振动局部化因子随荷载激振频率和移动速度的变化图（一）

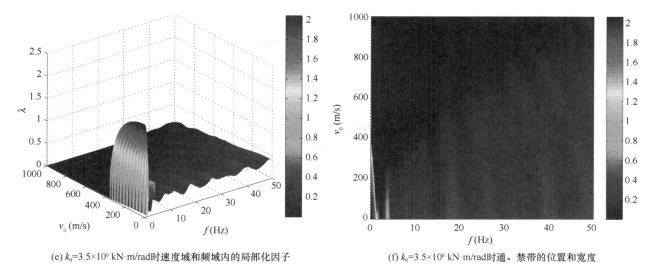

(e) $k_0=3.5 \times 10^6$ kN·m/rad时速度域和频域内的局部化因子　　(f) $k_0=3.5 \times 10^6$ kN·m/rad时通、禁带的位置和宽度

图 6-46　接头弯曲刚度变化下弯曲振动局部化因子随荷载激振频率和移动速度的变化图（二）

6.4.3.4　周期盾构隧道的振动传输特性

为了验证简谐移动荷载作用下周期隧道传递矩阵理论推导的正确性以及禁带内的衰减特性，并能够与 6.2.3.3 节和 6.3.4.4 节的结果相比较，本节利用传递矩阵法分别计算 $v_0=0$m/s 或 $f=0$Hz 时一个周期的结构传输特性，如图 6-47 所示。由图 6-47（a）可看到，结构存在 8 个频率禁带，其位置和宽度与静止荷载作用下图 6-13 的结果完全吻合。同时，由图 6-47（b）发现，结构存在两个突出的速度禁带，分别为 $v_0 \in (0, 369$m/s$)$ 和 $v_0 \in (485$m/s$, 519$m/s$)$，与恒定移动荷载作用下图 6-26 结果一致，验证了本章分析方法的正确性。

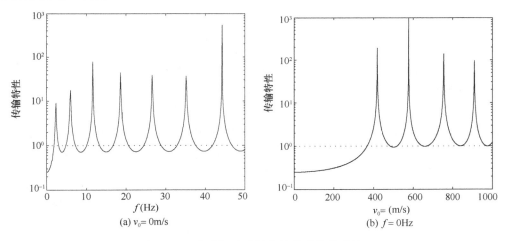

(a) $v_0 = 0$m/s　　　　　　　　　　　　　　(b) $f = 0$Hz

图 6-47　传递矩阵法计算结构的传输特性

6.4.3.5　有限元仿真验证

为了进一步验证周期接头隧道在简谐移动荷载作用下的弯曲波传播和局部化特性，利用 ANSYS 计算了 10 个周期的接头隧道模型的变形情况，结构参数见表 6-1。在结构上施加幅值为 80kN、激振频率为 1Hz 的简谐匀速移动荷载，其方向垂直于隧道轴线，运用瞬态响应分析计算了谐调和失谐周期接头隧道的振动特性。同时，分别选择图 6-39（c）点线中所示的禁带速度 $v_0 = 50$m/s 及通带速度 $v_0 = 200$m/s 以描述周期隧道的波传播行为。

图 6-48 给出了荷载移动速度 $v_0 = 50$m/s 时谐调和失谐周期接头隧道的变形情况。其中，图中箭头代表移动荷载的位置，失谐周期隧道的变异系数仍取 0.10。可以发现，尽管荷载在移动过程中发生简

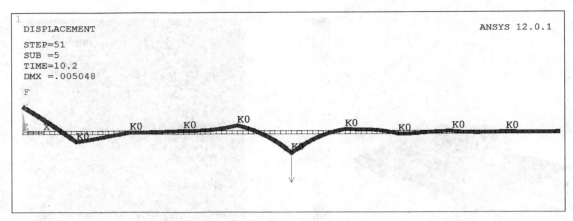

(a) 谐调周期隧道

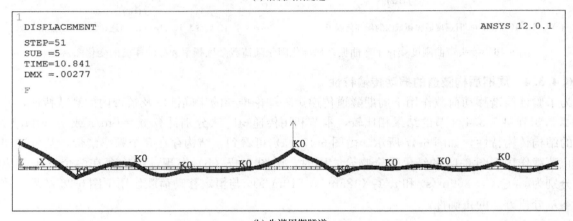

(b) 失谐周期隧道

图 6-48　隧道在荷载激振频率 $f＝1\mathrm{Hz}$，移动速度 $v_0＝50\mathrm{m/s}$ 时的变形情况

谐规律变化，但由于此时移动荷载位于速度禁带内，不论是谐调还是失谐周期隧道，波动仅局限在移动荷载附近，没有在隧道中传播，证实了上述的理论推导。

同样，图 6-49 给出了荷载移动速度为 $v_0＝200\mathrm{m/s}$ 时，周期隧道结构的波传播情况。可以观察到，此时波动不仅在谐调周期隧道中传播，也可在失谐周期隧道中传播。这种现象是由于在这种条件下，谐调周期结构的传播常数和失谐周期结构中的局部化因子都等于零，如图 6-39（c）和 6-45（i）中虚点线所示。有限元分析结果验证了上述理论推导的正确性。

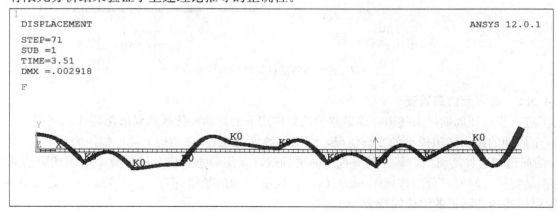

(a) 谐调周期隧道

图 6-49　隧道在荷载激振频率 $f＝1\mathrm{Hz}$，移动速度 $v_0＝200\mathrm{m/s}$ 时的变形情况（一）

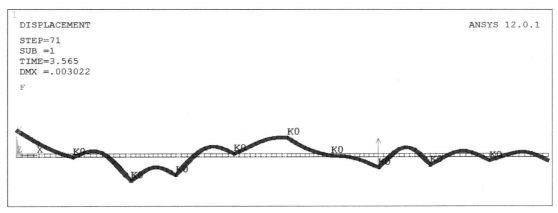

(b) 失谐周期隧道

图 6-49 隧道在荷载激振频率 $f=1\mathrm{Hz}$，移动速度 $v_0=200\mathrm{m/s}$ 时的变形情况（二）

参 考 文 献

[1] Mead D J. Wave propagation in continuous periodic structures: research contributions from Southampton, 1964-1995 [J]. Journal of Sound and Vibration, 1996, 190(3): 495-524.

[2] Zhu H, Wu M. The characteristic receptance method for damage detection in large mono-coupled periodic structures [J]. Journal of Sound and Vibration, 2002, 251(2): 241-259.

[3] Mead D J. Free wave propagation in periodically-supported, infinite beams[J]. Journal of Sound and Vibration, 1970, 11(2): 181-197.

[4] Mead D J, Markus S. Coupled flexural-longitudinal wave motion in a periodic beam[J]. Journal of Sound and Vibration, 1983, 90(1): 1-24.

[5] Mead D J. A general theory of harmonic wave propagation in linear periodic systems with multiple coupling[J]. Journal of Sound and Vibration, 1973, 27(2): 235-260.

[6] Mead D J, Yuman Y. The response of infinite periodic beams to point harmonic forces: a flexural wave analysis[J]. Journal of Sound and Vibration, 1991, 144(3): 507-529.

[7] Mester S, Benaroya H. Periodic and near-periodic structures[J]. Shock and Vibration, 1995, 2(1): 69-95.

[8] Koo G H, Park Y S. Vibration reduction by using periodic supports in a piping system[J]. Journal of Sound and Vibration, 1998, 210(1): 53-68.

[9] Yu D L, Wen J H, Zhao H G, et al. Vibration reduction by using the idea of phononic crystals in a pipe-conveying fluid[J]. Journal of Sound and Vibration, 2008, 318(1-2): 193-205.

[10] Shen H J, Wen J H, Yu D L, et al. The vibrational properties of a periodic composite pipe in 3D space[J]. Journal of Sound and Vibration, 2009, 328(1-2): 57-70.

[11] Kissel G J. Localization in disordered periodic structure[D]. Massachusetts: Massachusetts Institute of Technology, 1988.

[12] Li D, Benaroya H. Vibration localization in multi-coupled and multi-dimensional near-periodic structures[J]. Wave-Motion, 1996, 23(1): 67-82.

[13] Bouzit D, Pierre C. Wave localization and conversion phenomena in multi-coupled multi-span beams[J]. Chaos, Solitons and Fractals, 2000, 11(10): 1575-1596.

[14] Bouzit D, Pierre C. Vibration confinement phenomena in disordered mono-coupled multi-span beams[J]. ASME, Journal of Vibration and Acoustics, 1992, 114(4): 521-530.

[15] Li F M, Wang Y S. Study on wave localization in disordered periodic layered piezoelectric composite structures[J]. International Journal of Solids and Structures, 2005, 42(24-25): 6457-6474.

[16] Wolf A, Swift J B, Swinney H L, et al. Determining Lyapunov exponents from a time series[J]. Physica D, 1985,

16(3)：285-317.

[17] Li F M, Wang Y S. Wave localization in randomly disordered multi-coupled multi-span beams on elastic foundations [J]. Waves in Random and Complex Media, 2006, 16(3)：261-279.

[18] 小泉淳. 盾构隧道管片设计[M]. 官林星, 译. 北京：中国建筑工业出版社, 2012.

[19] 诸葛荣, 陈全公. 桁架振动的有限元分析-Timoshenko 梁理论的应用[J]. 上海海运学院学报, 1982, 3(4)：9-24.

[20] Lee U. Spectral Element Method in Structural Dynamics[M]. Singapore：John Wiley & Sons, 2009.

[21] Graff K F. Wave Motion in Elastic Solids[M]. New York：Dover Publications, 1975.

[22] Carta G. Effects of compressive load and support damping on the propagation of flexural waves in beams resting on elastic foundation[J]. Archive of Applied Mechanics, 2012, 82(9)：1219-1232.

[23] Lee U. Vibration analysis of one-dimensional structures using the spectral transfer matrix method[J]. Engineering Structures, 2000, 22(6)：681-690.

[24] Solaroli S, Gu Z, Baz A, et al. Wave propagation in periodic stiffened shells：spectral finite element modeling and experiments[J]. Journal of Vibrationand Control, 2003, 9(9)：1057-1081.

[25] Yeh J Y, Chen L W. Wave propagations of a periodic sandwich beam by FEM and the transfer matrix method[J]. Composite Structures, 2006, 73(1)：53-60.

[26] Chen Y H, Huang Y H. Dynamic stiffness of infinite Timoshenko beam on viscoelastic foundation in moving coordinate[J]. International Journal for Numerical Methods in Engineering, 2000, 48(1)：1-18.

[27] Chen Y H, Huang Y H, Shih C T. Response of an infinite Timoshenko beam on a viscoelastic foundation to a harmonic moving load[J]. Journal of Sound and Vibration, 2001, 241(5)：809-824.

[28] Sun L. Dynamic displacement response of beam-type structures to moving line loads[J]. International Journal of Solids and Structures, 2001, 38(48-49)：8869-8878.

[29] Kargarnovin M H, Younesian D. Dynamics of Timoshenko beams on Pasternak foundation under moving load[J]. Mechanics Research Communications, 2004, 31(6)：713-723.

[30] Raftoyiannis I G, Avraam T P, Michaltsos G T. A new approach for loads moving on infinite beams resting on elastic foundation[J]. Journal of Vibration and Control, 2012, 18(12)：1828-1836.

[31] Aldraihem O J, Baz A. Dynamic stability of periodic stepped beams under moving loads[J]. Journal of Sound and Vibration, 2002, 50(5)：835-848.

[32] Ruzzene M, Baz A. Dynamic stability of periodic shells with moving loads[J]. Journal of Sound and Vibration, 2006, 296(4-5)：830-844.

[33] Yu D L, Wen J H, Shen H J, et al. Propagation of steady-state vibration in periodic pipes conveying fluid on elastic foundations with external moving loads[J]. Physics Letters A, 2012, 376(45)：3417-3422.

[34] 李凤明. 结构中弹性波与振动局部化问题的研究[D]. 哈尔滨：哈尔滨工业大学, 2003.

[35] 张锦, 刘晓平. 叶轮机振动模态分析理论及数值方法[M]. 北京：国防工业出版社, 2001.

[36] Kuang J H, Huang B W. The effect of blade crack on mode localization in rotating bladed disks[J]. Journal of Sound and Vibration, 1999, 227(1)：85-103.

[37] Bladh R, Castanier M P, Pierre C. Component-mode-based reduced order modeling techniques for mistuned bladed disks-Part II：application[J]. ASME, Journal of Engineering for Gas Turbines and Power, 2001, 123(1)：100-108.

[38] 翟伟, 宋二祥. 移动坐标有限元法在移动荷载稳态问题中的应用[J]. 铁道科学与工程学报, 2007, 4(2)：6-12.

[39] Andersen L. Wave propagation in infinite structures and media[D]. Aalborg：Aalborg University, 2002.

第7章

周期隔震基础动力特性和隔震效果

7.1 引言

周期结构虽然已被广泛应用于众多领域，但其在基础隔震中的应用仍处于起步阶段。一维橡胶-混凝土层状周期基础通常设计为一种由橡胶层和混凝土层所组成的一维周期基础。相比其他类型周期基础，一维橡胶-混凝土周期基础因其具有成本低、制造方便、隔震效果理想等多种优势而受到广泛关注。但工程上仍缺乏计算一维橡胶-混凝土周期基础带隙等关键参数的有效方法。为此，本章提出并验证了计算一维橡胶-混凝土周期基础的结构带隙、局部化因子、衰减系数和频率响应的近似解析式，并建立了带隙频率节点之间的一对一映射关系。同时提出了一维橡胶-混凝土周期基础的优化设计方法，该方法同时考虑了S波和P波。这种设计方法的核心思想是将上部结构的共振频率优化地填充到带隙中，同时使性能函数最大化，实现带隙对共振频率的完全覆盖。

关于现有周期基础，无论是层状周期基础或者是周期性排桩基础，在尺寸上都有较大的要求，本章设计的具有短柱构型的周期基础结构在结构尺寸上打破了现有周期基础尺寸上的限制，用相对较小的结构形式找到了相对起始频率低、带隙宽度大的基础结构。主要探究新型周期性基础的带隙范围，为了便于理解，将周期性结构中的带隙特征称之为衰减域特征。衰减域特征由起始频率，截止频率和衰减域宽度（也叫带隙范围）这三个参数来表示。本章提出了这种具有短柱构型的周期基础结构具体结构构型；然后在有限元软件COMSOL Multiphysics 5.6中，计算了具有短柱构型的周期基础结构的能带结构图，提取了具有短柱构型的周期基础结构的衰减域特征，最后对新构型周期基础结构进行了参数分析，研究了不同几何参数、材料参数对衰减域特征的影响。

7.2 一维周期基础的基本原理和频率响应

7.2.1 基于传递矩阵法的周期基础基本原理

在如图7-1所示的一维周期结构中，y方向上重复排列了n个单胞，若$n=\infty$则表示该结构为理想周期结构。每个单胞包含m个弹性层，其中第k层的厚度为h_k，单胞总厚度为$h=\sum_{k=1}^{m}h_k$，结构总长度为$H=nh$。第k层弹性模量、泊松比及密度分别为E_k、ν_k、ρ_k，第j个单胞中第k层的局部坐标通过$y=jh+\sum_{p=0}^{k}h_p+y_{j,k}$转换为全局坐标，其中$y$是全局坐标，$y_{j,k}$是第$j$个单胞中第$k$层的局部坐标。底部的特征值为$y=0$，顶部的特征值为$y=H$。可在底部$x$方向或$y$方向输入不同频率的入射谐波，其可为横波（S波）或纵波（P波）。

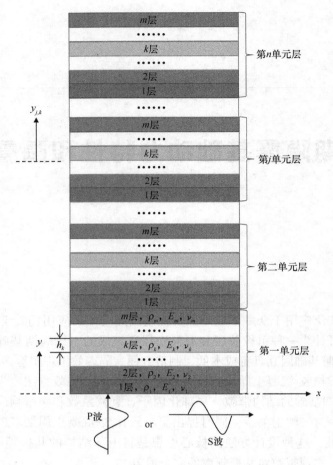

图 7-1 一维周期结构的构型

弹性波在第 j 个单胞中通过第 k 层传播的控制方程可由以下波动方程描述：

$$\frac{\partial^2 u_{j,k}(y_{j,k},t)}{\partial t^2} = c_k^2 = \frac{\partial^2 u_{j,k}(y_{j,k},t)}{\partial y_{j,k}^2} \tag{7-1}$$

式中，$y_{j,k}$ 是位移；c_k 是相应的速度常数，$c_k = \sqrt{\dfrac{\kappa_k}{\rho_k}}$，$\kappa_k$ 是波模量，对 S 波，$\kappa_k = \mu_k$，对 P 波，$\kappa_k = \lambda_k + 2\mu_k$，$\mu_k = \dfrac{E_k}{2(1+\nu_k)}$ 和 $\lambda_k = \dfrac{\nu_k E_k}{(1+\nu_k)(1-2\nu_k)}$ 为拉梅常数。

谐波激励下的特解满足以下可分离变量的形式：

$$u_{j,k,l}(y_{j,k},t) = \exp(\mathrm{i}\omega_l t)U_{j,k,l}(y_{j,k}) \tag{7-2}$$

$$U_{j,k,l}(y_{j,k}) = A_{j,k,l}\sin(k_{k,l}y_{j,k}) + B_{j,k,l}\cos(k_{k,l}y_{j,k}) \tag{7-3}$$

其中，$k_{k,l} = \dfrac{\omega_l}{c_k}$ 是波数；i 是虚单位；ω_l 为频率。

根据胡克定律，应力分量为：

$$\sigma_{j,k,l}(y_{j,k},t) = E\frac{\partial u_{j,k,l}(y_{j,k},t)}{\partial y_{j,k}} = \exp(\mathrm{i}\omega_l t)\sum\nolimits_{j,k,l}(y_{j,k}) \tag{7-4}$$

其中：

$$\sum\nolimits_{j,k,l}(y_{j,k}) = \kappa_k k_{k,l}\big[A_{j,k,l}\sin(k_{k,l}y_{j,k}) - B_{j,k,l}\cos(k_{k,l}y_{j,k})\big] \tag{7-5}$$

任意激励作用下的方程式通解可写成特解的线性叠加，即：

$$u_{j,k}(y_{j,k},t) = \int s(\omega_l)\exp(\mathrm{i}\omega_l t)U_{j,k,l}(y_{j,k})\mathrm{d}\omega_l$$

其中，$s(\omega_l)$ 是通过匹配初始和边界条件确定的。若激励为谐波，则该通解退化为方程（7-2）所示的特解。

针对谐波，通过使用转移矩阵法，式（7-3）和式（7-5）可重写为以下矩阵乘法形式：

$$\boldsymbol{W}_{j,k,l}(y_{j,k}) = \boldsymbol{H}_{j,k,l}(y_{j,k})\boldsymbol{\Psi}_{j,k,l} \tag{7-6}$$

其中，$\boldsymbol{W}_{j,k,l}(y_{j,k}) = \begin{bmatrix} U_{j,k,l}(y_{j,k}) \\ \sum_{j,k,l}(y_{j,k}) \end{bmatrix}$ 是状态向量；$\boldsymbol{\Psi}_{j,k,l} = \begin{bmatrix} A_{j,k,l} \\ B_{j,k,l} \end{bmatrix}$ 是一个常数向量。

$$\boldsymbol{H}_{j,k,l}(y_{j,k}) = \begin{bmatrix} \sin(k_{k,l}y_{j,k}) & \cos(k_{k,l}y_{j,k}) \\ -\kappa_k k_{k,l}\cos(k_{k,l}y_{j,k}) & -\kappa_k k_{k,l}\sin(k_{k,l}y_{j,k}) \end{bmatrix} \tag{7-7}$$

将 $y_{j,k} = 0$ 和 $y_{j,k} = h_k$ 代入式（7-6）中可得到：

$$\boldsymbol{W}_{j,k,l}(h_k) = \boldsymbol{T}_{k,l}(h_k)\boldsymbol{W}_{j,k,l}(0) \tag{7-8}$$

其中，k 层的传递矩阵为：

$$\boldsymbol{T}_{k,l}(h_k) = \boldsymbol{H}_{j,k,l}(h_k)\left[\boldsymbol{H}_{j,k,l}(0)\right]^{-1} \tag{7-9}$$

将式（7-7）替换为式（7-9），可得到以下显式形式：

$$\boldsymbol{T}_{k,l}(h_k) = \begin{bmatrix} \cos(k_{k,l}h_k) & \dfrac{1}{\kappa_k k_{k,l}}\sin(k_{k,l}h_k) \\ -\kappa_k k_{k,l}\sin(k_{k,l}h_k) & \cos(k_{k,l}h_k) \end{bmatrix} \tag{7-10}$$

其中，行列式 $|\boldsymbol{T}_{k,l}(h_k)| = 1$。

利用连续性条件 $\boldsymbol{W}_{j,k+1,l}(0) = \boldsymbol{W}_{j,k+1,l}(h_k)$，第 j 个单胞的顶部和底部之间的转换关系可通过以下递归表达式解得：

$$\boldsymbol{W}_{j,l}(h) = \boldsymbol{W}_{j,m,l}(h_m) = \boldsymbol{T}_{m,l}(h_k)\boldsymbol{W}_{j,m,l}(0) = \cdots = \boldsymbol{T}(h)\boldsymbol{W}_{j,l}(0) \tag{7-11}$$

其中，$\boldsymbol{T}_l(h) = \prod_{k=1}^{m}\boldsymbol{T}_{k,l}(h_k)$ 是该单胞的传递矩阵。因为 $|\boldsymbol{T}_{k,l}(h_k)| = 1$，可得行列式 $|\boldsymbol{T}_l(h_k)| = 1$。

同理，整个周期结构顶部和底部之间的转换关系为：

$$\boldsymbol{W}(H) = \boldsymbol{W}_{n,l}(h) = \boldsymbol{T}_l(h)\boldsymbol{W}_{n,l}(0) = \cdots\left[T_l(h)\right]^n\boldsymbol{W}_{1,l}(0) = \boldsymbol{T}_l^n\boldsymbol{W}(0) \tag{7-12}$$

其中，$\boldsymbol{T}_l = \left[\boldsymbol{T}_l(h)\right]^n$ 是该周期结构的传递矩阵。

反向转换关系为：

$$\boldsymbol{W}(0) = \boldsymbol{W}_{1,l}(0) = \boldsymbol{T}_l(h)^{-1}\boldsymbol{W}_{1,l}(h) = \cdots = \left[\boldsymbol{T}_l(h)^{-1}\right]^n\boldsymbol{W}(H) = \left[\boldsymbol{T}_l^n\right]^{-1}\boldsymbol{W}(H) \tag{7-13}$$

其中，$\boldsymbol{T}_l(h)^{-1}$ 和 $\left[\boldsymbol{T}_l^n\right]^{-1}$ 分别是 $\boldsymbol{T}_l(h)$ 和 $\boldsymbol{T}_l^n$ 的逆矩阵。

基于 Floquet-Bloch 理论，单胞的两个状态向量具有以下关系：

$$\boldsymbol{W}_{j,l}^{\Lambda}(h) = \exp(ikh)\boldsymbol{W}_{j,l}^{\Lambda}(0) \tag{7-14}$$

式中，k 是该单胞的波数，$\boldsymbol{W}_{j,l}(0)$ 处于特征模式。

将式（7-14）代入式（7-11），得到以下特征形式：

$$\left[\boldsymbol{T}_l(h) - \exp(ikh)\boldsymbol{I}\right]\boldsymbol{W}_{j,l}^{\Lambda}(0) = \boldsymbol{0} \tag{7-15}$$

其中，$\boldsymbol{I}$ 是单位矩阵。由上式所解得的两个特征向量分别是 $\boldsymbol{W}_{j,l}^{\Lambda_1}(0)$ 和 $\boldsymbol{W}_{j,l}^{\Lambda_2}(0)$，对应的两个特征值分别是 $\Lambda_1 = \exp(ik_1 h)$ 和 $\Lambda_2 = \exp(ik_2 h)$，其满足：

$$|\boldsymbol{T}_l(h) - \exp(ik_{1\text{或}2}h)\boldsymbol{I}| = 0 \tag{7-16}$$

式（7-16）的解为：

$$\exp(ik_{1\text{或}2}h) = \Lambda_{1\text{或}2} = \frac{\text{trace}\left[\boldsymbol{T}_l(h)\right] \pm \sqrt{\text{trace}\left[\boldsymbol{T}_l(h)\right]^2 - 4}}{2} \tag{7-17}$$

其中 $\text{trace}\left[\boldsymbol{T}_l(h)\right] = T_{l11}(h) + T_{l22}(h)$。

由式（7-16）可进一步推出：

$$\exp(ik_1 h) + \exp(ik_2 h) = \text{trace}\left[\boldsymbol{T}_l(h)\right] \tag{7-18}$$

$$\exp(\mathrm{i}k_1 h)\exp(\mathrm{i}k_2 h) = \exp[\mathrm{i}(k_1 + k_2)h] = \mid \boldsymbol{T}_l(h) \mid = 1 \tag{7-19}$$

其中下标表示相应的矩阵元素。

上述状态向量的行为可分为以下两种情况讨论：

情况 1 为无衰减情况。此时 $\mid T_{l11}(h) + T_{l22}(h) \mid < 2$，$\Lambda_1$ 和 Λ_2 形成一对共轭复数，即 $\Lambda_{1,2} = \Lambda_{\mathrm{re}} \pm \mathrm{i}\Lambda_{\mathrm{im}}$，$\mid \Lambda_{1,2} \mid = 1$，$k_1$ 和 k_2 两个实数满足 $k_1 + k_2 = 0$。在这种情况下，状态向量将仅保持椭圆旋转，波可在没有任何能量损失的情况下通过。

情况 2 为衰减情况。此时 $T_{l11}(h) + T_{l22}(h) > 2$，则 $\Lambda_{1,2}$ 是两个实数，$k_{1,2}$ 是两个复数，$\Lambda_1\Lambda_2 = 1$，$\mid \Lambda_1 \mid < 1 < \mid \Lambda_2 \mid$。根据特征值幂法可知，对于任意 $\boldsymbol{W}(h)$，$\boldsymbol{W}(0)$ 最终会被 $\boldsymbol{T}_l(h)^{-1}$ 变换至与 $\boldsymbol{W}_{j,l}^{\Lambda_1}(0)$ 平行的方向上，且 n 每增加 1 就会放大 $\mid \boldsymbol{W}(0) \mid$ 至原来的 $\mid \Lambda_1^{-1} \mid = \dfrac{1}{\mid \Lambda_1 \mid}$ 倍。在此种情况下的所有入射波的频率则组成了对应的带隙。若从底部到顶部跟踪波的传播，则入射波每通过一个单胞，其波幅就会衰减常数倍，该常数被称作衰减系数，即：

$$r = 1 - \Lambda_1 = 1 - \exp(-\gamma) \tag{7-20}$$

其中，$\gamma = -\ln \mid \Lambda_1 \mid$ 是局部化因子。显然，在穿过整个周期结构后，入射波的总衰减幅度为 $r = 1 - \exp(-n\gamma)$。对理想一维周期结构，由于 $n \to \infty$，输出波的振幅变成 $\lim\limits_{n\to\infty}\exp(-n\gamma) = 0$，这意味着禁止波传播。

以表 7-1 所述由橡胶和混凝土构成的基准单胞为例解释上述理论。图 7-2 展示了不同频率入射波在穿越由该基准单胞所组成的理想一维周期结构过程中每个单胞上表面状态向量的变化情况。

基准单胞的配置

表 7-1

每层材料	杨氏模量（MPa）	密度（kg/m³）	泊松比	每层厚度（m）
橡胶	0.1586	1277	0.463	0.2
混凝土	40000	2300	0.2	0.2

其中图 7-2（a）为无衰减情况。可见状态向量仅保持椭圆旋转，能量无衰减。其中不同灰度的椭圆分别是任意取的三组状态向量，仅是为了表现在无衰减情况下，状态向量将仅保持椭圆旋转。

图 7-2（b）为衰减情况。状态向量最终被吸引至特征方向，每通过一个晶胞其波幅就衰减常数倍。

图 7-3 为该基准晶胞的色散曲线，其中阴影部分即为带隙。图 7-3（a）显示的是 S 波作用下的色散

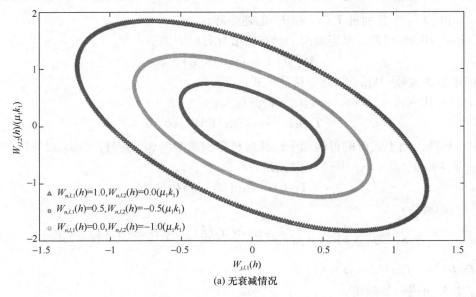

(a) 无衰减情况

图 7-2　状态向量的变化情况（一）

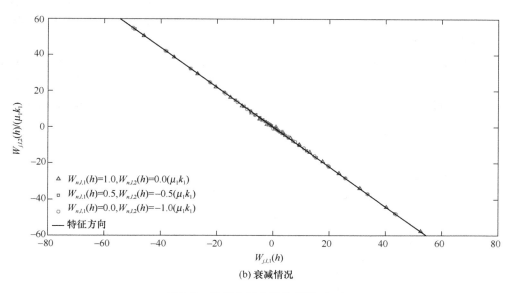

(b) 衰减情况

图 7-2　状态向量的变化情况（二）

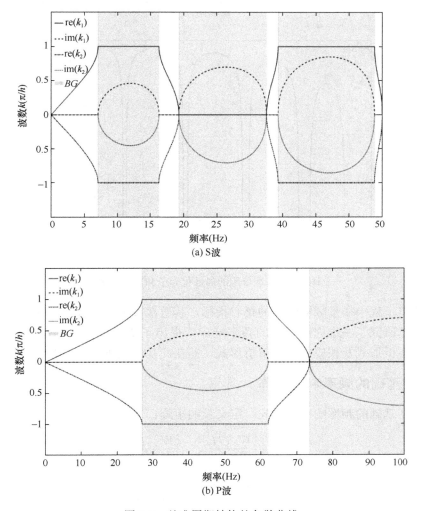

图 7-3　基准周期结构的色散曲线

曲线，可见其带隙为 7～16Hz，19～33Hz，34～49Hz 三个频率带（在计算时，取 S 波的频率范围为 0～50Hz），而图 7-3（b）显示的是 P 波作用下的色散曲线，其带隙为 28～62Hz 和 72Hz 以上区域（在计算中 P 波的频率范围为 0～100Hz）。

图 7-4（a）和（b）分别显示了该基准单胞的局部化因子和衰减系数，其中实线和虚线分别为入射波为 S 波或 P 波的对应结果。从该图中可看出，局部化因子和衰减系数在特定带隙内会随频率的增长先增大后减小，而带隙内局部化因子及衰减系数的最大值会随着带隙编号的增加而单调递增。

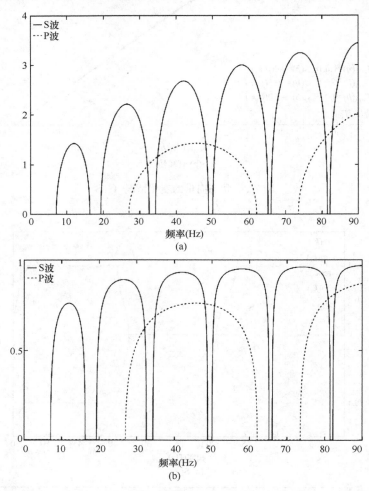

图 7-4　基准单胞的局部化因子和衰减系数

频率响应是地震工程中衡量减震性能的核心指标，其通常被定义为输入量的振幅与相应输出量的振幅间绝对比值。本章研究了一维周期基础的频率响应，提出了描述一维周期基础的频率响应的频响矩阵，推导了其显式解析形式及相应的近似解析形式，并在此基础上研究了上部结构-基础的耦合效应。

7.2.2　一维周期基础的频率响应矩阵

为了能分析周期基础的频率响应，首先，定义频响矩阵：

$$FR = \begin{bmatrix} \left| \dfrac{W_1(H)}{W_1(0)} \right| & \left| \dfrac{W_1(H)}{W_2(0)} \right| \\ \left| \dfrac{W_2(H)}{W_1(0)} \right| & \left| \dfrac{W_2(H)}{W_2(0)} \right| \end{bmatrix} \qquad (7\text{-}21)$$

其中，数字下标表示向量或矩阵的相应分量，$FR_{11} = \left| \dfrac{W_1(H)}{W_1(0)} \right| = \left| \dfrac{u(H)}{u(0)} \right|$ 为基础顶部与底部间位移的

比值；$FR_{12} = \left| \dfrac{W_1(H)}{W_2(0)} \right| = \left| \dfrac{u(H)}{\sigma(0)} \right|$ 为基础顶部位移与底部张力间的比值；$FR_{21} = \left| \dfrac{W_2(H)}{W_1(0)} \right| =$

$\left| \dfrac{\sigma(H)}{u(0)} \right|$ 为基础顶部张力与底部位移间的比值；$FR_{22} = \left| \dfrac{W_2(H)}{W_2(0)} \right| = \left| \dfrac{\sigma(H)}{\sigma(0)} \right|$ 为基础顶部与底部张力间

的比值。在实践中，常使用频响函数（FRF）代替频率响应，则可定义频响函数矩阵为 $\boldsymbol{FRF} = 2\log_{10}\boldsymbol{FR}$。

因此可得频响矩阵的解析形式：

$$\boldsymbol{FR} = \begin{bmatrix} \left| T_{l11}^n + T_{l12}^n \dfrac{W_2(0)}{W_1(0)} \right| & \left| T_{l12}^n + T_{l11}^n \dfrac{W_1(0)}{W_2(0)} \right| \\[3mm] \left| T_{l21}^n + T_{l22}^n \dfrac{W_2(0)}{W_1(0)} \right| & \left| T_{l22}^n + T_{l21}^n \dfrac{W_1(0)}{W_2(0)} \right| \end{bmatrix} \tag{7-22}$$

若周期基础的顶部是自由面，即 $W_2(H) = 0$，则式（7-22）可简化为：

$$\boldsymbol{FR}_{\text{free}} = \begin{bmatrix} \left| \dfrac{1}{T_{l22}^n} \right| & \left| \dfrac{1}{T_{l21}^n} \right| \\[3mm] 0 & 0 \end{bmatrix} \tag{7-23}$$

若周期基础的顶部是固定的，即 $W_1(H) = 0$，则式（7-22）可变为：

$$\boldsymbol{FR}_{\text{clamped}} = \begin{bmatrix} 0 & 0 \\[3mm] \left| \dfrac{1}{T_{l12}^n} \right| & \left| \dfrac{1}{T_{l11}^n} \right| \end{bmatrix} \tag{7-24}$$

7.2.3　一维周期基础的频率响应近似解析解

若入射波的频率处于带隙范围内，对于任意表面约束，入射波的状态向量 $\boldsymbol{W}(0)$ 都接近特征模型。因此，若 n 足够大，则式（7-22）可写成近似形式：

$$\boldsymbol{FR} \approx \begin{bmatrix} \left| T_{l11}^n + T_{l12}^n \tan\phi \right| & \left| T_{l12}^n + T_{l11}^n \cot\phi \right| \\[3mm] \left| T_{l21}^n + T_{l22}^n \cot\phi \right| & \left| T_{l22}^n + T_{l21}^n \tan\phi \right| \end{bmatrix} \approx (1-r)^n \begin{bmatrix} 1 & \left| \cot\phi \right| \\[3mm] \left| \tan\phi \right| & 1 \end{bmatrix} \tag{7-25}$$

其中，$\phi = \arctan \dfrac{W_2^{\Lambda_1}(0)}{W_1^{\Lambda_1}(0)}$ 是特征向量的角度。

根据特征值幂法，处于带隙范围内的入射波频率段会在 $\phi = \arctan \dfrac{W_2^{\Lambda_1}(0)}{W_1^{\Lambda_1}(0)}$ 的方向上，以 $(1-r)$ 的比例衰减 n 次。

为了验证上述结论，图 7-5 展示了由表 7-1 所述基准单胞构成的一维周期结构在 S 波或 P 波作用下频率响应矩阵中元素的计算结果及其对应的预测值，其中图 7-5（a）为入射波为 S 波且基础顶面为自由面的情况，图 7-5（b）为入射波为 S 波且基础顶面为固定面的情况，图（c）为入射波为 P 波且基础顶面为自由面的情况，图 7-5（d）为入射波为 P 波且基础顶面为固定面的情况。从该图中可得：（1）若 n 足够大（例如，对于自由的顶面，$n = 4$；对于固定的顶面，$n = 16$），式（7-25）的近似效果较好；（2）在带隙里存在 FR_{11} 和 FR_{12} 的奇异值，此时 $\phi = 0$，$T_{l21} = 0$；（3）由于自由顶面和固定顶面代表了两种极限边界条件，且在两种情况下带隙都对入射波有衰减作用，因此可得出，对于任意顶面边界条

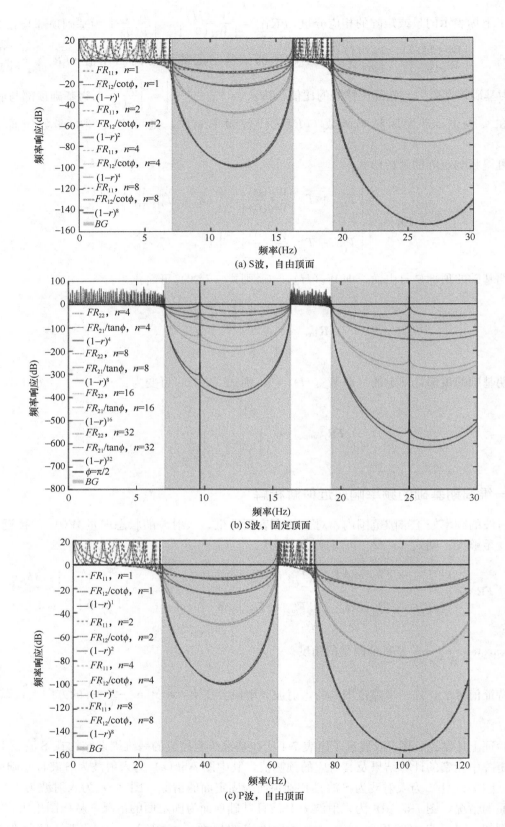

(a) S波，自由顶面

(b) S波，固定顶面

(c) P波，自由顶面

图 7-5 频率响应及其近似值（一）

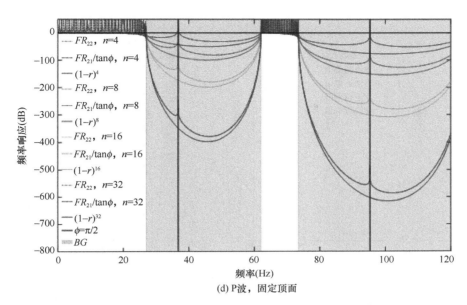

(d) P 波，固定顶面

图 7-5　频率响应及其近似值（二）

件，频率在带隙范围内的入射波都将被衰减。

局部化因子的曲线非常类似于椭圆，因此，通过使用中跨处的值 γ 和带隙的宽度作为椭圆的两个轴，第 p 层第 γ 带隙的值可近似地表示为：

$$\gamma \approx -\ln(\mid \Lambda_{1\text{-}p\text{-mid}} \mid)\sqrt{1-\left[\frac{\omega_l - \omega_{p\text{-mid}}}{(\omega_{p\text{-end}} - \omega_{p\text{-start}})}\right]} \tag{7-26}$$

其中：

（1）$\omega_{p\text{-start}} \leqslant \omega_l \leqslant \omega_{p\text{-end}}$，即每个 ω_l（频率）都取在起点（$\omega_{p\text{-start}}$）和终点（$\omega_{p\text{-end}}$）之间；

（2）$\omega_{p\text{-mid}} = \dfrac{\omega_{p\text{-end}} + \omega_{p\text{-start}}}{2}$，即在起点（$\omega_{p\text{-start}}$）和终点（$\omega_{p\text{-end}}$）正中间取点为 $\omega_{p\text{-mid}}$；

（3）$\mid \Lambda_{1\text{-}p\text{-mid}} \mid = \dfrac{\mid \text{trace}_{p\text{-mid}} \mid -\sqrt{\text{trace}_{p\text{-mid}}^2 - 4}}{2}$，即特征值的计算方法，其中 $\Lambda_{1\text{-}p\text{-mid}}$ 为中点特征值；

（4）$\text{trace}_{p\text{-mid}} = \Lambda_1 + \dfrac{1}{\Lambda_1}$，即 $\Lambda_{1,2}$ 和频率矩阵迹的关系，其中 $\text{trace}_{p\text{-mid}}$ 为中点的迹。

则衰减系数可写为：

$$r \approx 1 - \exp\left\{\ln(\Lambda_{1\text{-}p\text{-mid}})\sqrt{1-\left[\frac{\omega_l - \omega_{p\text{-mid}}}{(\omega_{p\text{-end}} - \omega_{p\text{-start}})}\right]^2}\right\} \tag{7-27}$$

频响矩阵的近似值通过将式（7-25）代入式（7-27）获得，即：

$$\boldsymbol{FR} \approx \exp\left\{n\ln(\Lambda_{1\text{-}p\text{-mid}})\sqrt{1-\left[\frac{\omega_l - \omega_{p\text{-mid}}}{(\omega_{p\text{-end}} - \omega_{p\text{-start}})}\right]^2}\right\}\begin{bmatrix} 1 & \mid\cot\phi\mid \\ \mid\tan\phi\mid & 1 \end{bmatrix} \tag{7-28}$$

为了比较基准周期基础的 S 波和 P 波下局部化因子、衰减系数和频率响应函数精确值和相应近似值的匹配度，绘制了图 7-6。其中精确值和相应近似值之间的良好匹配证明了式（7-26）~式（7-28）的有效性。

由图 7-6（a）、（b）可见，虽然局部化因子有些微小差别，但是代入衰减系数的式中得出的结果是几乎相近的。图 7-6（c）主要展示不同单胞数中 S 波下的频率响应，图 7-6（d）主要展示不同单胞数中 P 波下的频率响应，从中可看出近似值和精确值几乎重合，也再一次展示了 4 个单胞数就可很好地模拟无限单胞地带隙即阻隔频率情况。

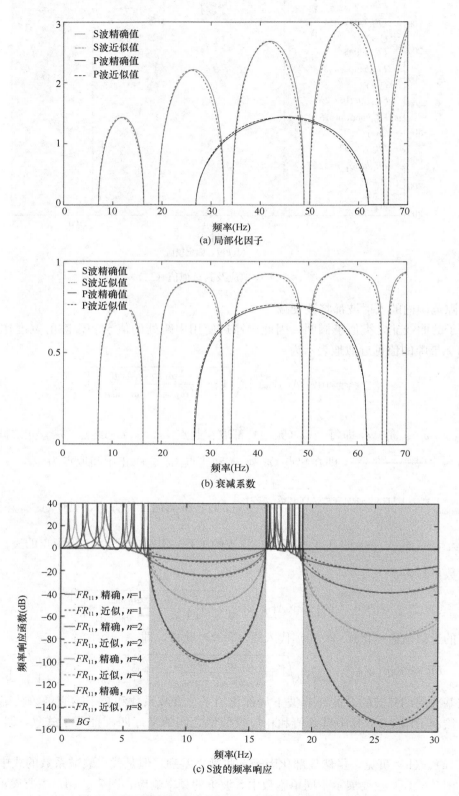

(a) 局部化因子

(b) 衰减系数

(c) S波的频率响应

图 7-6　基于椭圆局部化因子的近似值和精确值对比（一）

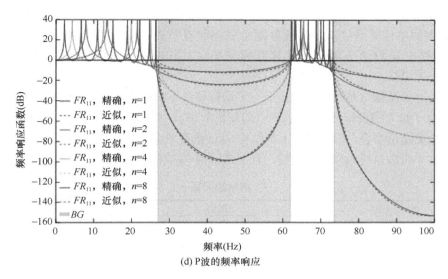

(d) P波的频率响应

图 7-6　基于椭圆局部化因子的近似值和精确值对比（二）

7.2.4　一维周期基础的上部结构-基础耦合效应

本节进一步研究了上部结构-基础耦合效应。上部结构-基础耦合效应是一个复杂的问题，上部结构和基础之间的相互作用会干扰周期基础自身顶部对底部的频率响应。处理该问题一个较好的方式是，将上部结构处理为周期基础之上的另一层。上部结构对基础的影响视为基础顶面的边界条件，其中自由顶面可代表弱耦合效应的极限情况，而固定顶面则代表强耦合效应的极限情况。在此基础上，通过将基础顶面的频率响应作为上部结构的输入，并假定入射波的状态向量处于特征模式，则整个上部结构-基础耦合系统的位移频率响应可近似表示为：

$$\left|\frac{u_{\text{out}}}{u(0)}\right| = \left|\frac{u_{\text{out}}}{u(H)}\frac{u(H)}{u(0)}\right| \leqslant \left|\frac{u_{\text{out}}}{u(h)}\right| FR_{11} \approx \left|\frac{u_{\text{out}}}{u(h)}\right| \left|T_{l11}^{n} + T_{l12}^{n}\tan\phi\right| \approx \left|\frac{u_{\text{out}}}{u(h)}\right|(1-r)^n \quad (7\text{-}29)$$

其中，u_{out} 为上部结构某处的位移输出，$\left|\dfrac{u_{\text{out}}}{u(h)}\right|$ 为上部结构对应处对基础上表面的频率响应。

为了验证上述分析，使用有限元模拟分析了单个基础及基础上部耦合体系的频率响应。分别建立两个有限元模型，其中一个是基准周期基础，如图 7-7（a）所示；另一个是由表 7-2 描述的四层钢框架与基准周期基础的耦合体系，如图 7-7（b）所示。有限元模拟设置情况为：正截面是一个边长为 10m 的

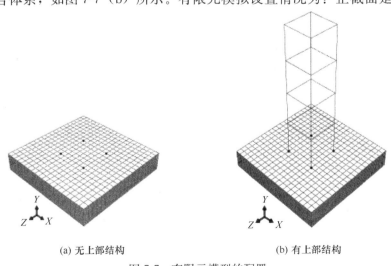

(a) 无上部结构　　　　　　　　　　　　　　(b) 有上部结构

图 7-7　有限元模型的配置

正方形，网格大小沿横向和纵向分别为 0.5m 和 0.05m，单元类型是 C3D8，钢框架采用 B33 单元建模。模拟中将不同频率的单位简谐位移均匀地分配给底面所有节点，其中沿 x 轴或 y 轴的位移分别代表 S 波或 P 波。采用稳态动力学分析步来计算其频率响应，其中 S 波和 P 波的频率范围分别为 0.05～20.0Hz 和 0.2～80.0Hz。

图 7-8 比较了上部结构与基础四个连接节点平均位移频率响应的有限元模拟值与理论值的对应计算结果。在带隙范围内（如 7～16Hz 的 S 波及 28～62Hz 的 P 波），周期基础对入射波有很好的衰减效果。该结果与 7.2.3 节中相关结论吻合，即：尽管上部结构-基础耦合效应可略微改变基础顶面的频率响应，但无论上部结构是否存在，带隙始终阻碍波的传播，且上部结构-基础耦合可处理为基础顶面的边界条件。

	钢架的配置	表 7-2
几何参数	层数	4
	长度（m）	3
	宽度（m）	3
	层数（m）	3
	梁的横截面（m）	0.05×0.05 的矩形
	柱的横截面（m）	0.05×0.05 的矩形
材料参数	杨氏模量（MPa）	200000.0
	泊松比	0.3
	密度（kg/m³）	7850

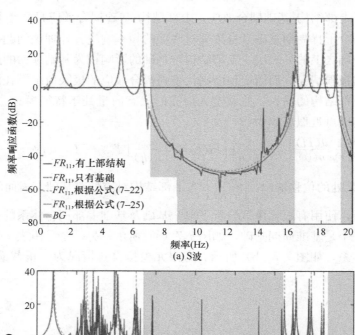

(a) S波

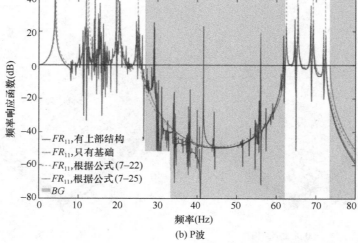

(b) P波

图 7-8　顶面频率响应比较

7.3　一维橡胶-混凝土周期基础的带隙

7.3.1　一维橡胶-混凝土周期基础的带隙近似解析解

定义第 1 层为橡胶层，第 2 层为混凝土层。对于一维橡胶-混凝土周期基础，可得到：

$$\text{trace} = \Lambda_1 + \frac{1}{\Lambda_1} = 2\cos\left(\frac{h_1}{c_1}\omega_l\right)\cos\left(\frac{h_2}{c_2}\omega_l\right) - 2D\sin\left(\frac{h_1}{c_1}\omega_l\right)\sin\left(\frac{h_2}{c_2}\omega_l\right) \tag{7-30}$$

其中，$D = \frac{1}{2}\left(\frac{c_1\kappa_2}{c_2\kappa_1} + \frac{c_2\kappa_1}{c_1\kappa_2}\right)$，$c_1$ 为橡胶层的速度常数；h_1 为橡胶层厚度。此外，式（7-30）对于上标的对称性表明两层的顺序无关带隙的计算。

带隙边界的特征为 $\Lambda_1 = \pm 1$。同时，若 $\frac{h_2}{c_2} \ll \frac{h_1}{c_1}$ 且 ω_l 足够小，可得 $\cos\left(\frac{h_2}{c_2}\omega_l\right) \approx 1$，$\sin\left(\frac{h_2}{c_2}\omega_l\right) \approx \frac{h_2}{c_2}\omega_l$，则式（7-30）变成：

$$\cos\left(\frac{h_1}{c_1}\omega_l\right) - D\frac{h_2}{c_2}\omega_l\sin\left(\frac{h_1}{c_1}\omega_l\right) = \pm 1 \tag{7-31}$$

式（7-31）的解则为带隙下界和上界的近似值，其可进一步表示为：

$$\cos\left(\frac{h_1}{c_1}\omega_l + \theta\right) \approx \cos(\pm\theta + p\pi) \tag{7-32}$$

其中当 $\theta = \arctan(D\omega_l h_2/c_2)$ 时，p 是一个非负整数。

式 $\cos(h_1\omega_l/c_1 + \theta) \approx \cos(\theta + p\pi)$ 标记了带隙上界，即：

$$\omega_{p\text{-end}} \approx p\pi\frac{c_1}{h_1} \tag{7-33}$$

值得注意的是 $\omega_{1\text{-end}} \approx \pi c_1/h_1$ 与 Sackman 的近似值一致。

另一方面，带隙下界的表达式为 $\cos\left(\frac{h_1}{c_1}\omega_l + \theta\right) \approx \cos(-\theta + p\pi)$，即 $\frac{1}{2}\frac{h_1}{c_1}\omega_l + p\pi \approx -\theta$ 或 $\frac{1}{2}\frac{h_1}{c_1}\omega_l + p\pi \approx \frac{1}{2}\pi - \theta$。当 $\tan(-\theta) \approx -D\frac{h_2}{c_2}\omega_l$ 和 $\cot\left(\frac{\pi}{2} - \theta\right) \approx D\frac{h_2}{c_2}\omega_l$ 同时成立，通过使用 $\cot(-\theta) \approx \frac{c_2}{Dh_2\omega_l}$ 和 $\tan\left(\frac{\pi}{2} - \theta\right) \approx \frac{c_2}{Dh_2\omega_l}$，可将以下两个方程作为带隙下界的隐式近似解：

$$\cot\left(\frac{1}{2}\frac{h_1}{c_1}\omega_l + p\pi\right) + \frac{c_2}{Dh_2\omega_l} \approx 0 \tag{7-34}$$

$$\tan\left(\frac{1}{2}\frac{h_1}{c_1}\omega_l + p\pi\right) + \frac{c_2}{Dh_2\omega_l} \approx 0 \tag{7-35}$$

为了进一步获得带隙下界的显式近似值，将 $\tan\left(\frac{1}{2}\frac{h_1}{c_1}\omega_l + p\pi\right) \approx \frac{1}{2}\frac{h_1}{c_1}\omega_l + p\pi$ 和 $\cot\left(\frac{1}{2}\frac{h_1}{c_1}\omega_l + p\pi\right) \approx \frac{\pi}{2} - \frac{1}{2}\frac{h_1}{c_1}\omega_l + p\pi$ 代入式（7-34）和式（7-35），可得：

$$\omega_{p\text{-start}} = \frac{c_1}{h_1}\left[\frac{p-1}{2}\pi + \sqrt{\left(\frac{p-1}{2}\pi\right)^2 + \frac{2c_2h_1}{Dc_1h_2}}\right] \tag{7-36}$$

为了验证本节所提出的带隙计算近似解，图 7-9 和表 7-3 给出并比较了由式（7-30）计算的基准单胞带隙的精确解和使用式（7-33）～式（7-36）的相应近似解，其中频率值以工程频率表示。在此处规定以下关于角频率和工程频率之间的对应关系为 $\omega = 2\pi f$。

从图 7-9 和表 7-3 可看出，除了使用式（7-36）对第一带隙上界的估计有一定偏差外，其余近似都具有足够的精度。由此证明上述关于一维橡胶-混凝土带隙的近似解析公式的准确性。

前 5 个带隙的下界和上界　　　　　　　　表 7-3

频率	S波					P波				
	式（7-30）	式（7-33）	式（7-34）	式（7-35）	式（7-36）	式（7-30）	式（7-33）	式（7-34）	式（7-35）	式（7-36）
$f_{1\text{-start}}$（Hz）	7.078	—	7.078	—	7.726	26.97	—	26.97	—	29.43
$f_{1\text{-end}}$（Hz）	16.28	16.28	—	—	—	62.04	62.05	—	—	—
$f_{2\text{-start}}$（Hz）	19.29	—	—	19.29	19.36	73.50	—	—	73.50	73.79
$f_{2\text{-end}}$（Hz）	32.57	32.57	—	—	—	124.09	124.1	—	—	—
$f_{3\text{-start}}$（Hz）	34.29	—	34.29	—	34.31	130.6	—	130.6	—	130.72
$f_{3\text{-end}}$（Hz）	48.86	48.86	—	—	—	186.1	186.1	—	—	—
$f_{4\text{-start}}$（Hz）	50.05	—	—	50.05	50.05	190.6	—	—	190.6	190.6
$f_{4\text{-end}}$（Hz）	65.15	65.15	65.15	—	—	248.1	248.2	—	—	—
$f_{5\text{-start}}$（Hz）	66.05	—	66.05	—	66.05	251.6	—	251.6	—	251.6
$f_{5\text{-end}}$（Hz）	81.43	81.43	—	—	—	310.2	310.2	—	—	—

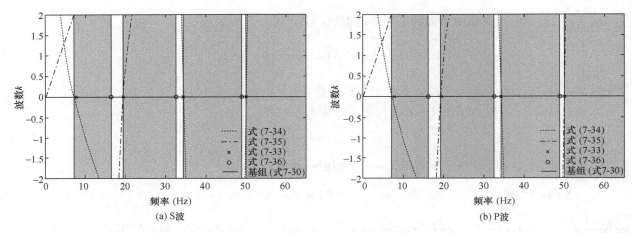

图 7-9　前 5 个带隙近似值与精确值比较

7.3.2　一维橡胶-混凝土周期基础不同层频点带隙的映射关系

从式（7-33）可看出，带隙的上界形成一个算术序列。在该接合处，该算术序列的增量被定义为频带间隔，即 $BI = \pi \dfrac{c_1}{h_1}$，这完全取决于橡胶层的性能。此外，横波的频带间隔与纵波的频带间隔之比为以下称为映射比的常数，即：

$$MR = \frac{BI_S}{BI_P} = \sqrt{\frac{\mu_1}{\lambda_1 + 2\mu_1}} = \sqrt{\frac{1 - 2\upsilon_1}{2(1 - \upsilon_1)}} \tag{7-37}$$

其中下标"S"和"P"分别表示 S 波和 P 波。

第 p 个带隙的带隙占用率（o_p）定义为带隙的宽度与频带间隔的比率，即：

$$o_p = \frac{\omega_{p\text{-end}} - \omega_{p\text{-start}}}{BI} \tag{7-38}$$

因此，第 p 层带隙的下界和上界为 $\omega_{p\text{-start}} = (p - o_p)BI$ 和 $\omega_{p\text{-end}} = pBI$。将式（7-33）代入式（7-36）可得：

$$o_p \approx \frac{p+1}{2} - \sqrt{\left(\frac{p-1}{2}\right)^2 + \frac{4h_1}{\pi^2\left(\frac{\rho_2}{\rho_1} + \frac{\kappa_1}{\kappa_2}\right)h_2}} \approx \frac{p+1}{2} - \sqrt{\left(\frac{p-1}{2}\right)^2 + \frac{4h_1\rho_1}{\pi^2 h_2\rho_2}} \tag{7-39}$$

其中，$\frac{\kappa_1}{\kappa_2} \approx 0$。

由式（7-39）可得 S 波和 P 波的带隙占用率几乎相同。

图 7-10 比较了基准单胞带隙占用率的精确值和由式（7-39）所得的近似值，其中实线表示近似值，虚线表示精确值。从该图可看出，除第一带隙的带隙占用率的精确值与近似值略有差异外，其他带隙的带隙占用率精确值与近似值均能高度吻合，证明了式（7-39）的有效性。

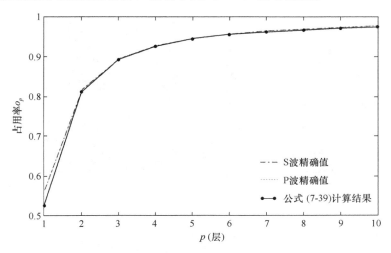

图 7-10 占用率的精确值和近似值之间的比较

此外，还可以根据式（7-30）～式（7-39）总结出以下关于带隙间频率点的一对一映射关系：

（1）第 p 个带隙的频点可通过以下方式映射至第 q 个带隙的频点：

$$\omega_{t\text{-}p} = (p - \Delta o_p)BI \rightarrow \omega_{t\text{-}q} = (q - \Delta o_q)BI \tag{7-40}$$

其中 $0 \leqslant \Delta \leqslant 1$ 是指向负无穷大的带隙局部坐标。

（2）S 波的频率点可通过以下方式映射至 P 波的对应频率点：

$$\omega_{t\text{-}s} = MR\omega_{t\text{-}p} \tag{7-41}$$

7.3.3 一维橡胶-混凝土周期基础的第一带隙近似解析解

根据式（7-37），S 波和 P 波的第一带隙的上界为：

$$BI_S = \omega_{1\text{-end-S}} \approx \pi\sqrt{\frac{E_1}{2(1+\nu_1)\rho_1 h_1^2}} \tag{7-42}$$

$$BI_P = \omega_{1\text{-end-P}} \approx \pi\sqrt{\frac{(1-\nu_1)E_1}{(1+\nu_1)(1-2\nu_1)\rho_1 h_1^2}} \tag{7-43}$$

将式（7-42）、式（7-43）和 $p=1$ 代入式（7-39）可得 S 波和 P 波作用下第一带隙的上界，即：

$$\omega_{1\text{-start-S}} \approx \sqrt{\frac{2E_1}{(1+\nu_1)\rho_2 h_1 h_2}} \tag{7-44}$$

$$\omega_{1\text{-start-P}} \approx \sqrt{\frac{4(1-\nu_1)E_1}{(1+\nu_1)(1-2\nu_1)h_1 h_2\rho_2}} \tag{7-45}$$

式（7-45）表明 $\omega_{1\text{-start-P}}$ 随 $\frac{E_2}{\rho_2}$ 单调增加，随 h_2 单调减少，这意味着，通过减小层厚度或增加弹性模量，可有效地增加第一带隙的上界。

此外，频带间隔和第一带隙上界共享以下属性：（1）频带间隔和第一带隙上界仅由橡胶层的密度、杨氏模量、泊松比和厚度决定；（2）频带间隔和第一带隙上界可被视为以下幂函数：$\text{Const} \cdot E_1^{1/2}$，$\text{Const} \cdot \rho_1^{-1/2}$ 和 $\text{Const} \cdot h_1^{-1}$。另外，第一带隙下界可写成以下幂函数：$\text{Const} \cdot E_1^{1/2}$，$\text{Const} \cdot \rho_2^{-1/2}$ 和 $\text{Const} \cdot h_1 h_2^{-1/2}$。

为了探究密度一定时，层厚和弹性模量对第一带隙的终点影响，绘制了图 7-11，其中图 7-11（a）和（b）分别显示 $\omega_{1\text{-end}}$ 为 E_1 和 h_1 的函数，图 7-11（c）和（d）分别显示 $\omega_{1\text{-start}}$ 为 E_1 和 $\sqrt{h_1 h_2}$ 的函数。

具体地，图 7-11（a）S 波下第一带隙终点值是 h_1 和 E_1 的函数，当密度一定时，h_1 和 E_1 的关系是

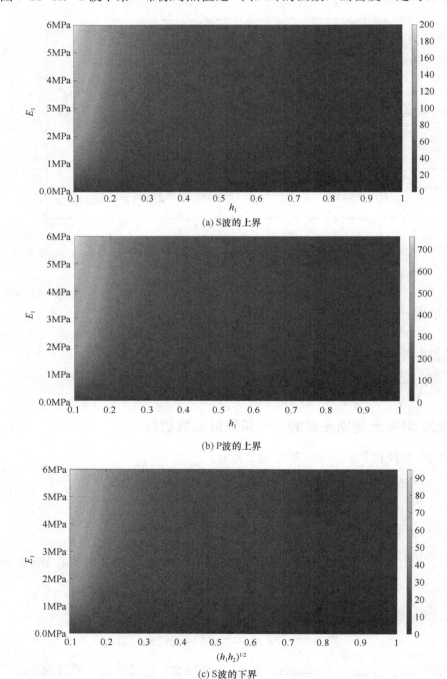

(a) S波的上界

(b) P波的上界

(c) S波的下界

图 7-11　第一带隙的下界和上界（一）

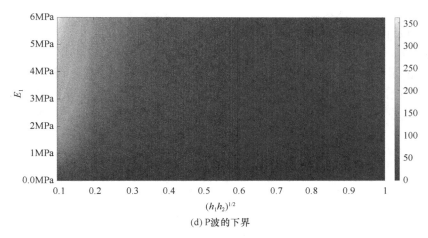

(d) P 波的下界

图 7-11　第一带隙的下界和上界（二）

当 h_1 取较小值，E_1 取较大值时第一带隙终点值最大。图 7-11（b）P 波下第一带隙终点值是 h_1 和 E_1 的函数，当密度一定时，h_1 和 E_1 的关系是当 h_1 取较小值，E_1 取较大值时第一带隙终点值最大。图 7-11（c）S 波下第一带隙起点值是 h_1 和 h_2 的乘积和 E_1 的函数，当密度一定时，h_1 和 E_1 的关系是当 h_1 和 h_2 的乘积取较小值，E_1 取较大值时第一带隙终点值最大。图 7-11（d）P 波下第一带隙起点值是 h_1 和 h_2 的乘积和 E_1 的函数，当密度一定时，h_1 和 E_1 的关系是当 h_1 和 h_2 的乘积取较小值，E_1 取较大值时第一带隙终点值最大。

7.4　一维橡胶-混凝土周期基础的优化设计

7.4.1　一维橡胶-混凝土周期基础的优化设计方法提出

7.4.1.1　优化设计的理念提出

一维橡胶-混凝土周期基础设计和具有上部结构共振区（RZ）的上部结构中：地震动频带为 $FB = (\omega_{\text{FB-start}}，\omega_{\text{FB-end}})$，括号代表一个开放的惯性量；S 波的 RZ 集表示为 $\boldsymbol{RZ}_S$，第 q 层单胞的 RZ 是 $RZ_{q\text{-S}} = (\omega_{q\text{ start-RZ}_S}，\omega_{q\text{ end-RZ}_S})$；P 波的 RZ 集表示为 $\boldsymbol{RZ}_P$，第 r 层单胞的 RZ 是 $RZ_{r\text{-P}} = (\omega_{r\text{-start-RZ}_p}，\omega_{r\text{-end-RZ}_p})$；第 p 层的 S 波和 P 波下的带隙分别表示为 $BG_{p\text{-S}} = (\omega_{p\text{-start-S}}，\omega_{p\text{-end-S}})$ 和 $BG_{p\text{-P}} = (\omega_{p\text{-start-P}}，\omega_{p\text{-end-P}})$；并通过定义函数 $PF(h_1，h_2)$，衡量基础设计的优劣〔即：$PF(h_1，h_2) = n$，最大化单胞的数量将有效地增加衰减效果〕。

通过优化设计的一维混凝土周期基础应确保上部结构的频率响应在任何频率都被阻隔，这要求每个上部结构共振区都被相应的带隙覆盖。因此，如图 7-12 所示，优化问题变为在以下条件下寻找 h_1 和 h_2 以及最大化 $PF(h_1，h_2)$：（1）应当包括在 $BG_{p\text{-S}}$ 内，任何在地震动频带内的 $RZ_{q\text{S}}$；（2）应当包括在 $BG_{p\text{-P}}$ 内，任何在地震动频带内的 $RZ_{q\text{P}}$；（3）配置约束 $CC(h_1，h_2，n)$ 满足 $CC(h_1，h_2，n) = n(h_1 + h_2) < H_{\max}$，其中 $H_{\max}$ 是允许的最高基础高度。

本章的主要目的是实现带隙精准的覆盖结构地震动频带，而图 7-12 展示了结构在地震波动下动衰减的频带和带隙的关系。正如图 7-12 所示，浅色区块是 S 波和 P 波下的结构地震动频带，深色区块是 S 波和 P 波下的结构带隙。优化设计的目的是实现如

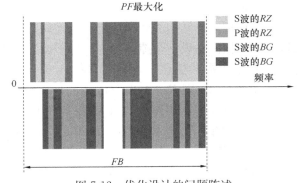

图 7-12　优化设计的问题陈述

图的深色区块精准地覆盖浅色区块。

7.4.1.2 优化设计的具体步骤

基于假设函数 $PF(h_1, h_2)$ 提出一种设计方法：$PF(h_1, h_2)$ 是 $h_1 + h_2$ 的单调递减函数，代表能达到目标效果的 $h_1 + h_2$ 的最小数目。因为这一假设包含多组不同的 PF，即定义 $PF = n$。该优化设计方法的核心思想为，在满足设计带隙包含全部上部共振区的情况下，找到 $PF(h_1, h_2)$ 的最优组成形式。

如图 7-13 所示，设计方法包括以下步骤：

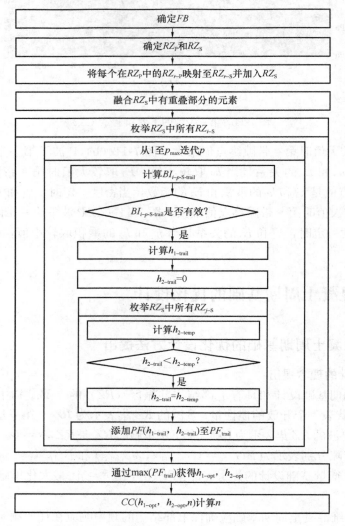

图 7-13　优化设计方法的流程图

（1）根据抗震要求，确定抗震等级。

（2）根据上部结构的频率响应和地震动频带决定上部结构共振区，选取上部结构和输入地震动的共振区，使共振区在设计带隙范围内。由于设计方法需满足任意上部结构，此处随机选取上部结构，具体为三个上部结构共振区，即（2.5Hz，4.5Hz）、（10.1Hz，20.1Hz）和（40.4Hz，60.6Hz）。若 FB = （5.0Hz，50.0Hz）则 RZ =（2.5Hz，4.5Hz）不需被包含在带隙范围内，因为它不在地震动频带内；RZ = （10.1Hz，20.1Hz）则需被包含在带隙范围内，因为它包含在地震动频带中；同理 RZ =（40.4Hz，60.6Hz）中的频率范围（40.4Hz，50.0Hz），则需被包含在带隙范围内。

（3）根据式（7-41），将每个 P 波的共振区 $RZ_{r\text{-}p}$ 映射到 S 波对应的 $RZ_{r\text{-}s}$ 中，记为 $RZ_{r\text{-}s}$，并将其添加到 $\mathbf{RZ}_S$ 中，即 $RZ_{r\text{-}s} = (MR\omega_{r\text{-start-}RZ_p}, MR\omega_{r\text{-end-}RZ_p})$。

（4）将 $RZ_{r\text{-P}}$ 和 $RZ_{r\text{-S}}$ 重叠的元素合并到 $\boldsymbol{RZ}_{\text{S}}$，即 $RZ_{q\text{S}}=(3.3,5.5)$，$RZ_{r\text{-S}}=(4.4,6.6)$，再从 $\boldsymbol{RZ}_{\text{S}}$ 中删除两者 $RZ_{q\text{-S}}$ 和 $RZ_{r\text{-S}}$，然后将 $RZ_{t\text{-S}}=(3.3,6.6)$ 插入其中。

（5）同步骤 6 列举每个 $\boldsymbol{RZ}_{\text{S}}$ 中元素 $RZ_{t\text{-S}}$。

（6）对 $1\leqslant p\leqslant p_{\max}$ 中每一个 p 执行步骤（7）～（9）以及步骤 15。

（7）假设 $RZ_{t\text{-S}}$ 中的上界和 $BG_{p\text{-S}}$ 中的上界相等并且计算轨迹 $BI_{\text{S-trail}}$，即 $BI_{\text{S-trail}}=\dfrac{\omega_{t\text{-end-RZ}_{\text{S}}}}{p}$。

（8）检查 $BI_{\text{S-trail}}$ 的有效性，通过测试带隙内的上界是否切开 $\boldsymbol{RZ}_{\text{S}}$ 中的某个元素，即若 $\left[\dfrac{\omega_{s\text{-start-RZ}_{\text{S}}}}{BI_{\text{S-trail}}}\right]=\left[\dfrac{\omega_{s\text{-end-RZ}_{\text{S}}}}{BI_{\text{S-trail}}}\right]$ 对应所有 $\boldsymbol{RZ}_{\text{S}}$ 中的 $RZ_{s\text{-S}}$，则 $BI_{\text{S-trail}}$ 是有效的，其中括号表示获取整数部分的运算符。

（9）对于一个有效的 $BI_{\text{S-trail}}$，执行步骤（10）～（11），以获得相应的橡胶层和混凝土层的厚度，分别表示为 $h_{1\text{-trail}}$ 和 $h_{2\text{-trail}}$。

（10）根据式（7-42）计算 $h_{1\text{-trail}}$，即 $h_{1\text{-trail}}=\dfrac{\pi}{BI_{\text{S-trail}}}\sqrt{\dfrac{E_1}{2(1+\nu_1)\rho_1}}$；

（11）通过对 $\boldsymbol{RZ}_{\text{S}}$ 中每个 $RZ_{u\text{-S}}$ 执行步骤（12）～（14）得到 $h_{2\text{-trail}}$。

（12）假设 $RZ_{u\text{-S}}$ 中的下界等同于对应带隙的下界，根据式（7-35）计算，即 $h_{2\text{-temp}}=$

$$\dfrac{2c_2h_{1\text{-trail}}}{Dc_1\left\{\left(\omega_{u\text{-start-RZ}_{\text{S}}}\dfrac{h_{1\text{-trail}}}{c_1}-\dfrac{\pi}{2}\right)^2-\left(\dfrac{\pi}{2}\left[\dfrac{\omega_{s\text{-start-RZ}_{\text{S}}}}{BI_{\text{S-trail}}}\right]\right)^2\right\}}。$$

（13）将 $h_{2\text{-temp}}$ 插入到 $h_{2\text{-temp}}$ 中。

（14）通过选择 $\boldsymbol{h}_{2\text{-temp}}$ 中的最大元素得到 $h_{2\text{-trail}}$，即 $h_{2\text{-trail}}=\max(\boldsymbol{h}_{2\text{-temp}})$。

（15）计算跟踪性能函数 $PF_{\text{trail}}=PF(h_{1\text{-trail}},h_{2\text{-trail}})$ 插入到 $\boldsymbol{PF}_{\text{trail}}$。

（16）搜索 $\boldsymbol{PF}_{\text{trail}}$ 中的最大值，即 $PF_{\max}=PF(h_{1\text{-opt}},h_{2\text{-opt}})=\max(\boldsymbol{PF}_{\text{trail}})$，$h_{1\text{-opt}}$ 和 $h_{2\text{-opt}}$ 分别为橡胶层和混凝土层的最佳厚度。

（17）在满足 $RZ_{r\text{-S}}$ 配置约束 $CC(h_{1\text{-opt}},h_{2\text{-opt}},n)$ 的条件下，计算最大单胞数。

7.4.1.3　优化设计的理论解释

首先，由于 P 波的带隙和上部结构共振区可一一对应于 S 波的对应带隙，所以研究时可只考虑 S 波的情况。因此，假设有一组由 $\boldsymbol{RZ}_{\text{S}}=\{RZ_{t\text{-S}},1\leqslant t\leqslant t_{\max}\}$ 表示的 $RZ_{t\text{-S}}=(\omega_{t\text{-start-RZ}_{\text{S}}},\omega_{t\text{-end-RZ}_{\text{S}}})$，和一组由 $\boldsymbol{BG}_{\text{S}}=\{BG_{p\text{-S}},1\leqslant p\leqslant p_{\max}\}$ 表示的 $BG_{p\text{-S}}=(\omega_{p\text{-start-S}},\omega_{p\text{-end-S}})$，每一个 $RZ_{t\text{-S}}$ 都嵌入到对应的 $BG_{p\text{-S}}$。

根据式（7-42），RZ 可映射到第一个带隙以形成一个新的集合，该集合由 $\boldsymbol{RZ}_{\text{MP1}}=\{RZ_{i\text{-MP1}},1\leqslant i\leqslant m\}$ 表示。$\boldsymbol{RZ}_{\text{MP1}}$ 的下界和上界分别由 $\omega_{\text{start-MP1}}$ 和 $\omega_{\text{end-MP1}}$ 表示。

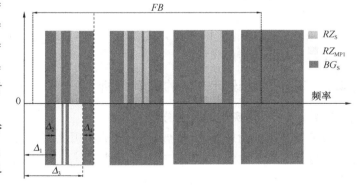

图 7-14　最佳图解示意图

如图 7-14 所示，从 0 到 $\omega_{\text{start-MP1}}$，$\omega_{1\text{-start-S}}$ 到 $\omega_{\text{start-MP1}}$，0 到 $\omega_{\text{end-MP1}}$，$\omega_{\text{end-MP1}}$ 到 $\omega_{1\text{-end-S}}$ 的距离分别由 Δ_1，Δ_2，Δ_3 和 Δ_4 表示，其中 $\Delta_2\geqslant0$，$\Delta_4\geqslant0$。首先通过使用式（7-42）和式（7-44），可计算出：

$$h_1=\dfrac{\pi}{\Delta_3+\Delta_4}\sqrt{\dfrac{E_1}{2(1+\nu_1)\rho_1}} \tag{7-46}$$

$$h_2 = \frac{2(\Delta_3 + \Delta_4)}{\pi \rho_2 (\Delta_1 - \Delta_2)^2} \sqrt{\frac{2\rho_1 E_1}{(1 + \nu_1)}} \qquad (7\text{-}47)$$

若假设 $PF(h_1, h_2)$ 是 $h_1 + h_2$ 的单调递减函数，优化设计的目标是找到 $\min[h_1 + h_2]$。

由于 $\dfrac{\mathrm{d}(h_1 + h_2)}{\mathrm{d}\Delta_2} = \dfrac{\mathrm{d}h_2}{\mathrm{d}\Delta_2} = \dfrac{4(\Delta_3 + \Delta_4)}{\pi \rho_2 (\Delta_1 - \Delta_2)^3} \sqrt{\dfrac{2\rho_1 E_1}{(1 + \nu_1)}} > 0$，当 $\Delta_2 = 0$ 时可达到 $\min[h_1 + h_2]$，此时：

$$h_1 + h_2 = \frac{\pi}{\Delta_3 + \Delta_4} \sqrt{\frac{E}{2(1 + \nu_1)\rho_1}} + \frac{2(\Delta_3 + \Delta_4)}{\pi \rho_2 \Delta_1^2} \sqrt{\frac{2\rho_1 E_1}{(1 + \nu_1)}} \qquad (7\text{-}48)$$

同理，若

$$\frac{\rho_1}{\rho_2} > \left(\frac{\pi \Delta_1}{2\Delta_3}\right)^2 \qquad (7\text{-}49)$$

则

$$\frac{\mathrm{d}(h_1 + h_2)}{\mathrm{d}\Delta_4} = \left[\frac{4}{\pi \rho_2 \Delta_1^2} - \frac{\pi}{(\Delta_3 + \Delta_4)^2 \rho_1}\right] \sqrt{\frac{E_1 \rho_1}{(1 + \nu_1)}} > 0 \qquad (7\text{-}50)$$

当 $\Delta_2 = \Delta_4 = 0$ 时 $h_1 + h_2$ 达到了最小值，这意味着优化设计必须确保第 q 层的带隙包含第 s 层 RZ 的下界，第 p 层带隙的上界等于第 t 层上部结构共振区的上界。因此，可通过用尽 p、q、r 和 s 的所有可能组合来获得优化设计。所提出的设计方法实际上是对所有可能组合采用枚举算法，它保证了设计的最终结果在所有情况下都是优化的。

另外，步骤（5）～（7）假设 $\omega_{p\text{-end-S}} = \omega_{t\text{-end-RZ}_S}$。此外，频带间隔（$BI$）应在不切割任何上部结构共振区的情况下将其分组，在步骤（8）中通过检查上部结构共振区中是否存在定位 $\omega_{p\text{-end-S}}$ 来排除 BI 的无效值。确定有效 BI 后，下一个任务是找到 h_1 和 h_2 的对应组合，其中 h_1 是直接通过步骤（10）内的式（7-42）计算出。然后通过假定 $\omega_{p\text{-end-S}} = \omega_{r\text{-start-RZ}_S}$ 可使用式（7-34）计算 h_2 的轨迹。从式（7-39）可知，o_p 是 h_2 的单调递增函数。这意味着枚举 $\omega_{p\text{-start-S}} = \omega_{r\text{-start-RZ}_S}$ 的每个可能组合后的最大轨迹 h_2 是当前 BI 的有效值 h_2，按照步骤（11）～（14），h_1 和 h_2 的最佳组合是使性能函数最大化的组合。因此，通过选择 h_1 和 h_2 所有组合的性能函数的最大值，可获得 $h_{1\text{-opt}}$ 和 $h_{2\text{-opt}}$，这由步骤（15）～（16）执行。最后，可通过步骤（17）计算单胞的数量。

图 7-14 主要表示，从 0 到 $\omega_{\text{start-MP1}}$，$\omega_{1\text{-start-S}}$ 到 $\omega_{\text{start-MP1}}$，0 到 $\omega_{\text{end-MP1}}$，$\omega_{\text{end-MP1}}$ 到 $\omega_{1\text{-end-S}}$ 的距离 Δ_1、Δ_2、Δ_3 和 Δ_4，是理论上的计算方式和结果。本章的下一小节将通过一个具体的设计案例来证明本章提出的理论方案的切实可靠性。

7.4.2 基于优化设计方法的实例分析

7.4.2.1 具体实例的频率分析

为了进一步证明提出的优化设计方法的实用性和对频率的阻隔能力，本小节根据所提出的优化设计方法，将其应用于设计一个最佳的一维橡胶-混凝土周期基础的钢框架。本小节设计的周期性基础是一个 $10\text{m} \times 10\text{m}$ 的基础，最大深度等于 4m，其中使用的材料是橡胶和混凝土。在设计过程中，地震动频带被确定为 $2.5 \sim 60.0\text{Hz}$。

首先，通过有限元软件使用稳态动力学分析，计算钢框架的频响函数，其中 S 波和 P 波的频响函数分别通过在 x 方向和 y 方向为 4 个底部节点指定单位位移来获得。然后通过检查地震动频带中的频响函数是否大于相应的阈值来确定 $\mathbf{RZ}_S$ 和 $\mathbf{RZ}_P$，其中 S 波和 P 波的阈值分别为 0.0 和 3.0。考虑 $\mathbf{RZ}_P$ 的阈值大于 $\mathbf{RZ}_S$ 的阈值是因为水平地震动通常有更大破坏能力。

如图 7-15 所示，$\mathbf{RZ}_S$ 被确定为以下频率间隔的集合：$3.1048 \sim 3.4789$，$6.6254 \sim 7.0567$，$12.1200 \sim 14.4425$，$23.5164 \sim 23.8595$，$29.2337 \sim 29.5127$，$30.8233 \sim 31.8888$，$34.8555 \sim 35.5267$，$36.8418 \sim$

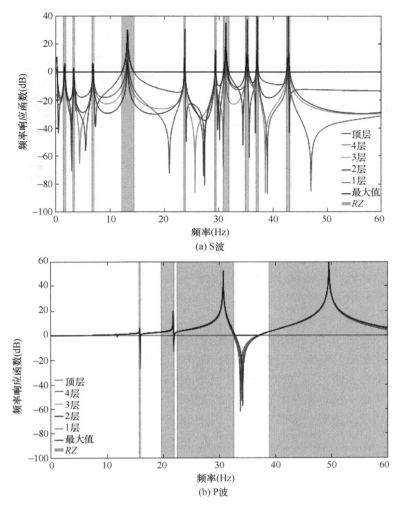

(a) S波

(b) P波

图 7-15　上部结构的频率响应

$37.3217，42.4463 \sim 43.0980；\boldsymbol{RZ}_P$ 被 确 定 为：$15.6794 \sim 15.9477，19.6386 \sim 21.9264，22.4521 \sim 32.5955，38.8794 \sim 60.0$。其中图 7-15（a）表现的是 S 波下的 $\boldsymbol{RZ}_S$，其中的线条分别表示顶层、第四层、第三层、第二层和第一层。图 7-15（b）表现的是 P 波下的 $\boldsymbol{RZ}_P$，其中的线条分别表示顶层、第四层、第三层、第二层和第一层。

图 7-15 中，黑色实线表示各层频率响应包络曲线和灰色区域表示衰减带，若两者衰减带全部包含各层频率响应包络曲线，即实现了上文所提到的优化设计方法。

随后，在有限元软件中运用了基于第 7.4.1 小节提出的优化设计方法所编写的程序，由此计算出橡胶层和混凝土层的最佳厚度分别为 0.3779m 和 0.6555m。

使用预测的最佳配置设计 AZ_S 和带隙的结果如图 7-16 所示，从图中可看出，所有 AZ_S 在带隙中分布均匀，浪费最少。最后，在考虑实际情况中橡胶和混凝土制造精度问题后，确定橡胶层和混凝土层的厚度分别为 0.36m 和 0.64m，单胞数为 4。

正如图 7-15 和图 7-16 所示，本章所任意假设的结构可满足上一节所提出的优化设计理论，在 S 波和 P 波下带隙都可精准覆盖结构的最大频率响应区间。下一节将通过数值比较的方法，进一步验证本章所提出的优化方法在设计内全频段的最优性。

7.4.2.2　优化方法的设计内全频段最优性分析

为了进一步验证所提出的优化方法在设计内全频段的最优性，对优化设计基础、混凝土基础和基准

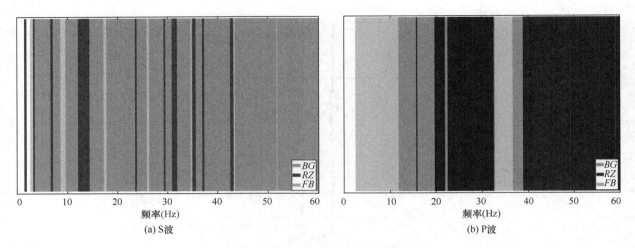

图 7-16　最佳设计的带隙和共振区

基础的性能进行了数值比较。优化设计基础和混凝土基础的有限元分析与基准基础的分析相似，其中橡胶层和混凝土层的厚度分别为优化设计基础的 0.36m 和 0.64m。第 1 层的材料是混凝土，第 2 层的材料是橡胶。

　　图 7-17 显示了钢框架各层频率响应函数的模拟结果，分别对应于这三种不同的基础。图 7-17（a）表示 S 波下的最佳设计基础，其中的线条分别表示顶层、第四层、第三层、第二层和第一层，黑色实线表示每层的最大值的集合。图 7-17（b）表示 P 波下的最佳设计基础，其中的线条分别表示顶层、第四层、第三层、第二层和第一层，黑色实线表示每层的最大值的集合。图 7-17（c）表示 S 波下的混凝土基础，其中的线条分别表示顶层、第四层、第三层、第二层和第一层，黑色实线表示每层的最大值的集

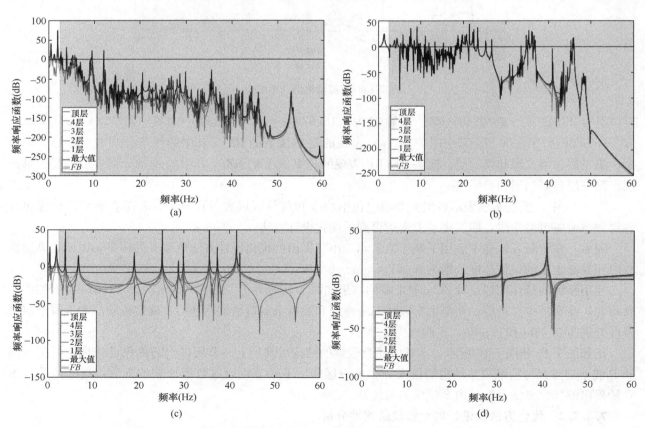

图 7-17　不同基础的上部结构的频率响应（一）

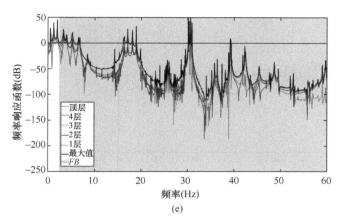

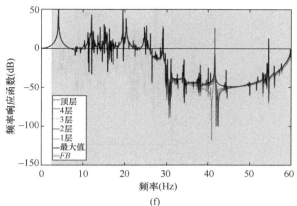

图 7-17　不同基础的上部结构的频率响应（二）

合。图 7-17（d）表示 P 波下的混凝土基础，其中的线条分别表示顶层、第四层、第三层、第二层和第一层，黑色实线表示每层的最大值的集合。图 7-17（e）表示 S 波下的基准基础，其中的线条分别表示顶层、第四层、第三层、第二层和第一层，黑色实线表示每层的最大值的集合。图 7-17（f）表示 P 波下的基准基础，其中的线条分别表示顶层、第四层、第三层、第二层和第一层，黑色实线表示每层的最大值的集合。

由图 7-17 可看出，对于 S 波和 P 波的情况，优化设计的基础明显优于混凝土基础和基准基础。此外，S 波的优化设计基础的振动衰减性能非常突出，地震动频带中几乎所有的频响函数小于 0，大多数甚至低于 -50，而基准基础未能衰减带隙外的 AZS。此外，若配置能严格遵循所提出的方法，则得到的预期优化设计基础的衰减效果甚至会更好。然而，由于 RZ_P 的频响函数阈值较高，P 波的衰减性能相对普通，这是可接受的，因为 P 波的情况不是主要的设计目标。

7.4.2.3　优化方法与其他方法的时程分析比较

为了更进一步验证所提出的设计方法在设计内全频段的最优性，对优化设计基础、混凝土基础和基准基础的性能进行了时间历程分析。优化设计基础和混凝土基础的有限元分析与基准基础的分析相似，经优化后橡胶层和混凝土层的厚度分别为 0.36m 和 0.64m。基础尺寸为 4m×4m×4m，上部结构尺寸为 3m×3m，设置 4 层。基础单元的第 1 层材料是混凝土，第 2 层材料是橡胶。

在结构底端所有节点施加 EL-Central 波，EL-Central 波在 9～14s 达到峰值，图 7-18 展示了 15s 的时间历程中，优化设计基础、混凝土基础和基准基础三种基础的顶部加速度情况。从图中可以看出基准基础周期性结构的顶部加速度峰值为混凝土基础顶部加速度峰值的 40%，优化设计基础的顶部加速度峰值又为基准基础顶部加速度峰值的 40%。

可以看出周期性基础在隔离地震加速度方面有较好的效果，优化设计基础在隔离地震加速度方面有卓越的效果。因此，可以得出结论：优化设计的周期性结构可以将 EL-Central 波下的顶部加速度衰减到原来的 15%，有十分显著的抑制振动的效果。

7.4.3　材料试验的优化方案研究

7.4.3.1　研究方案设计

本研究针对不同养护天数（7d、28d），观察了不同替代率（0、30% 和 50%）铁尾矿砂作为细骨料的混凝土配合比的优化情况；以及不同替代率（0、30% 和 50%）再生骨料作为粗骨料的混凝土配合比的优化情况。根据混凝土力学性能的试验数据进行了统计研究，将试验值与预测值进行了比较，并进行了验证。

为验证掺铁尾矿砂的再生骨料对混凝土力学性能的影响，本次试验设计 9 组，所考虑的影响因素为

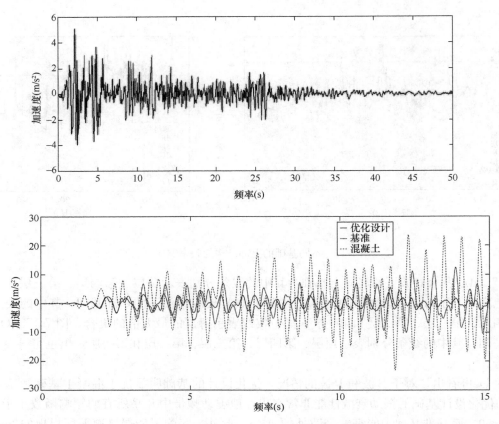

图 7-18 不同基础 EL-Central 波下时程分析

铁尾矿砂对天然砂取代率和再生粗骨料掺量。图 7-19 中横坐标是混凝土中铁尾矿砂掺量，划分了 0、30％和50％三个变量，纵坐标是混凝土中再生骨料掺量，划分了 0、30％和50％三个变量。图 7-19 主要是展示了使用控制变量法设定的九组铁尾矿砂-再生混凝土试块的配合比情况，为后续的试验做基础展示。

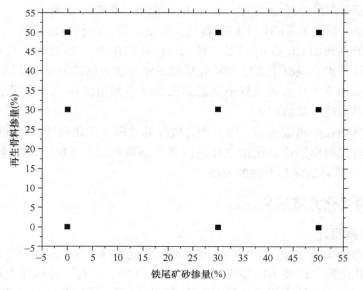

图 7-19 再生骨料与铁尾矿砂分类指标

7.4.3.2　材料准备

水泥：采用强度等级为 42.5MPa 普通硅酸盐水泥，水泥性能如表 7-5 所示。

粗骨料：采用连续级配天然碎石，粒径为 4.75～26.5mm，再生粗骨料选取Ⅰ类废旧混凝土，破碎筛分成再生骨料（图 7-20），参考现行国家标准《混凝土用再生粗骨料》GB/T 25177 中压碎指标参数将其分为三类。

细骨料：采用天然河砂，来自湖北省武汉市天然砂，其细度模数为 2.39，其性能指标如表 7-4 所示。

废旧混凝土细骨料性能指标　　　　　　　　　　　　　　　　表 7-4

骨料级配（mm）	表观密度（kg/m³）	空隙率（%）	含泥量（%）	压碎值（%）
0～4.75	2679	39.4	0.45	11.4

铁尾矿砂：采自湖北省黄石市大冶矿砂中心，如图 7-21 所示，其细度模数为 1.58，其各项指标如表 7-6 所示。

图 7-20　废旧混凝土细颗粒图

图 7-21　铁尾矿砂图

试验所用水泥的物理力学性质指标　　　表 7-5

性质	数值
相对密度 G_s	3.14
标准稠度（%）	30
细度（m²/kg）	310
初凝时间（min）	56
终凝时间（min）	420
坚固性（mm）	2

试验所用铁尾矿砂的物理力学性质指标　　　表 7-6

性质	数值
种类	细砂
外观	灰黑色
堆积密度（kg/m³）	1430
表观密度（kg/m³）	3500
空隙率（%）	43.2
MB 值	小于 1

混凝土混合料中的水量直接影响混合料的强度发展。具体配合比见表 7-7。用自来水搅拌混凝土，并采用聚羧酸减水剂改善混凝土的工作性。聚羧酸减水剂的性能为：相对密度为 1.20，具有掺量低、保坍性能好、混凝土收缩率低、分子结构上可调性强、高性能化的潜力大、生产过程中不使用甲醛等突出优点，外加剂颜色为深棕色液体。

配合比　　　　　　　　　　　　　　　　表 7-7

w/c	砂率	水（kg）	水泥（kg）	骨料（kg）	砂（kg）	减水剂
0.40	34%	172	430	982	816	1.2%

7.4.4 材料试验的优化方案试验结果

强度试验的试块尺寸为150mm×150mm×150mm，共18组每组3个试块，弹性模量试验的试块尺寸为150mm×150mm×300mm，共9组每组6个试块，如图7-22所示。搅拌操作完成后，立即将材料转移到托盘中，并测定新拌混凝土的和易性。混凝土分3层浇筑在坍落度锥中，每层用捣棒捣25下，以压实混凝土并减少空隙。

图7-22 试块例图

试验评估了铁尾矿砂碱混凝土混合料的新鲜和硬化状态，坍落度锥试验对混凝土的和易性进行了表征。随后，将新拌混凝土放入所需模具中并干燥24h，然后脱模，用水养护达到所需的养护龄期。

7.4.4.1 不同掺和比例对混凝土强度的影响研究

根据《混凝土物理力学性能试验方法标准》GB/T 50081—2019对样品进行称重并记录尺寸以确定密度。以对照混凝土为参照，测试了不同配合比的再生骨料混凝土掺不同比例铁尾矿砂的抗压强度，观测结果如图7-23（a）所示，密度结果如图7-23（b）所示。

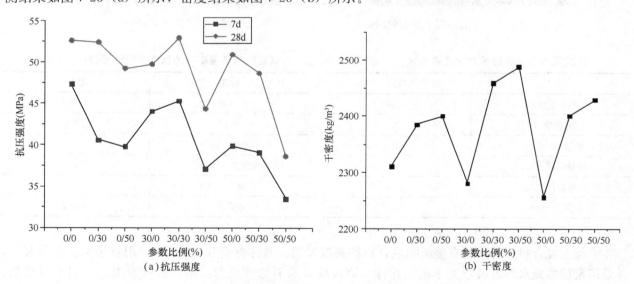

图7-23 不同参数比例下的物理性能

结果表明，混凝土的7d和28d抗压强度趋势近似。在纯天然骨料的情况下，随着铁尾矿砂掺量的增加，强度都呈现下降的趋势。在30%再生骨料替代天然骨料的情况下，试块随着铁尾矿砂的掺量呈现先增大后减小的趋势，部分指标高于纯天然对照组。在50%再生骨料替代天然骨料的情况下，随着铁尾矿砂掺量的增加，强度都呈现下降的趋势。当掺量超过30%时，混凝土抗压强度呈现下降趋势，甚至低于用纯天然材料设置的空白对照组强度值。

由图 7-23（a）可看出，在再生骨料掺量小于 30％时，混凝土强度有缓慢增长的现象，这主要是由于再生骨料空隙内仍存在少量自由水，相当于在混凝土内部产生了"内养护效应"，为混凝土早期反应提供条件。当再生骨料掺量超过 30％，再生混凝土中粗骨料与新旧水泥砂浆界面粘结较薄弱，故图中显示混凝土的抗压强度呈现大幅度下降趋势。

对比纯天然材料设置的空白对照组，铁尾矿砂的细骨料部分替代试验中，掺量越高干密度越大。虽然再生骨料的密度低且质量轻，但是由于再生骨料之间的孔隙率较大，特细的铁尾矿砂可在其中充分填充，因此同时部分取代砂和粗骨料的情况下，试块密度甚至会高于将铁尾矿砂用于天然骨料的情况中。主要成因是铁尾矿砂是一种非活性掺合料，活性相对较低。在骨料的后期观察中可发现，随着龄期增长，铁尾矿砂逐渐水化。在铁尾矿砂取代率为 30％～50％的某一区间时（更贴近 30％取代率），水化程度会达到最大，铁尾矿砂对于硬化体系堆积填充作用最为明显，使混凝土内部结构更加密实。而超过这一区间之后，当混凝土中铁尾矿砂替代天然砂比例过大时，细骨料含量相对变小，就会造成混凝土后期抗压强度表现不佳并且表面出现细小裂纹的现象，如图 7-24 所示。从这个角度来讲，铁尾矿砂替代天然砂比例不宜过大。

图 7-24　不含铁尾矿砂和含铁尾矿砂对照

分析发现，在 30％的再生骨料取代天然骨料和 30％的铁尾矿砂取代天然砂情况下，水化程度最大，铁尾矿砂对于硬化体系堆积填充作用最为明显，使混凝土内部结构更加密实。随着养护的骨料龄期的增长，铁尾矿砂在胶凝体系中参与水化反应的程度不断加深。与对照组的纯天然骨料混凝土相比，再生骨料、铁尾矿砂掺量都为 30％时的混凝土结构中粗骨料与水泥浆结合处较为紧密。综上所述，符合试验的预期情况并找到相对合适的用量比例。

7.4.4.2　不同掺合比对混凝土弹性模量和轴心抗压强度的影响研究

以纯天然混凝土试块为对照组，铁尾矿砂的细骨料部分替代试验中，试块随着铁尾矿砂的掺量呈现先增大后减小的趋势。在 30％的铁尾矿砂取代天然砂情况下弹性模量达到最高值，在 50％再生骨料替代天然骨料同时 30％铁尾矿砂替代天然砂情况下达到相似的提高程度（图 7-25）。

在铁尾矿砂的细骨料部分替代试验中，纯天然骨料的试块轴心抗压强度随着铁尾矿砂的掺量呈现减小的趋势。在 30％的再生骨料取代天然骨料情况下，试块轴心抗压强度随着铁尾矿砂的掺量呈现先增大后减小的趋势。在 50％再生骨料替代天然骨料的情况下，试块轴心抗压强度随着铁尾矿砂的掺量呈现先增大后减小的趋势（图 7-26）。

综上，在 50％再生骨料替代天然骨料同时 30％铁尾矿砂替代天然砂情况下达到弹性模量和轴心抗压强度较为适宜的掺量比例。

由于计算手段限制，本章未能对所研究的铁尾矿砂再生橡胶-混凝土一维周期基础进行有限元时域分析和缩尺模型试验。但是可预见，根据前文理论和本章材料力学性能和其他性能研究，使用铁尾矿砂再生橡胶-混凝土材料制作一维周期基础可在保证力学性能的基础上，更好地实现带隙的阻隔效果并实现了绿色能源利用。因此，其发挥更好的隔震效果的同时，较好地吻合了当下所提倡的固废利用话题。

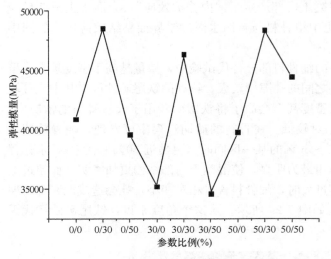

图 7-25   不同参数比例下弹性模量

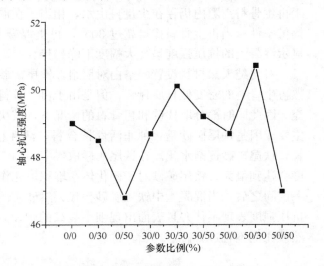

图 7-26   不同参数比例下轴心抗压强度

7.4.5   基于材料试验的优化设计数值验算

根据提出的优化设计方法可知，每个带隙的上界由橡胶层的属性决定，而与混凝土层无关。若保持

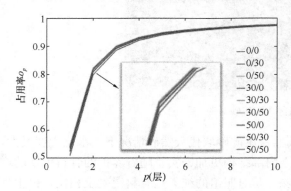

图 7-27   不同骨料取代率构成的一维橡胶-混凝土
周期基础的带隙占用率比较

橡胶层不变，根据式（7-39），密度较大的混凝土的带隙的下界更小。由此可见，若保持基础的结构几何形状及橡胶层材料不变，采用密度较大的混凝土构成的基础的带隙将完全包含密度较小的混凝土构成的基础的带隙。对于一维橡胶-混凝土基础，宜采用密度最大的混凝土材料。

图 7-27 为不同材料参数的再生骨料混凝土构成的一维橡胶-混凝土周期基础的带隙占用率比较图，从中可看出细骨料取代率为 30% 且粗骨料取代率为 50% 的再生骨料混凝土的带隙占用率最大。同时，图片放大处显示了第二层带隙占用率的差别。优化的材料配合比与普通对照组进行对比，可看出占用率提高了，该结果验证了上述结论。

7.5   具有短柱构型的周期基础结构带隙特性及减振效果

7.5.1   具有短柱构型的周期基础结构模型

具有短柱构型的周期基础结构的单个单元模型如图 7-28 所示。

具有短柱构型的周期基础结构由多种材料组成，且这些材料都建立在符合弹性假设，在弹性范围内的前提条件下。其中基体部分由单一材料构成，散射体部分由多种材料叠合而成；基体是边长为 a，高度为 h_0 的长方体，散射体是直径为 d，高度分别为 h_1、h_2、$\cdots$、h_n 的圆柱体。

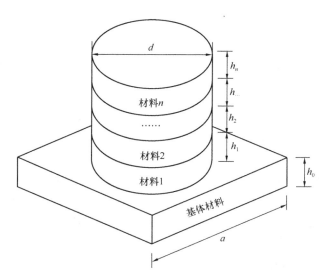

图 7-28　具有短柱构型的周期基础结构典型单元

7.5.2　具有短柱构型的周期基础结构带隙计算及参数研究

为了便于研究，首先选取散射体材料为四层的结构作为研究对象。由于混凝土、橡胶、钢材常用于减振隔震领域中，选取这三种材料作为具有短柱构型的周期基础结构的基础材料。探究各种物理参数、材料参数以及组合形式对带隙范围的影响。

7.5.2.1　散射体材料叠放顺序对带隙范围的影响

探究不同材料组成方式对带隙范围的影响。选取混凝土作为基体材料，橡胶和钢作为散射体材料，即混凝土对应图 7-28 中的基体材料，橡胶对应图 7-28 中的材料 1 和材料 3，钢材对应图 7-28 中的材料 2 和材料 4，构成基体混凝土-橡胶-钢材料叠放次序如图 7-29 所示。选取混凝土作为基体材料，橡胶和钢材作为散射体材料，即橡胶对应图 7-28 中的材料 2 和材料 4，钢材对应图 7-28 中的材料 1 和材料 3，构成基体混凝土-钢-橡胶材料叠放次序，如图 7-30 所示。

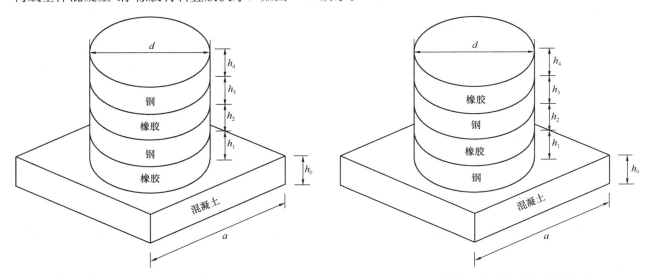

图 7-29　混凝土-橡胶-钢材料叠放次序　　　　图 7-30　混凝土-钢-橡胶材料叠放次序

研究这种具有短柱构型的周期基础结构的减振效果，首先要进行衰减域的研究，即计算这种具有短柱构型的周期基础结构的频散曲线。为了对比研究效果，上述研究对象均选取典型单元周期常数为 $a=$

1m，散射体直径 $d=0.8$m，高度 $h_i=0.1$m（$i=0$，1，2，3，4），材料参数详见表7-8。

具有短柱构型的周期基础结构材料参数   表 7-8

材料	杨氏模量 E（GPa）	泊松比 ν	密度 ρ（kg/m³）
混凝土	25	0.2	2500
橡胶	1.37×10^{-4}	0.463	1300
钢	209	0.275	7890

利用计算机软件 COMSOL Multiphysics 5.6 进行带隙计算，计算时使用图 7-28 所示的平面应变连续体模型。以研究对象图 7-29 为例，具体在软件 COMSOL Multiphysics 5.6 中设置的方法如下：

首先打开 COMSOL Multiphysics 5.6 软件，新建模型向导中选择维度为三维，添加物理场接口选择固体力学，在选择研究截面选择特征频率研究，在全局定义中定义本章所提出的结构模型几何参数和波矢扫描顺序如图 7-31 所示，其中若选择多个物理场也可在组件中定义几何参数。随后在几何中选择所需要的体素，输入所定义的几何参数，建立几何模型如图 7-34 所示。

k	0	0
h_0	0.1[m]	0.1m
h_1	0.1[m]	0.1m
h_2	0.1[m]	0.1m
h_3	0.1[m]	0.1m
h_4	0.1[m]	0.1m
r_0	0.4[m]	0.4m
a_0	1[m]	1m
k_y	if(k<1,0,if(k<2,(k-1)*p/a_0,(3-k)*p/a_0))	01/m
k_x	if(k<1,p/a_0*k,if(k<2,p/a_0(3-k)*p/a_0))	01/m

图 7-31　COMSOL Multiphysics 5.6 软件中全局参数的设定

其次定义弹性材料——混凝土、橡胶、钢材的材料参数如表 7-8 所示，为材料定义几何域具体如图 7-29 所示。在物理场模块中对基体对称边界分别设置 Floquet 周期性边界条件，由于求解维度为二维，因此定义 Floquet 周期矢量分别为 k_x 和 k_y。随后对结构进行网格划分，如图 7-35 所示，在网格划分时利用扫掠划分使网格划分得更为合理。

最后在研究中，添加参数扫描，对 k 值进行扫描，如图 7-32 所示，为使结果更加精确，本文设置的扫描步长为 0.01，求解特征值个数设置为 30 个，特征频率搜索基准值设置为 1Hz，随后进行计算。

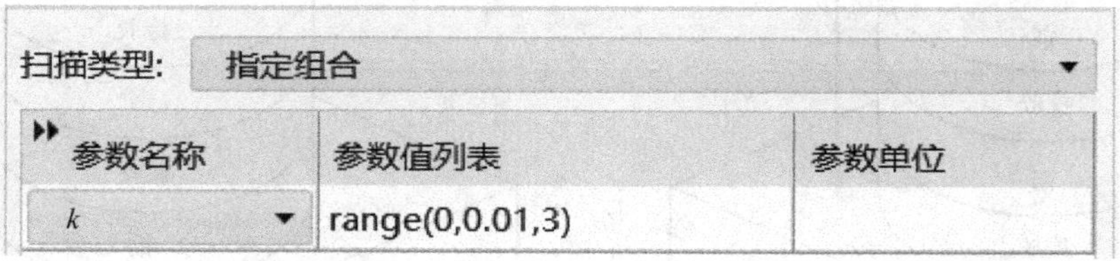

扫描类型：	指定组合	▼
参数名称	**参数值列表**	**参数单位**
k　▼	range(0,0.01,3)	

图 7-32　参数化扫描

计算完成后需对计算结果进行后处理，后处理时在添加绘图栏一栏中添加一维绘图组，数据及选择对应研究的参数化解，如图 7-33（a）所示，在一维绘图组中选择全局绘图，数据集选择"来自父项"，如图 7-33（b）所示，意思是来自一维绘图组的定义，对于 y 轴数据选择固体力学全局下的频率，如图 7-33（b）所示，x 轴数据选择"外解"，参数选择"表达式"，表达式输入"k"，表示绘制扫频方向对应的特征频率图。由于在计算中是用数字代替的，将计算结果导入 origin，将横坐标替换为固体力学中的表示方法，即可获得结构能带图。

(a) 后处理数据集选择

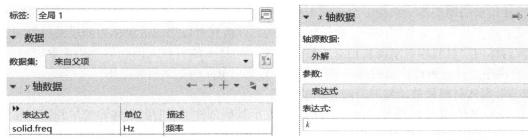

(b) 全局绘图组y轴数据设置　　　　　　　　　　(c) 全局绘图组x轴数据设置

图 7-33　数据后处理过程示意图

探究材料堆放次序对带隙的影响，结构具有相似性，选取相同的边界条件和网格划分设置方式。通过对单位单元结构进行分析就能获得无限大周期性结构的能带结构图，计算得到的结果如图 7-36 和图 7-37所示。

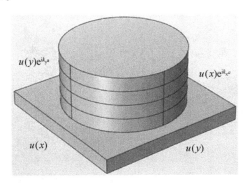

图 7-34　带隙计算模型及边界条件

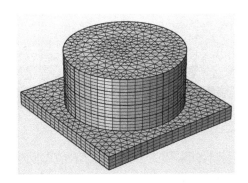

图 7-35　数值分析模型网格划分

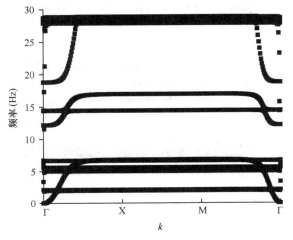

图 7-36　混凝土-橡胶-钢材料叠放次序能带结构图

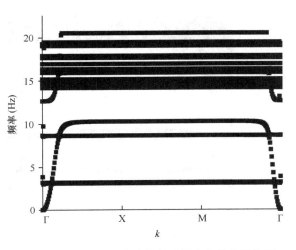

图 7-37　混凝土-钢-橡胶材料叠放次序能带结构图

从图 7-36 和图 7-37 可以看出具有短柱构型的周期基础结构带隙范围，由于求解之后带隙范围并不唯一，在求解特征值范围内有的求解对象有一条带隙，有的求解对象有两条带隙，这与求解的特征值个数和结构本身有关，本次研究求解都取了 30 个特征值。因研究要求是探究该结构对地震波的作用，而地震波的范围都在 20Hz 以内，探究更低起始频率和更宽带隙的结构组成更具有实际意义，故本次探究取第一带隙作为研究对象。以混凝土-橡胶-钢材料叠放次序的具有短柱构型的周期基础结构第一条带隙范围在 6.71～12.76Hz 之间，带隙宽度为 6.05Hz，以混凝土-钢材-橡胶料叠放次序的具有短柱构型的周期基础结构的第一条带隙范围在 10.31～12.86Hz 之间，带隙宽度为 2.55Hz，对比可知由橡胶-钢材构成的具有短柱构型的周期基础结构带隙范围不仅比钢材-橡胶材料构成的具有短柱构型的周期基础结构带隙范围宽 2 倍多，且带隙范围带隙的起始频率也更低，由此可以得出散射体表面层的材料应选取相对于基体和散射体内层材料相对刚度和相对质量（密度）均较大的材料。因此下文均选取以混凝土-橡胶-钢材料叠放次序的具有短柱构型的周期基础结构作为单位单元的基础研究结构。

7.5.2.2 散射体材料叠放层数对带隙范围的影响

对图 7-29 所示基体混凝土-橡胶-钢基础结构，探究了其他条件不变时散射体橡胶层和钢板层组合分别为一层和三层的带隙范围，如图 7-38 和图 7-39 所示。同样根据上述方法计算得到如图 7-40 和图 7-41 所示的能带结构图，可以看出散射体组合层数分别为一层和三层的周期基础结构都具有一定范围的带隙。即散射体橡胶层和钢板层组合一层的具有短柱构型的周期基础结构第一带隙范围是 11.12～16.8Hz，带隙宽度为 5.68Hz，散射体橡胶层和钢板层组合三层的具有矩柱构型的周期基础结构第一带隙范围是 6.26～9.35Hz，带隙宽度为 3.09Hz。

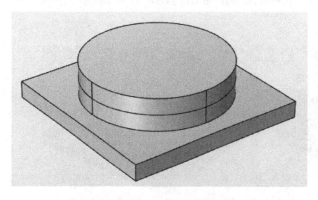

图 7-38　散射体橡胶层和钢板层组合一层结构示意图

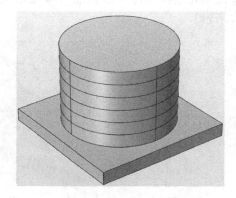

图 7-39　散射体橡胶层和钢板层组合三层结构示意图

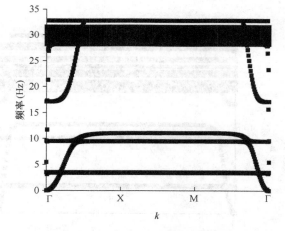

图 7-40　散射体橡胶层和钢板层组合一层基础能带结构图

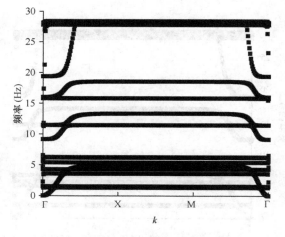

图 7-41　散射体橡胶层和钢板层组合三层基础能带结构图

结合图 7-36 的能带结构图，对比分析散射体橡胶层和钢板层组合分别为一层、二层和三层的周期基础结构第一带隙范围（包括起始频率和截止频率）和带隙宽度，如图 7-42 所示，由图 7-42 可以看出，随着层数的增加，结构第一带隙的起始频率逐渐减小，截止频率也逐渐减小，但频率宽度并不是一直增大或一直减小的，在二层时出现了峰值，对比来看一层带隙的起始频率过大，二层的起始频率相对较低，与三层的起始频率相比差别不大。对比可知散射体结构层数为二层的周期基础结构带隙性能最佳。

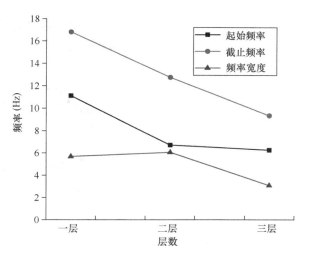

图 7-42　散射体橡胶-钢板组合层数对结构
第一带隙影响

7.5.2.3　散射体直径对带隙范围的影响

对图 7-29 所示基础结构，探究了其他条件不变时散射体直径大小对第一带隙范围的影响，如图 7-43～图 7-45 所示，分别表示了散射体半径为 0.35m、0.45m、0.50m 的能带结构图。散射体半径为 0.35m 时第一带隙范围为 6.68～11.72Hz，带隙宽度为 5.04Hz，散射体半径为 0.45m 时第一带隙范围为 7.01～13.13Hz，带隙宽度为 6.12Hz，散射体半径为 0.50m 时第一带隙范围是 7.18～14.46Hz，带隙宽度为 7.28Hz。结合图 7-36 的能带结构图的计算结果，散射体半径为 0.4m 时第一带隙范围在 6.71～12.76Hz 之间，带隙宽度为 6.05Hz，总体来看第一带隙宽度随散射体半径的增大而增大，第一带隙的起始频率随散射体半径的增大而增大，截止频率也随散射体半径的增大而增大。表 7-9 和图 7-46 为精细化的计算结果。其中表 7-9 是在散射体半径为 0.2～0.5m 范围内散射体半径每隔 0.05m 变化的计算结果。图 7-46 为趋势效果图。

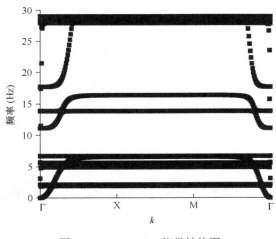

图 7-43　$r=0.35$m 能带结构图

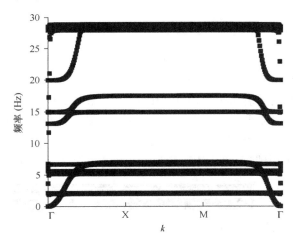

图 7-44　$r=0.45$m 能带结构图

第一带隙范围 表 7-9

散射体半径（m）	起始频率（Hz）	截止频率（Hz）	带隙宽度（Hz）
0.2	5.64	7.34	1.73
0.25	5.89	6.97	1.08
0.3	6.21	9.74	3.53
0.35	6.68	11.72	5.04
0.4	6.71	12.76	6.05
0.45	7.01	13.13	6.12
0.5	7.18	14.46	7.28

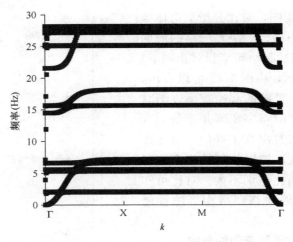

图 7-45　$r=0.50$m 能带结构图

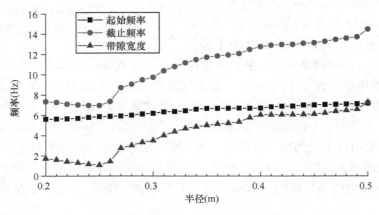

图 7-46　散射体半径对结构第一带隙的影响

由图 7-46 可以看出在散射体半径为 0.2~0.5m 范围内频率第一带隙的起始频率一直增大，但趋势较缓，截止频率出现先减小后增大的趋势，第一带隙的带隙宽度也出现先减小后增大的趋势。由图可以看出在散射体半径为 0.25m 时第一带隙宽度出现最低值，对比能带结构图 7-47 和图 7-48，其分别表示了散射体半径为 0.2m 和 0.25m 的能带结构图，带隙的产生是由于对应的特征值无解，由图 7-47 和图 7-48 可以清晰地看出散射体半径在 0.2~0.25m 范围内由于某一个或某几个特征值的求解变化影响了 30Hz 内带隙的个数，导致截止频率出现减小的趋势，进而导致了第一带隙的带隙宽度减小。

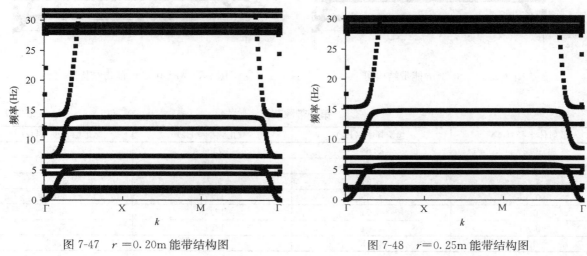

图 7-47　$r=0.20$m 能带结构图　　　　图 7-48　$r=0.25$m 能带结构图

7.5.2.4 基体高度对带隙范围的影响

对图 7-29 的基础结构，探究其他条件不变时基体厚度即混凝土高度对第一带隙范围的影响，如图 7-49、图 7-50 所示，分别表示了基体高度为 0.15m、0.2m 的能带结构图。

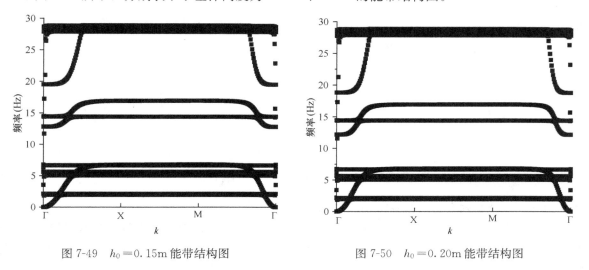

图 7-49 $h_0 = 0.15$m 能带结构图　　　　　图 7-50 $h_0 = 0.20$m 能带结构图

混凝土高度为 0.15m 时第一带隙范围为 6.68～11.43Hz，带隙宽度为 4.75Hz，混凝土高度为 0.2m 时第一带隙范围为 6.82～10.53Hz，带隙宽度为 3.71Hz，由图可以明显看出图 7-49 的带隙宽度比图 7-50 的带隙宽度宽，因此混凝土的高度会影响带隙的宽度。

图 7-51 为更细致的计算结果，即混凝土的高度变化对具有短柱构型的周期基础结构的第一带隙的影响。图中混凝土的高度范围为 0.05～0.3m，每隔 0.02m 间距。

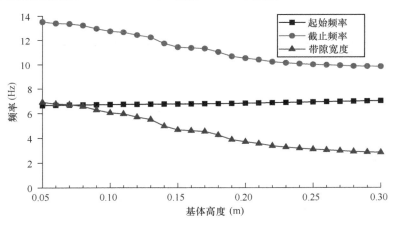

图 7-51 基体高度对结构第一带隙的影响

由图可知随着基体的高度增加，具有短柱构型的周期基础结构的第一带隙的起始频率逐渐增大，截止频率逐渐减小，进而导致了带隙宽度逐渐减小。在实际应用中，基体高度越大越有利于基础的稳定性，但高度越大越不利于得到低起始频率带隙，在实际应用中需根据实际情况选择基体高度。

7.5.2.5 基体尺寸对带隙范围的影响

对比了图 7-29 的基础结构，探究了其他条件不变时基体尺寸即混凝土尺寸对第一带隙范围的影响，如图 7-52 所示，展示了基体尺寸为 0.8～2m 的带隙范围变化的趋势图。

由图 7-52 可以看出结构带隙的宽度基本不受起始频率的影响，只受截止频率的影响，随着基体尺寸的增大，结构第一带隙的截止频率逐渐减小，在实际应用过程中应选择基体尺寸较小的具有短柱构型的周期基础结构。

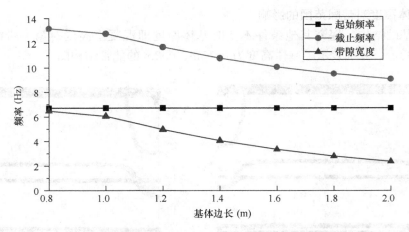

图 7-52　基体尺寸对结构第一带隙的影响

7.5.2.6　基体材料参数对带隙范围的影响

对图 7-29 的基础结构，探究了其他条件不变时基体材料参数，即混凝土材料参数对第一带隙范围的影响，由于混凝土强度等级不同，所对应的一些物理参数有较大的差异，下面探究的内容为密度范围 $2200 \sim 3000 \mathrm{kg/m^3}$ 对具有短柱构型的周期基础结构第一带隙范围的影响，如图 7-53 所示。

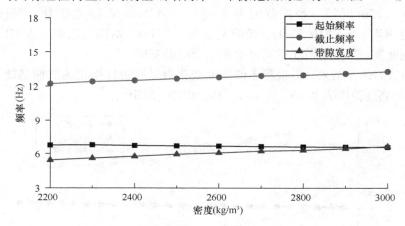

图 7-53　基体密度对结构第一带隙的影响

由图 7-53 可知，随着密度的增加，具有短柱构型的周期基础结构的第一带隙的起始频率逐渐增大，截止频率也逐渐增大，由于截止频率增大的幅度比起始频率要高，导致随着密度的增加，具有短柱构型的周期基础结构的第一带隙宽度逐渐增大。因此选用密度大的混凝土材料有利于周期基础结构的建设。

7.5.3　具有短柱构型的周期基础结构隔震效果

周期基础结构的减振原理主要是利用周期性结构对波的作用，即对一定范围内的波有阻隔作用，这个范围内的波被称为衰减域，也叫带隙，当波的频率处于带隙范围内时，在周期结构不同介质的交界面处，波会发生折射或者反射，致使波无法通过周期结构，进而达到衰减的效果。但是对于衰减域范围外的波，周期结构却没有阻隔作用，当波的频率处于带隙范围外时，波可以正常通过，没有衰减的效果。

如前文所述，本次研究提出了一个具有短柱构型的周期基础结构，如图 7-54 所示，探究其物理参数和材料参数对其起始频率、截止频率和带隙宽度的影响，但在实际应用中，无法达到理论计算值中在一定带隙范围内具有完全衰减的特性，因此需要探究新型周期基础在理论应用中的衰减作用，为具有短柱构型的周期基础结构在实际中的应用提供指导，本节利用 COMSOL Multiphysics 5.6 软件从频率响应和时程响应两个方面探究具有短柱构型的周期基础结构的衰减效果（即减振性能），探究具有短柱构

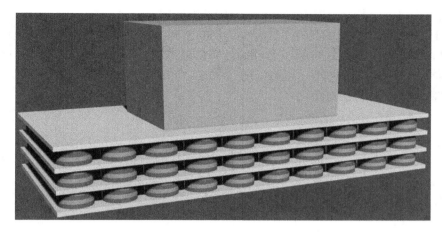

图 7-54　具有短柱构型的周期基础结构示意图

型的周期基础结构在能带结构图和频域分析中频率处于带隙起止范围时，结构的振动模态和能量流动特征图，并对比其特征关系。从多方印证了具有短柱构型的周期基础结构的衰减效果。

利用 COMSOL Multiphysics 5.6 建立了几何模型，如图 7-55 所示。该模型以图 7-29 所示具有短柱构型的周期基础结构排列形式为基础，由 5 个典型单位单元具有短柱构型的周期基础结构构成。材料参数与表 7-8 相同，边界条件设置为左侧 x 方向施加单位为 1 的位移，在 y 方向上设置 Floquet 周期性边界条件（图 7-55 中每一个单元代表一层具有短柱构型的周期基础结构），将 z 方向上的位移设置为 0。为了验证隔震效果，后文还将分别计算由多个典型单位单元构成的具有短柱构型的周期基础结构构成的基础结构的隔震效果。

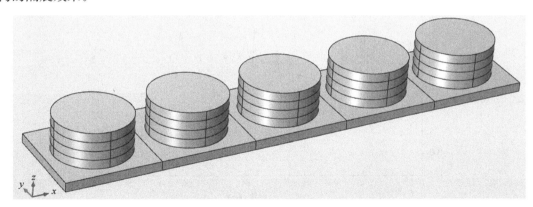

图 7-55　具有短柱构型的周期基础结构计算隔震效果模型

7.5.3.1　具有短柱构型的周期基础结构频率响应分析

本节利用频率响应对结构进行模拟分析。相对地表层来说，地震主要对结构产生危害的是表面波，对于基础结构来说，产生波的位置正是基础所在的平面方向，因此主要研究表面方向的频率响应，主要过程为在基础底面最左端施加幅值为 1 单位的位移荷载，然后拾取结构最右端的位移响应，进而通过取基础的入射端和响应端位移比值来验证周期性基础的隔震功能。

在 COMSOL Multiphysics 5.6 软件中定义最右端边界的平均值为 d_{out}，将位移激励表示为 d_{in}，得到透射谱表达式：

$$TL = 20 \times \log \frac{|d_{out}|}{|d_{in}|} \tag{7-51}$$

设置了 0～30Hz 的扫频区间，设置的步长为 0.01Hz。图 7-55 新型周期基础隔震模型的频率响应图如图 7-56 所示。具有短柱构型的周期基础结构在一定频率范围内传输谱的值小于 0，表明具有短柱

周期结构弹性波传播特性及其应用

构型的周期基础结构对一定频率范围内的波有明显的衰减作用。

由图 7-56 可以看出本文提出的具有短柱构型的周期基础结构的第一带隙在 6.6～13.1Hz 范围就有明显的衰减效果，范围涵盖了图 7-36 第一带隙的计算结果范围——6.71～12.76Hz，同时图 7-56 中第二条带隙的范围在 17～19.4Hz 之间，涵盖了图 7-36 第二带隙的计算结果范围——17.18～19.14Hz。由此可以印证带隙范围结果的正确性。

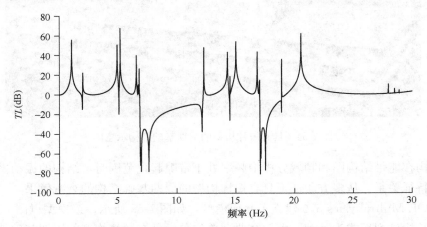

图 7-56　具有短柱构型的周期基础结构频率响应图

对比计算了具有短柱构型的周期基础结构的层数分别为一层、五层、六层、七层、十层时的频域曲线，计算步长设置为 0.1Hz，如图 7-57 所示。

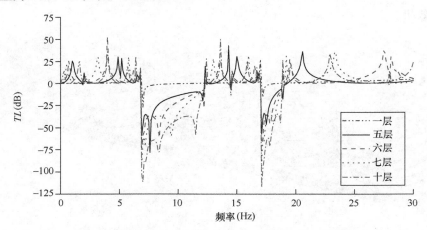

图 7-57　具有短柱构型的周期基础结构不同层数频域曲线图

由图 7-57 可以看出，随着具有短柱构型的周期基础结构的层数的增多，具有短柱构型的周期基础结构在 6.6～13.1Hz 和 17～19.4Hz 范围内的衰减效果逐渐增强，由此可以推测，当结构层数达到无限多时，可形成完全带隙，带隙范围与图 7-36 计算结果一致。

7.5.3.2　具有短柱构型的周期基础结构时程响应分析

除了计算频域以便在频域响应中验证结构对弹性波的衰减效果外，还可以计算时域中的瞬态响应以验证结构对弹性波的衰减效果。主要过程为在基础底面最左端施加简谐位移荷载，对结构进行瞬态分析，本节计算取基础右上端点处的位移瞬态响应，使用图 7-55 中的模型进行计算，为具有短柱构型的周期基础结构最左侧施加单频简谐激励，如式 (7-52) 所示：

$$u(t) = A_0 \cdot \sum \sin(2\pi \cdot f_n \cdot t) \tag{7-52}$$

其中，A_0 是位移幅值；f_n 是简谐激励的频率；t 是时间函数。

为了对比具有短柱构型的周期基础结构的隔震性能，增加素混凝土基础作为对比，如图 7-58 所示。

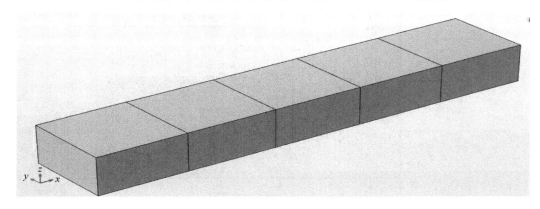

图 7-58　素混凝土基础模型

其中 f_n 取 8Hz 和 18Hz，这些激励频率位于带隙频率范围内，计算得到的瞬态位移响应如图 7-59～图 7-62 所示。

其中图 7-59 和图 7-60 分别表示激励频率为 8Hz 时 z 方向和 x 方向上两种基础结构的位移时程反应曲线。图 7-61 和图 7-62 分别表示激励频率为 18Hz 时 z 方向和 x 方向上两种基础结构的位移时程反应曲线。所有数据都经过归一化数值处理。

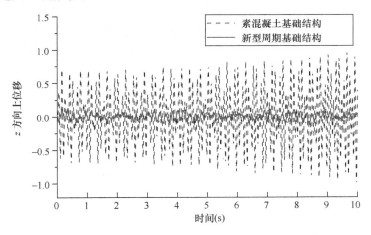

图 7-59　8Hz 时两种基础结构 z 方向上的时程反应曲线

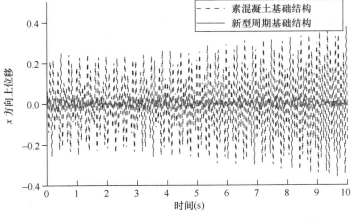

图 7-60　8Hz 时两种基础结构 x 方向上的时程反应曲线

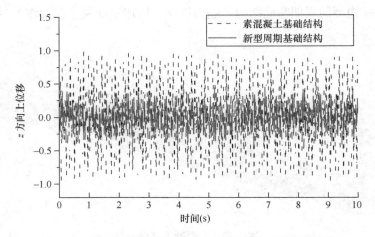

图 7-61　18Hz 时两种基础结构 z 方向上的时程反应曲线

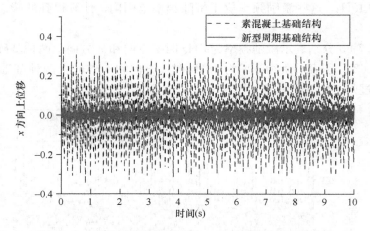

图 7-62　18Hz 时两种基础结构 x 方向上的时程反应曲线

从图 7-59～图 7-62 可以看出，使用具有短柱构型的周期基础结构隔震后，散射体右端端点处的位移响应明显得到抑制，这是因为在有限单位单元具有短柱构型的周期基础结构的隔震作用下对衰减域范围内的波相对于素混凝土基础来说只会有一定的抑制作用，而不能实现完全的带隙。总之，时域分析结果同样说明了设计具有短柱构型的周期基础结构能够有效抑制带隙频率范围内的波的传播。

选取了带隙范围外的频率的简谐位移，即选取了 14Hz 作为对比计算频率，如图 7-63 和图 7-64 所示，分别为激励频率为 14Hz 时 z 方向和 x 方向上两种基础结构的位移时程反应曲线。

由图 7-63 和图 7-64 可以看出，当简谐位移频率在带隙范围外时，特别是 z 方向上的位移幅值基本没有衰减，进一步说明了具有短柱构型的周期基础结构具有带隙的特征。

为了证明具有短柱构型的周期基础结构的减振效果，对具有短柱构型的周期基础结构施加多频简谐位移荷载，如式（7-53）所示：

$$u(t) = \frac{1}{a_{\text{amp}}} \cdot \sum_{n=1}^{N} A_0 \sin(2\pi \cdot f_n \cdot t) \tag{7-53}$$

其中，a_{amp} 是用来归一化位移的幅值；A_0 是位移最大幅值；f_n 是简谐激励的频率；t 是时间函数；N 是考虑的频率总数。

下面计算了同时施加两种同在衰减域范围内频率的位移荷载，频率分别是 8Hz 和 18Hz，计算时程曲线如图 7-65 和图 7-66 所示，分别表示了激励频率为 8Hz＋18Hz 时 z 方向和 x 方向上两种基础结构的位移时程反应曲线。

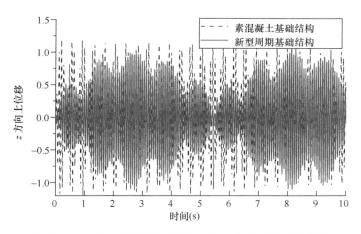

图 7-63　14Hz 时两种基础结构 z 方向上的时程反应曲线

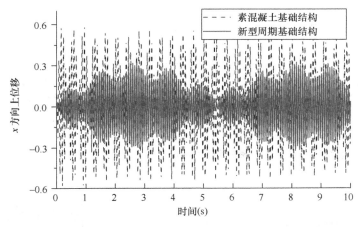

图 7-64　14Hz 时两种基础结构 x 方向上的时程反应曲线

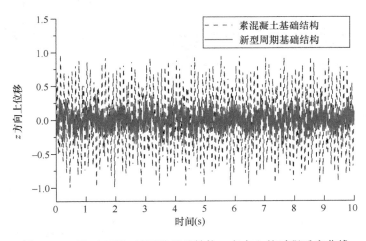

图 7-65　8Hz＋18Hz 时两种基础结构 z 方向上的时程反应曲线

由图 7-65 和图 7-66 可以看出具有短柱构型的周期基础结构在衰减域范围内多频段对位移荷载有明显抑制，即具有短柱构型的周期基础结构对衰减域范围内的波有衰减效果，因此可以得出，具有短柱构型的周期基础结构可以对在衰减域范围内的单一简谐位移荷载和多频简谐位移荷载都有很明显的抑制效果。

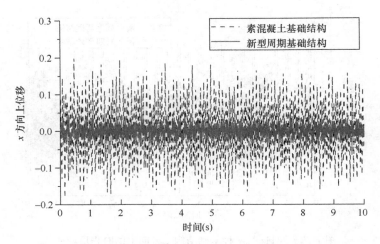

图 7-66　8Hz＋18Hz 时两种基础结构 x 方向上的时程反应曲线

7.5.4　具有短柱构型的周期基础结构的振动模态和位移特征

7.5.4.1　具有短柱构型的周期基础结构起止频率振动模态

本小节探究了具有短柱构型的周期基础结构在能带结构中的能量流动，以图 7-29 为研究对象，探究了其 30Hz 以内的两条带隙起始频率和截止频率的振动模态，取点如图 7-67 所示，并利用 COMSOL Multiphysics 5.6 软件绘制了其能量流动趋势图，如图 7-68～图 7-71 所示。

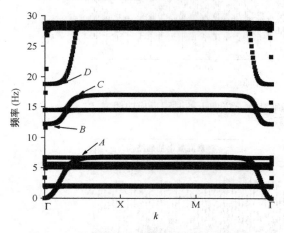

图 7-67　振动模态在结构能带图中取点位置

图 7-68　点 A 振动模态

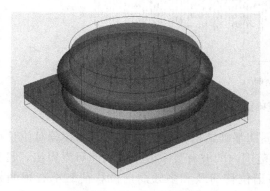

图 7-69　点 B 振动模态

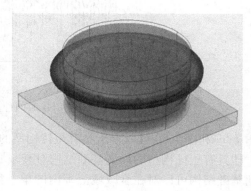

图 7-70　点 C 振动模态

点 A 振动模态和点 B 振动模态分别对应于第一个带隙的起始频率和截止频率，在点 A 振动模态中，振动能量集中在具有短柱构型的周期基础结构中的两块钢板上（对应图 7-29 研究对象 1 中的 h_2 层和 h_4 层部分），这两块钢板沿相同方向振动。在点 B 振动模态下，通过底板和顶层钢板（h_4 层）沿 z 轴的反向振动获得动态平衡，中间钢板（h_2 层）作为固定层。点 C 振动模态和点 D 振动模态分别对应于第二个带隙的起始频率和截止频率。点 C 振动模态通过两个钢板的反向振动将振动能量集中在橡胶层（h_1 层和 h_3 层）中，并保持混凝土（h_0 层）静止。在点 D 振动模态中，顶层钢板（h_4 层）作为静止层，而混凝土层和中间钢板（h_2 层）的反向振动实现动态平衡。

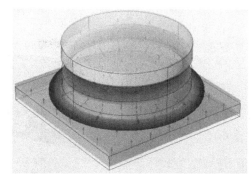

图 7-71　点 D 振动模态

7.5.4.2　具有短柱构型的周期基础结构频率响应位移云图

探究图 7-57 具有短柱构型的周期基础结构频率响应分析图中第一带隙起始频率 6.8Hz 和截止频率 12.7Hz 下的位移响应图，如图 7-72 和图 7-73 所示，第二带隙起始频率 17.1Hz 和截止频率 19.4Hz 下的位移响应图，如图 7-74 和图 7-75 所示。

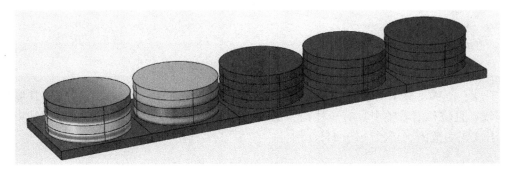

图 7-72　6.8Hz 下结构的位移云图

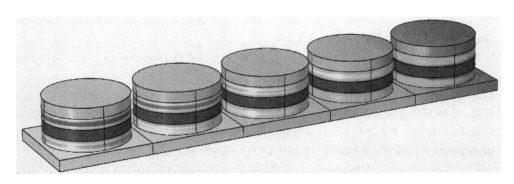

图 7-73　12.7Hz 下结构的位移云图

图 7-72 的位移云图可以看出其能量流动位置和图 7-68 一致，且位移主要集中在输入端第一个单元新型周期基础上，当位移传入第二个单元新型周期基础时位移显著减小，当位移传入第三个单元新型周期基础时几乎没有位移，显示出显著的衰减特征，表示带隙发生。图 7-73 的位移云图其能量流动位置和图 7-69 一致，且位移沿着整个具有短柱构型的周期基础结构上发生，意味着带隙的结束，这表明第一带隙存在于该频率范围（6.8～12.7Hz）中。

图 7-74 的位移云图可以看出其能量流动位置和图 7-70 一致，且位移主要集中在输入端第一个单元新型周期基础上，当位移传入第二个单元新型周期基础时位移显著减小，当位移传入第三个单元新型周

图 7-74　17.1Hz 下结构的位移云图

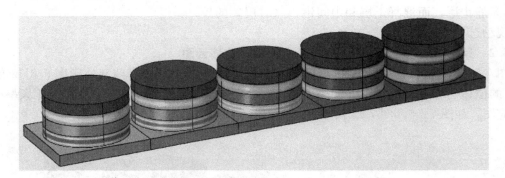

图 7-75　19.4Hz 下结构的位移云图

期基础时几乎没有位移，显示出显著的衰减特征，表示带隙发生。图 7-75 的位移云图其能量流动位置和图 7-71 一致，且位移沿着整个具有短柱构型的周期基础结构上发生，意味着带隙的结束，这表明第一带隙存在于该频率范围（17.1～19.4Hz）中。

参 考 文 献

[1] Shimotsuma Y，Kazansky P G，Qiu J，et al. Self-organized nanogratings in glass irradiated by ultrashort light pulses [J]. Physical Review Letters，2003，91(24)：247405.

[2] Sigalas M，Economou E N. Band structure of elastic waves in two dimensional systems[J]. Solid State Communications，1993，86(3)：141-143.

[3] 孙飞飞，杨嘉琦，肖蕾. 周期性隔震基础的优化设计与试验验证[J]. 振动与冲击，2020，39(12)：1-8.

[4] 赵春风，曾超. 一维周期基础的衰减域特性与隔震性能研究[J]. 建筑结构学报，2020，41(S2)：77-85.

[5] 刘岩钊，尹首浮，于桂兰. 周期格栅式表面波屏障的设计与性能研究[J]. 工程力学，2019，36(S1)：324-328.

[6] 尹首浮. 地震表面波周期性波屏障的设计与性能研究[D]. 北京：北京交通大学，2017.

[7] Hong J，He X，Zhang D，et al. Vibration isolation design for periodically stiffened shells by the wave finite element method[J]. Journal of Sound and Vibration，2018，419：90-102.

[8] 王维超，刘泽，于桂兰. 周期十字空沟地震表面波屏障[J]. 工程力学，2019，36(S1)：144-148.

[9] 孙飞飞，刘越，戴晓欣，等. 考虑阻尼影响的新型周期基础性能研究[J]. 土木工程学报，2021，54(07)：1-11.

[10] Delph T J，Herrmann G，Kaul R K. Harmonic wave propagation in a periodically layered，infinite elastic body：plane strain，numerical results[J]. Journal of Applied Mechanics，1980，46(1)：113.

[11] Mead D J. Wave propagation in continuous periodic structures：research contributions from southampton，1964-1995 [J]. Journal of Sound and Vibration，1996，190(3)：495-524.

[12] Xiong C，Shi Z，Xiang H. Attenuation of building vibration using periodic foundations[J]. Advances in Structural Engineering，2012，15(8)：1375-1388.

[13] Yu D，Wen J，Zhao H，et al. Vibration reduction by using the idea of phononic crystals in a pipe-conveying fluid[J]. Journal of Sound and Vibration，2008，318(1-2)：193-205.

[14] Chen A L，Wang Y S. Study on band gaps of elastic waves propagating in one-dimensional disordered phononic crystals[J]. Physica B Physics of Condensed Matter，2007，392(1-2)：369-378.

[15] Xiang H J，Shi Z F. Analysis of flexural vibration band gaps in periodic beams using differential quadrature method [J]. Computers & Structures，2009，87(23-24)：1559-1566.

[16] Cheng Z，Shi Z. Novel composite periodic structures with attenuation zones[J]. Engineering Structures，2013，56：1271-1282.

[17] Yan Y，Laskar A，Cheng Z，et al. Seismic isolation of two dimensional periodic foundations[J]. Journal of Applied Physics，2014，116(4)：773.

[18] Yan Y，Cheng Z，Shi Z，et al. Three dimensional periodic foundations for base seismic isolation[J]. Smart Materials and Structures，2015，24(7)：75-76.

[19] Wang Y F，Liang J W，Chen A L，et al. Wave propagation in one-dimensional fluid-saturated porous metamaterials [J]. Physical Review，2019，99(13)：1-9.

[20] Witarto W，Wang S，Yang C，et al. Three-dimensional periodic materials as seismic base isolator for nuclear infrastructure[J]. AIP Advances，2019，9(4)：45-48.

[21] Kafesaki M，Sigalas M，Economou E. Elastic wave band gaps in 3-D periodic polymer matrix composites[J]. Solid State Communications，1995，96(5)：285-289.

[22] Wang L G，Zhu S Y. Electronic band gaps and transport properties inside graphene superlattices with one-dimensional periodic squared potentials[J]. Physical Review B Condensed Matter，2010，81(20)：2498-2502.

[23] Sánchez-Pérez J V，Caballero D，Mártinez-Sala R，et al. Sound attenuation by a two-dimensional array of rigid cylinders[J]. Physical Review Letters，1998，80(24)：5325-5328.

[24] Basone F，Wenzel M，Bursi O S，et al. Finite locally resonant metafoundations for the seismic protection of fuel storage tanks[J]. Earthquake Engineering & Structural Dynamics，2019，48(2)：232-252.

[25] Cheng Z，Shi Z. Composite periodic foundation and its application for seismic isolation[J]. Earthquake Engineering & Structural Dynamics，2018，47(4)：925-944.

[26] Jia G，Shi Z. A new seismic isolation system and its feasibility study[J]. Earthquake Engineering and Engineering Vibration，2010，9(1)：75-82.

[27] Cheng Z，Shi Z，Palermo A，et al. Seismic vibrations attenuation via damped layered periodic foundations[J]. Engineering Structures，2020，211：110427.

[28] Sun F，Xiao L，Bursi O S. Optimal design and novel configuration of a locally resonant periodic foundation (LRPF) for seismic protection of fuel storage tanks[J]. Engineering Structures，2019，189：147-156.

[29] Zhao C，Zeng C，Witarto W，et al. Isolation performance of a small modular reactor using 1D periodic foundation [J]. Engineering Structures，2021，244：112825.

[30] Witarto W，Wang S，Nie X，et al. Analysis and design of one dimensional periodic foundations for seismic base isolation of structures[J]. International Journal of Engineering Research and Applications，2016，6(1)：5-15.

[31] Bao J，Shi Z. Dynamic responses of a structure with periodic foundations[J]. Journal of Engineering Mechanics，2012，138(7)：761-769.

[32] 石志飞，包静. 周期基础隔震结构的地震响应分析[D]. 北京：北京交通大学，2014.

[33] Xiang H，Shi Z，et al. Periodic materials-based vibration attenuation in layered foundations：experimental validation [J]. Smart Materials and Structures，2012，21(11)：112003.

[34] Shi Z，Huang J. Feasibility of reducing three-dimensional wave energy by introducing periodic foundations[J]. Soil Dynamics and Earthquake Engineering，2013，50：204-212.

[35] 肖建庄，王春晖，郑振鹏，等. 再生骨料混凝土结构抗震设计关键问题[J]. 土木工程学报，2020，53(11)：46-54.

[36] Sackman J，Kelly J，Javid A. A layered notch filter for high-frequency dynamic isolation[J]. Journal of Pressure Vessel Technology，1989，111(17)：17-24.

[37] Shi Z，Cheng Z，Xiang H. Seismic isolation foundations with effective attenuation zones[J]. Soil Dynamics and

Earthquake Engineering，2014，57：143-151.

[38] Witarto W，Wang S，Yang C，et al. Seismic isolation of small modular reactors using metamaterials[J]. AIP Advances，2018，8(4)：045307.

[39] 王利艳，张秀萍，杨海韵．再生资源研究动态演变逻辑——基于文献分析法[J].再生资源与循环经济，2020，13 (07)：7-12+15.

[40] 曹芙波．废弃混凝土再利用技术性能研究[J].预拌混凝土，2020，371(1)：101-103.

[41] 路小彬，陈鸿媛．绿色材料发展现状及研究进展[J].山东化工，2022，51(03)：61-62.

[42] 李昕蕾，张宁．全球可再生能源治理中的制度性领导：德国外交路径及其启示[J].国际论坛，2021，23(04)：3-26+156.

[43] 王会娟，王一晓，张昂，等．替代率对再生混凝土基本力学性能的影响研究[J].四川水泥，2022，2：8-11.

[44] 尹凡，王晶．可再生能源的发展与利用简析[J].世界环境，2020，6：48-51.

[45] 陈守开，卢鹏，李炳林，等．不同纤维对再生骨料透水混凝土性能的影响与评价[J].应用基础与工程科学学报，2022，30(01)：208-218.

[46] 韩鹏，徐子龑，马吉刚．再生骨料绿色混凝土预制衬砌抗压和抗冻性能试验研究[J].水利建设与管理，2021，41 (09)：38-43.

[47] 龚亦凡，陈萍，张京旭，等．废弃橡胶颗粒对再生骨料砂浆技术性能改良．硅酸盐学报，2021，49(10)：2305-2312.

[48] 王雪，张少峰，鲍文博，等．铁尾矿砂混凝土耐久性能的试验研究[J].混凝土，2020，4：93-97.

[49] 李萌，孟祥荫，李涛，等．铁尾矿砂再生骨料混凝土力学性能研究[J].混凝土，2020，3：101-104.

[50] 王玉雅，韩守杰，韩欣，等．铁尾矿砂对 C50 混凝土力学性能的影响[J].新型建筑材料，2018，45(08)：108-110.

[51] 赵江山，武立伟，张会峰，等．废旧橡胶铁尾矿砂砂浆力学性能[J].华北理工大学学报，2021，43(01)：79-85.

[52] Tian Z X，Zhao Z H，Dai C Q，et al. Experimental study on the properties of concrete mixed with iron ore tailings [J]. Advances in Materials Science and Engineering，2016，10(05)：1-9.

[53] Gayana B C，Ram C K. Experimental and statistical evaluations of strength properties of concrete with iron ore tailings as fine aggregate[J]. Journal of Hazardous，Toxic，and Radioactive Waste，2020，24(1)：04019038.

[54] Oritola S，Saleh A L，Sam A M．Performance of iron ore tailings as partial replacement for sand in concrete[J]. Applied Mechanics and Materials，2015，735：122-127.

[55] Sujing Z. Utilization of iron ore tailings as fine aggregate in ultra-high performance concrete[J]. Construction and Building Materials，2014，50(1)：540-548.

[56] 宋瑞旭，万朝均，王冲，等．高强度再生骨料和再生高性能混凝土试验研究[J].混凝土，2003，21(2)：29-31.

[57] Yu L，Tian J S，Zhang J X，et al. Effect of iron ore tailings as fine aggregate on pore structure of mortars[J]. Advanced Materials Research，2011，250-253：1017-1024.

[58] 何兆芳．铁尾矿在 C60 混凝土中的应用研究[J].混凝土，2011，12：142-144.

[59] 杨鑫．建筑废料掺铁尾矿再生混凝土在基础处理中的应用[D].张家口：河北建筑工程学院，2019.